Jens Wisser

Der Prozess Lagern und Kommissionieren im Rahmen des Distribution Center Reference Model (DCRM)

Wissenschaftliche Berichte des
Institutes für Fördertechnik und Logistiksysteme
der Universität Karlsruhe (TH)
Band 72

Der Prozess Lagern und Kommissionieren im Rahmen des Distribution Center Reference Model (DCRM)

von
Jens Wisser

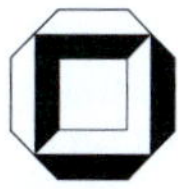

universitätsverlag karlsruhe

Dissertation, Universität Karlsruhe (TH)
Fakultät für Maschinenbau, 2009

Impressum

Universitätsverlag Karlsruhe
c/o Universitätsbibliothek
Straße am Forum 2
D-76131 Karlsruhe
www.uvka.de

Universitätsverlag Karlsruhe 2009
Print on Demand

ISSN: 0171-2772
ISBN: 978-3-86644-372-3

Der Prozess Lagern und Kommissionieren im Rahmen des Distribution Center Reference Model (DCRM)

Zur Erlangung des akademischen Grades eines

Doktors der Ingenieurwissenschaften

von der Fakultät für Maschinenbau
der Universität Karlsruhe (TH)
genehmigte

Dissertation

von

Dipl.-Wi.-Ing. Jens Wisser

aus Atzelgift

Tag der mündlichen Prüfung: 20. Februar 2009
Hauptreferent: Prof. Dr.-Ing. Kai Furmans
Korreferent: Prof. Dr.-Ing. Hans-Georg Marquardt

Vorwort

„Don't hope, cope!"
Jean-Thomas Ungerer, Schriftsteller, 1931

Die vorliegende Arbeit entstand während meiner Tätigkeit als wissenschaftlicher Mitarbeiter am Institut für Fördertechnik und Logistiksysteme (IFL) der Universität Karlsruhe (TH). Das Vorwort möchte ich dazu nutzen, um einigen Personen zu danken, die zum Gelingen der Arbeit beigetragen haben.

Herrn Prof. Dr.-Ing. Kai Furmans, Leiter des Instituts für Fördertechnik und Logistiksysteme, möchte ich für das entgegen gebrachte Vertrauen und die Möglichkeit, eigenverantwortlich zu arbeiten, danken.

Herrn Prof. Dr.-Ing. habil. Hans-Georg Marquardt, dem Inhaber der Professur für Fördertechnik und Logistik der Technischen Universität Dresden bis 2008, danke ich sehr herzlich für die Übernahme des Korreferats.

Frau Prof. Dr.-Ing. Gisela Lanza, der Inhaberin der Shared Professorship „Global Production Engineering and Quality" des Karlsruhe Institute of Technology (KIT), danke ich für die Übernahme des Prüfungsvorsitzes.

Meinen Kollegen und allen, die mich während der Erstellung der Arbeit unterstützt haben, danke ich herzlich. Die motivierende Arbeitsatmosphäre und der Zusammenhalt der Kollegen untereinander war ein wesentlicher Grundstein der vorliegenden Arbeit. Allen voran gilt mein Dank Herrn Dr.-Ing. Christian Lippolt. Sein Interesse an der Thematik und die daraus hervorgegangen Diskussionen haben maßgeblich zum Gelingen der Arbeit beigetragen. Danken möchten ich auch den studentischen Hilfskräften und Studenten, die durch ihre tatkräftige Unterstützung oder Denkanstöße die Arbeit bereichert haben.

Mein ganz persönlicher Dank gilt meiner Familie und insbesondere meinen Eltern Dorothea und Bruno Wisser, die stets an mich geglaubt haben. Ihre Erziehung und Unterstützung haben die Erstellung dieser Arbeit erst ermöglicht. Bedanken möchte ich mich ebenfalls bei meiner Frau Carmen und meiner Tochter Malea für den Rückhalt sowie die notwendige Ablenkung, die Sie mir stets geboten haben.

Karlsruhe, im Februar 2008   Jens Wisser

Kurzfassung

Jens Wisser

Der Prozess Lagern und Kommissionieren im Rahmen des Distribution Center Reference Model (DCRM)

Die vorliegende Arbeit beschäftigt sich mit der Entwicklung von analytischen Berechnungsmodellen zur ganzheitlichen Bewertung des Prozesses Lagern und Kommissionieren im Rahmen des Distribution Center Reference Model (DCRM).

Das aufgabenorientierte DCRM ist eine standardisierte, systematische Vorgehensweise zum objektiven Analysieren, Vergleichen und Bewerten von Distributionszentren für Stückgüter. Hiermit ist es möglich, sowohl die Effektivität als auch die Effizienz eines Distributionszentrums zu überprüfen. Durch seinen modularen, hierarchischen Aufbau werden - je nach Zielsetzung der Untersuchung - für unterschiedliche Nutzergruppen Informationen auf verschiedenen Detaillierungsebenen bereitgestellt. Diese Informationen werden sowohl durch einen Vergleich mit Industriepartnern auf der Top-, Prozess- und Aufgabenebene (reales Benchmarking) als auch mit analytischen Modellen der Ausführungsebene (theoretisches Benchmarking) für die Aufgabenebene erhoben.

Zum theoretischen Benchmarken des Prozesses Lagern und Kommissionieren werden analytische Berechnungsmodelle erarbeitet. Die Modelle beruhen auf ausführlich beschriebenen Layouts sowie Material- und Informationsflüssen der wesentlichen Lager- und Kommissioniersysteme. Diese Systeme repräsentieren gute Lösungen für verschiedenste Anforderungsprofile, da „optimale" Lösungen auf Grund vielfältigster Anforderungen an und Ausführungen von Lager- und Kommissioniersysteme nicht existieren.

Die Berechnungsmodelle schätzen den Ressourcenbedarf unter Berücksichtigung der gestellten Anforderungen und Aufgaben ganzheitlich ab. Dazu wird der benötigte Zeit- und Flächenbedarf in gegenseitiger Abhängigkeit ermittelt, mit deren Hilfe auf den Personal- sowie Investitionseinsatz und abschließend auf die Gesamtkosten geschlossen wird. Es wird somit ein transparenter, neutraler und objektiver Referenzpunkt zum Benchmarken von bestehenden bzw. geplanten Systemen erarbeitet. Darüber hinaus können unterschiedliche Szenarien bewertet werden, wie z. B. die Verwendung verschiedener Lager- und Kommissioniersysteme, die Zusammenführung bzw. Aufteilung von Lager- und Kommissionierbereichen oder die Veränderung des Anforderungsprofils für ein System.

Zur Bewertung der Modelle werden Informationen aus der Literatur sowie reale Daten des Forschungsprojektes „Warehouse Excellence" verwendet. Anhand dieser Datengrundlage und einer entwickelten Vorgehensweise wird verdeutlicht, dass die Realität von den Modellen gut widergespiegelt wird und sie für eine ganzheitliche Bewertung eingesetzt werden können.

Abstract

Jens Wisser

The process storage and picking in the framework of the Distribution Center Reference Model (DCRM)

The present thesis deals with the development of analytical models for the integrated evaluation of the process storage and picking in the framework of the Distribution Center Reference Model (DCRM).

The task-oriented DCRM is a standardised, systematic approach for an objective comparison, analysis and evaluation of distribution centers for piece goods. Hereby it is possible to examine both the effectiveness and the efficiency of a distribution center. Due to the modular hierarchical structure, the model provides information on different levels, depending on the aim of the investigation and the group of users. The information is detailed both by a comparison with industrial partners on the top, process and task levels (real benchmarking), as well as by comparison with analytical models of the technical implementation level (theoretical benchmarking) on the task level.

For the theoretical benchmarking of the process storage and picking several analytical calculation models are developed. The models are based on detailed layout descriptions as well as the material and information flows of the common storage and picking systems. These systems represent good solutions for most diverse requirements, given that „optimal" solutions do not exist due to the variety of requirements and possible technical solutions of storage and picking systems.

The analytical models give an integrated estimation of the required resources, in consideration of the requirements and tasks. Thereby, the necessary time and area requirements are interdependently calculated. Then, the personal as well as the investment use and finally the total costs are determined. Thus a transparent, neutral and objective point of reference for comparing existing and/or planned systems is given. Furthermore, different scenarios can be evaluated, e.g. the use of different storage and picking systems, the combination and/or division of storage and picking areas or the change of the requirement profile for a system.

For the validation of the models facts from literature as well as real data of the research project „Warehouse Excellence" is used. Using this data and a developed validation approach it is clarified that the models adequately reflect the reality and can be used for an integrated evaluation.

Inhaltsverzeichnis

1. Einleitung

Ein wichtiger Faktor im Wettbewerb der Unternehmen sind leistungsfähige und kostengünstige unternehmensinterne sowie unternehmensübergreifende logistische Netzwerke. Sie verbinden die weltweit verstreuten Produktionsstätten mit den Absatzmärkten, indem sie den Materialfluss gestalten, organisieren und ausführen. Um dauerhaft konkurrenzfähig zu sein, ist es für die Zukunft der Unternehmen bzw. Netzwerke existentiell, die bestehenden Prozesse kontinuierlich zu analysieren, zu bewerten und zu verbessern.

Dieser kontinuierliche Verbesserungsprozess betrifft u.a. die Knotenpunkte der Netze, die im Wesentlichen Waren entgegennehmen, vorübergehend aufbewahren und weiterleiten. Beispiele für die Knoten sind Crossdocking-Zentren, Lager, Logistikzentren, Transitterminals, Umschlagterminals und Verteilzentren. Im Folgenden wird für alle diese Knotenpunkte der Sammelbegriff Distributionszentrum verwendet.

Die Vision des Verbesserungsprozesses ist es, ein Netzwerk ohne Distributionszentren zu besitzen, denn sie binden Anlagevermögen und Umlaufvermögen, ohne den Wert der Waren zu erhöhen. Um jedoch die Absatzmärkte anforderungsgerecht zu versorgen, wird in Zukunft die Notwendigkeit bestehen bleiben, Distributionszentren zu unterhalten. Aus diesem Grund ist es umso wichtiger, diese ständig weiter zu entwickeln und deren Leistung zu verbessern.

In diesem Zusammenhang hat der Prozess Lagern und Kommissionieren eine besondere Bedeutung, denn er ist für einen bedeutenden Anteil der Kosten am Verkaufspreis der Waren verantwortlich. Eine Studie der Fa. A.T. Kearney beziffert diesen Anteil auf ca. 6%, wobei dieser Wert den Anteil eher unterschätzt (nach Fa. A.T. Kearney in Anlehnung an Wichmann (1993), S. 1). Weiterhin fallen für diesen Prozess bis zu 63% der Gesamtkosten an und bis zu 55% des Personals eines Distributionszentrums werden hierfür eingesetzt (Malton (1991), Le-Duc (2005), S. 1). Infolgedessen ist das Lagern und Kommissionieren in fast jedem Distributionszentrum der arbeitsintensivste und teuerste Prozess (De Koster et al. (2006)). Außerdem stellt der Prozess die schwierigste Aufgabe der innerbetrieblichen Logistik dar (Gudehus (2005), S. 553).

Auf Grund dieser Bedeutung sowie der Komplexität ist das Lagern und Kommissionieren ein wesentlicher Wettbewerbsfaktor, der im Allgemeinen die größten Verbesserungspotentiale in einem Distributionszentrum birgt.

1.1. Problemstellung

Durch die aktuellen Entwicklungen in der Logistik, die mit Schlagworten wie „Globalisierung", „Individualisierung der Kundennachfrage", „Outsourcing", „Verkürzung der Lieferzeiten" usw. beschrieben werden, steigt die Bedeutung des Prozesses Lagern und Kommissionieren weiter an.

Doch trotz der Tatsache, dass der Prozess grundsätzlich lediglich Kosten verursacht und den Wert der Ware nicht erhöht (abgesehen von beispielsweise Reifeprozessen bei Lebensmitteln) erfolgt ein Wandel in dessen Wahrnehmung. Das Lagern und Kommissionieren wird zunehmend nicht mehr als notwendiges Übel verstanden, sondern als wichtiger Baustein der Leistungserstellung. Es ist nicht nur möglich, sich in Bezug auf die anfallenden Kosten vom Wettbewerb abzugrenzen, sondern ebenfalls durch die Leistungsfähigkeit des Prozesses bezogen auf Lieferbereitschaft, Lieferflexibilität, Lieferqualität und Lieferzeit Wettbewerbsvorteile zu erzielen.

Bei der Neuplanung bzw. Umplanung von Lager- und Kommissioniersystemen besteht die Schwierigkeit, ein geeignetes System zu entwickeln, das den gestellten Kunden- und Unternehmensanforderungen gerecht wird. Dazu ist es möglich, auf eine Vielzahl an bestehenden materialflusstechnischen, informationstechnischen und organisatorischen Komponenten zurückzugreifen. Die große Vielfalt an individuellen Anforderungen an den Prozess und der zur Verfügung stehenden Komponenten hat dazu geführt, dass eine unüberschaubare Menge an individuellen Lager- und Kommissioniersystemen entwickelt worden ist.

Jedoch ist zu beachten, dass deren Anforderungsprofile einem ständigen Wandel unterliegen und zahlreiche Systeme dem nicht gerecht werden können. D.h. eine Vielzahl an Lager- und Kommissioniersystemen sind unter Voraussetzungen geplant und gebaut worden, die sich im Laufe der Zeit verändert haben. Die notwendige Modernisierung der Systeme werden häufig nicht durchgeführt, da die Unternehmen das Rationalisierungspotential nicht erkennen (siehe Abbildung 1.1). Infolgedessen wird im Rahmen eines Sicherheitsdenkens das Rationalisierungspotential unterschätzt, so dass die notwendigen Investitionen nicht gerechtfertigt scheinen (Figgener (2006)).

Der Grund für diese Art von Entscheidungen ist, dass keine allgemeine Methode zur Verfügung steht, die eine systematische Bewertung der Systeme bei unterschiedlichsten Anforderungsprofilen in der Praxis ermöglicht. Weiterhin existieren keine Berechnungsverfahren, die den Ressourcenbedarf unterschiedlicher Lager- und Kommissioniersysteme in ganzheitlichen Modellen bestimmen können. Lediglich wird in der Literatur eine Vielzahl an Modellen zur jeweiligen Ermittlung der Zeit, der Fläche oder der Kosten bereitgestellt. Aus diesem Grund ist eine gezielte, durchgängige Bewertung eines bestehenden bzw. in Planung befindlichen Systems auf Basis von Datenerhebungen oder auf Basis von ganzheitlichen Berechnungsverfahren nicht möglich.

1.2. Ziel der Arbeit

Der Prozess Lagern und Kommissionieren bietet in vielen Distributionszentren aufgrund seiner Bedeutung und Komplexität die größten Potentiale zur Verbesserung. Um die-

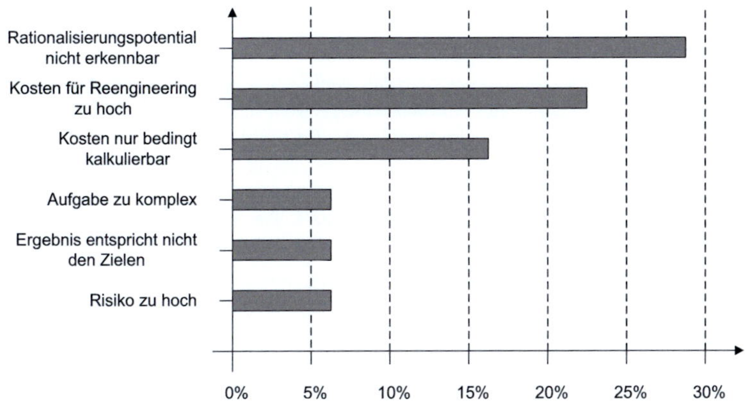

Abbildung 1.1.: Ergebnisse einer Umfrage-Aktion des Fraunhofer IML und der Zeitschrift Logistik für Unternehmen bei Unternehmen bezüglich der Frage: Was hält Unternehmen von einem Reengineering ab? (in Anlehnung an Figgener (2006))

se Potentiale entdecken und im Folgenden erschließen zu können, ist es notwendig, die Leistungsfähigkeit der Prozesse systematisch zu bewerten. Hierfür existiert bisher keine allgemeingültige Methode. Ein interner Vergleich mit Daten aus vergangen Untersuchungen eines Prozesses ermöglicht es, dessen Entwicklung zu analysieren bzw. umgesetzte Maßnahmen zu bewerten. Um jedoch die Effektivität und Effizienz eines kompletten Lager- und Kommissioniersystems im Vergleich zum Wettbewerb festzustellen, neue Ideen für Verbesserungsmaßnahmen zu erhalten und deren Umsetzung zu rechtfertigen, ist eine allgemeingültige sowie übertragbare Methode zur Bewertung und zum Vergleich notwendig.

Die vorliegende Arbeit verfolgt drei Ziele. Erstens wird mit dem Distribution Center Reference Model (DCRM) eine standardisierte, systematische Vorgehensweise zum objektiven Analysieren, Vergleichen und Bewerten von Distributionszentren für Stückgüter vorgestellt. Ein wesentlicher Bestandteil des Modells ist der Prozess Lagern und Kommissionieren, so dass das DCRM eine systematische Suche nach den besten Lager- und Kommissioniersystemen unterstützt.

Zweitens wird ein umfassender Literaturüberblick über bestehende Verfahren zur Berechnung des Zeit- und Flächenbedarfs sowie der Kosten von Lager- und Kommissioniersystemen vermittelt. Dabei werden insbesondere die Annahmen herausgearbeitet, auf denen die einzelnen Verfahren beruhen.

Als drittes Ziel wird eine ganzheitliche Berechnungsmethodik erarbeitet. Sie bestimmt den benötigten Zeit- sowie Flächenbedarf, mit deren Hilfe auf den Personal- sowie Investitionseinsatz und abschließend auf die Gesamtkosten für die am weitesten verbreiteten Arten von Lager- und Kommissioniersystemen geschlossen wird. Hierzu werden mehrere

Modelle entwickelt, die es erlauben, existierende bzw. in Planung befindliche Systeme bei unterschiedlichen Anforderungsprofilen zu bewerten.

Die Bewertung wird ermöglicht, indem für bestehende bzw. zu erwartende Anforderungen für ein vergleichbares Lager- und Kommissioniersystem der Ressourcenbedarf mittels eines theoretischen Modells abgeschätzt wird. Es wird somit ein objektiver Referenzpunkt für bestehende bzw. geplante Systeme erarbeitet. Darüber hinaus können unterschiedliche Szenarien bewertet werden, wie z. B. die Verwendung verschiedener Lager- und Kommissioniersysteme, die Zusammenführung bzw. Aufteilung von Lager- und Kommissionierbereichen oder die Veränderung des Anforderungsprofils für ein System.

Mit den in dieser Arbeit entwickelten Berechnungsverfahren können Verbesserungspotentiale aufgedeckt werden, um die bestehenden Anforderungen mit einem geringen Ressourceneinsatz zu erreichen und somit die Wettbewerbsfähigkeit der Systeme zu steigern.

1.3. Aufbau der Arbeit

Der grundlegende Aufbau der Arbeit ist in Abbildung 1.2 dargestellt. In Kapitel 2 wird das Fundament dieser Arbeit gelegt, indem das Distribution Center Reference Model (DCRM) ausführlich erläutert wird. Zunächst werden die wenigen Ansätze aus der Literatur zur Entwicklung einer standardisierten, systematischen Vorgehensweise zum objektiven Analysieren, Vergleichen und Bewerten von Distributionszentren für Stückgüter dargestellt. Weiterführend werden die Zielsetzung des DCRM und dessen allgemeiner Aufbau erläutert. Darauf aufbauend werden die jeweiligen Ebenen (Top-, Prozess-, Aufgaben-, Ausführungsebene) des Modells in Bezug auf Zielsetzung, Grenzen und Inhalt beschrieben. Das Kapitel schließt mit der Erläuterung der DCRM-Karte, einem Werkzeug zum transparenten Darstellen der Struktur eines Distributionszentrums, und einem Vergleich zweier DCRM-Karten von realen Distributionszentren.

Kapitel 3 konzentriert sich auf den Prozess Lagern und Kommmissionieren des DCRM, indem dessen Grundlagen erläutert werden. Ferner wird zunächst der Prozess Lagern und Kommissionieren definiert. Dies ist von besonderer Bedeutung, da in den meisten Veröffentlichungen über Lagern und Kommissionieren der Prozess in zwei Teilprozesse getrennt wird. Jedoch beinhaltet jede Lagerung eine Auslagerung bzw. Entnahme und jede Kommissionierung eine Bereitstellung bzw. Lagerung. Aus diesem Grund ist es bei der Betrachtung solcher Systeme während einer Benchmarkingstudie sinnvoll das Lagern sowie Kommissionieren zusammenzuführen und als ein System zu untersuchen (Staiger (1992), 8 ff.). Dadurch wird vermieden, Grenzen in einem Lager- und Kommissionierbereich zu erzeugen, die in der Realität nicht vorhanden sind. Vielmehr ermöglicht die Zusammenfassung eine allgemeingültige, ganzheitliche Betrachtung des Prozesses.

Im Anschluss an die Definition des Prozess, werden die an ihn gestellten Anforderungen sowie Aufgaben ermittelt, die die Gestalt der technischen und organisatorischen Ausführungen des Systems bestimmen. Sie sind der Grund für die Entstehung einer fast unüberschaubaren Anzahl an Ausführung in der Praxis. Für diese Vielzahl an Ausführungen wird eine Systematik vorgestellt, anhand derer die wesentlichen Lager- und Kommissioniersysteme strukturiert identifiziert werden. Das Kapitel schließt mit der Auswahl

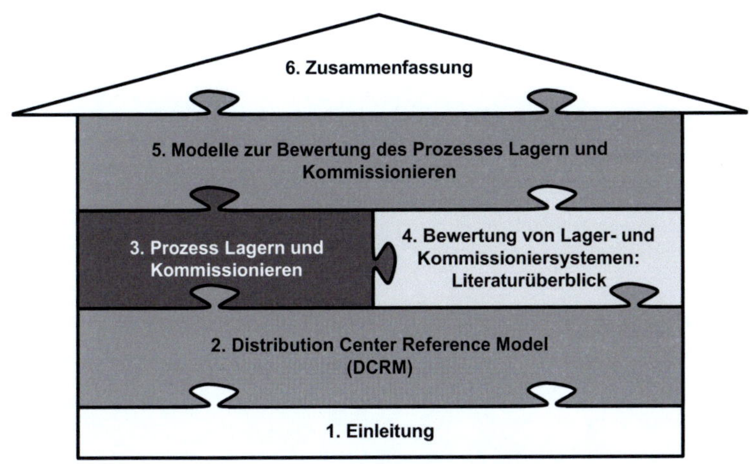

Abbildung 1.2.: Aufbau der Arbeit

einer Modellierungsmethode, mit deren Hilfe geeignete Modelle zur Bewertung des Prozesses Lagern und Kommissionieren erarbeitet werden können.

Kapitel 4 gibt einen umfassenden Literaturüberblick über den aktuellen Stand der Forschung im Hinblick auf Modelle zur Bewertung von Lager- und Kommissioniersystemen. Dieser Überblick konzentriert sich auf die in Kapitel 3 ausgewählten, wesentlichen Systeme und die dort ausgewählte Modellierungsmethode. Es werden die bestehenden Modelle für eine ganzheitliche und für eine einzelne Bewertung der Systeme bezüglich Zeit, Fläche und bzw. oder Kosten erläutert. Abgerundet wird das Kapitel durch eine Bewertung des aktuellen Wissenstands und die Analyse des bestehenden Forschungsbedarfs zum Thema Lagern und Kommissionieren.

In Kapitel 5 werden die Modelle zur Bewertung des Prozesses Lagern und Kommissionieren entwickelt. Zunächst werden dazu die allgemeinen Eigenschaften der Modelle beschrieben. Es wird erarbeitet, an welche Anwendergruppe sich die Modelle richten, welche Struktur die Modelle aufweisen und welchen grundlegenden Annahmen die Modelle unterliegen. Daran anknüpfend folgt die Modellierung der wesentlichen Lager- und Kommissioniersysteme, indem zuerst deren Layouts sowie Material- und Informationsflüsse erläutert werden. Weiterführend werden die entsprechenden analytischen Modelle vorgestellt. Abschließend werden die Modelle bewertet anhand der in der Literatur zu findenden Informationen und der erhoben realen Daten während des Forschungsprojektes „Warehouse Excellence"für ähnliche Systeme, in dessen Rahmen das DCRM entwickelt und angewendet wird. Diese Bewertung ist eine Neuheit und Herausforderung der vorliegenden Arbeit, da bisher keine reale Daten zur Bewertung von Modellen im Bereich des Lagerns und Kommissionierens verwendet worden sind bzw. werden konnten.

Mit der Zusammenfassung der Ergebnisse in Kapitel 6 schließt die Arbeit.

2. Distribution Center Reference Model (DCRM)

> „Wenn es einen Weg gibt,
> etwas besser zu machen,
> finde ihn..."
> *Thomas Alva Edison, Ingenieur, 1847-1931*

Distributionszentren beeinflussen erheblich die Leistung, den Service und die Kosten eines logistischen Netzwerkes bzw. eines Unternehmens. Im Vergleich zur Produktion, die häufig im Fokus von Verbesserungsaktivitäten der Unternehmen steht, ist ein Distributionszentrum meist relativ unflexibel und nicht beliebig skalierbar. Es existiert somit eine Vielzahl an Distributionszentren, die historisch gewachsen, nicht richtig dimensioniert oder schlecht organisiert sind. Die grundlegenden Werkzeuge - wie die Kenntnisse über technische Ausführungen sowie deren Einsatzkriterien, die Dimensionierungsverfahren, die Optimierungsverfahren und die Betriebsstrategien - sind jedoch seit langem verfügbar (Gudehus (2005), S. 461). Es fehlt ein Ansatz, der ausgehend von der Frage nach den Anforderungen an ein Distributionszentrum die Realisierung analysiert und bewertet.

Dies führt dazu, dass das Rationalisierungspotential bei bestehenden Distributionszentren nicht erkannt wird und die Kosten für ein Reengineering nicht bestimmt bzw. als zu hoch angesetzt werden (siehe Abbildung 1.1). Außerdem wird das Risiko für ein Reengineering als zu hoch eingeschätzt und somit darauf gänzlich verzichtet bzw. werden nur kleine, übersichtliche, lokale Verbesserungen angestrebt (Figgener (2006)).

Ein allgemein verbreitetes Werkzeug zum Bewerten von Distributionszentren ist das Benchmarking (Camp (1994), Luczak et al. (2003)). Die verbreitetsten Ansätze in diesem Zusammenhang sind:

- die Studie „Benchmarking von Distributionslagern mit Hilfe der DEA" des Lehrstuhls für Betriebswirtschaftslehre der Universität Magdeburg (Idee: Untersuchung eines kompletten Distributionszentrums als Black-Box mit einzelnen Ansätzen einer Prozessanalyse) (Förster und Wäscher (2005)),
- die Studie des Vereins Warehouse Education and Research Council (WERC) (Idee: Untersuchung eines kompletten Distributionszentrums als Black-Box) (Supply Chain Visions (2007a), Supply Chain Visions (2007c) und Supply Chain Visions (2007b)),
- die Studie „Warehouse Productivity Benchmark Report" des unabhängigen Forschungsinstituts Aberdeen Group (Idee: Untersuchung eines kompletten Distributionszentrums als Black-Box)(Enslow und O'Neill (2006) sowie O'Neill (2006)),

- die Studie „Benchmarking Warehouse Performance Study" des Keck Virtual Factory Lab, einer Kooperation zwischen den Material Handling Industries of America und des Georgia Institute of Technology (Idee: Untersuchung eines kompletten Distributionszentrums als Black-Box mit einzelnen Ansätzen einer Prozessanalyse) (McGinnis et al. (2006), Hackman et al. (2001) und McGinnis et al. (2004)),

- die Studie des Forschungsinstituts RSM Erasmus University of Rotterdam und Statistics Netherland (Idee: Untersuchung eines kompletten Distributionszentrums als Black-Box) (De Koster und Balk (2008)),

- die „offene Lagerhausstudie" des Benchmarking Center Nürnberg (BMC) (Idee: Untersuchung eines kompletten Distributionszentrums als Black-Box mit einzelnen Ansätzen einer technisch-orientierten Prozessanalyse) (Klaus (2007) sowie Klaus et al. (1996)) und

- die Studie des Kooperationsprojektes des Beratungsunternehmens Miebach & Partner GmbH und des Instituts für Betriebswirtschaftslehre der Technischen Hochschule Darmstadt (Idee: Untersuchung eines kompletten Distributionszentrums als Black-Box mit einzelnen Ansätzen einer Prozess bzw. Leistungsanalyse) (Stölzle und Gaiser (1996)).

Darüber hinaus wurden bzw. werden von verschiedenen Beratungsunternehmen Studien innerhalb von Projekten durchgeführt, die ein Benchmarking zwischen ausgewählten Distributionszentren ermöglichen.

All diese Ansätze führen letztlich nicht zu einem allgemein anerkannten Werkzeug zum Benchmarken von Distributionszentren. Ein Grund hierfür ist, dass viele Projekte nicht das Ziel verfolgen, ein allgemeingültiges Werkzeug zu erarbeiten, sondern individuelle Ansätze für spezifische Problemstellungen entwickeln. Einige Ansätze betrachten ein Distributionszentrum lediglich als Black Box. Dies führt zu einer Aussage über die ganzheitliche Effizienz eines Distributionszentrums. Jedoch kann keine Aussage darüber getroffen werden, wo in einem Distributionszentrum Verbesserungspotentiale verborgen sind. Weitere Ansätze verwenden ein technikorientiertes Werkzeug zum Durchführen einer detaillierten Untersuchung. Sie streben eine vergleichende Bewertung unterschiedlichster technischer Realisierungen in Distributionszentren an. Dies führt aufgrund der fast unbegrenzten Vielfalt der technischen Möglichkeiten zur Gestaltung eines Distributionszentrums zu großen Problemen bezüglich der Vergleichbarkeit der untersuchten Zentren (Furmans et al. (2006a)).

Aufbauend auf diesen Erkenntnissen wurde in dem gemeinsamen Forschungsprojekt „Warehouse Excellence" des Instituts für Fördertechnik und Logistiksysteme der Universität (TH) Karlsruhe und McKinsey & Company das „ Distribution Center Reference Model (DCRM)"entwickelt, das im Folgenden vorgestellt wird.

2.1. Ziel

Das Distribution Center Reference Model (DCRM) ist unter der Zielsetzung entstanden, eine standardisierte, systematische Vorgehensweise zum objektiven Analysieren, Vergleichen und Bewerten von Distributionszentren für Stückgüter zu entwickeln. Darüber hinaus wird eine Standardisierung der Begrifflichkeiten auf dem Gebiet der Distributionszentren angestrebt.

Zum Erreichen dieses Zieles verfolgt das DCRM einen neuen Ansatz zur detaillierten Analyse von Distributionszentren. Dieser Ansatz stellt nicht, wie bisher in der Literatur zu finden, die Vielzahl an technischen Ausführungen der Distributionszentren in den Vordergrund, sondern die Aufgaben der Prozesse innerhalb der Distributionszentren. Es stellt sich nicht nur die Frage nach der Effektivität, d.h. der Wirksamkeit der Ausführungen (die richtigen Dinge zu tun), sondern auch nach der Effizienz, d.h. der Wirtschaftlichkeit der Ausführungen (die Dinge richtig zu tun), um mit einem möglichst geringem Aufwand ein Ziel zu erreichen (Brockhaus-Enzyklopädie (2006)). Die zentrale Aufgabe eines Distributionszentrums ist, dass der Kunde die richtigen Waren, in der richtigen Menge, in der richtigen Qualität, zur richtigen Zeit, am richtigen Ort und zu den richtigen Kosten bzw. Preis erhält (Martin (2002), S. 2). Die technische Ausführung dieser Aufgabe ist für den Kunden nicht von Bedeutung, sondern nur die Erfüllung der gestellten Aufgabe.

Ziel eines Distributionszentrums ist es, die zentrale Aufgabe der Kundenbelieferung effektiv und effizient zu erfüllen. Auf diesem zentralen Gedanken beruht das aufgabenorientierte Referenzmodell des DCRM, das für die jeweiligen Prozesse eines Distributionszentrums allgemeingültige Aufgaben bereitstellt (Furmans et al. (2006a)). Ein Beispiel für eine derartige Aufgabe des Prozesses Lagerns und Kommissionierens, ist das „Einlagern und die Entnahme von kompletten Großladungsträgern"(siehe Abbildung 2.7).

Bei der Durchführung eines Benchmarking mit dem DCRM steht nicht - wie bei den bestehenden technikorientierten Referenzmodellen - beispielsweise die Suche nach dem besten Hochregallager im Vordergrund. Vielmehr identifiziert das DCRM Best Practice einer Aufgabe unabhängig von der technischen Ausführung. Aufgrund der Best Practice ist es nicht nur möglich, die Effizienz eines Distributionszentrums zu überprüfen, sondern ebenfalls die Effektivität. Das aufgabenorientierte Referenzmodell des DCRM hinterfragt nicht nur die Wirtschaftlichkeit einer technische Ausführung, sondern ebenfalls die Wirksamkeit der technischen Ausführungen bei den verschiedenen Rahmenbedingungen (siehe Abbildung 2.1).

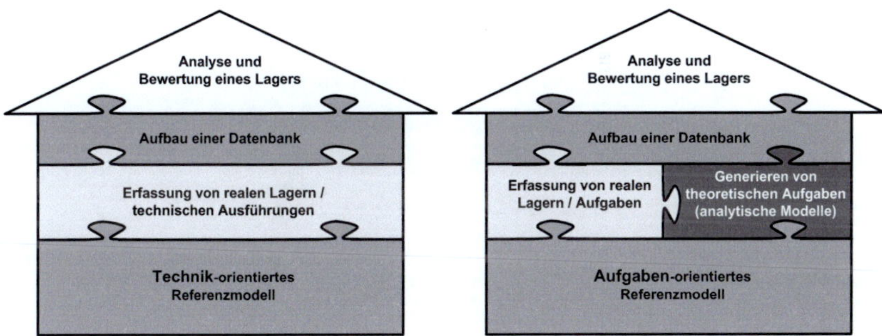

Abbildung 2.1.: Vorgehensweise beim Benchmarking unter Verwendung eines technikorientierten [links] und eines aufgabenorientierten Referenzmodells [rechts]

Ein weiteres Ziel des DCRM in Bezug auf die Analyse eines Distributionszentrums ist es, den Detaillierungsgrad des Referenzmodells zu bestimmen. Dazu muss zum einen berücksichtigt werden, dass eine hohe Qualität in Bezug auf Vergleichbarkeit sowie der Aussagekraft der Ergebnisse durch eine standardisierte sowie strukturierte Vorgehensweise angestrebt wird. Zum anderen sollte der Aufwand für eine spezifische Untersuchung eines Distributionszentrums möglichst gering ausfallen.

2.2. Aufbau

Die Struktur des DCR-Model basiert auf bewährten Analysemethoden der Logistik, wie z. B. auf dem Supply Chain Operations Reference Modell (SCOR) (Supply-Chain Council (2007)) oder auf der Wertstromanalyse (Rother und Shook (2001)). Es besitzt einen modularen, hierarchischen Aufbau, der - je nach Zielsetzung der Untersuchung - für unterschiedliche Nutzergruppen, wie z. B. Top Management, Projektmanager oder Planungsspezialisten, Informationen auf verschiedenen Detaillierungsebenen liefert (siehe Abbildung 2.2). Diese Informationen werden sowohl durch einen Vergleich mit Industriepartnern auf der Top-, Prozess- und Aufgabenebene (reales Benchmarking) als auch mit analytischen Modellen der Ausführungsebene (theoretisches Benchmarking) auf Aufgabenebene gehoben (Alicke et al. (2006)). Die Modelle bilden dabei mögliche Lösungen zur Erfüllung einer Aufgabe ab und dienen als neutrale Referenz.

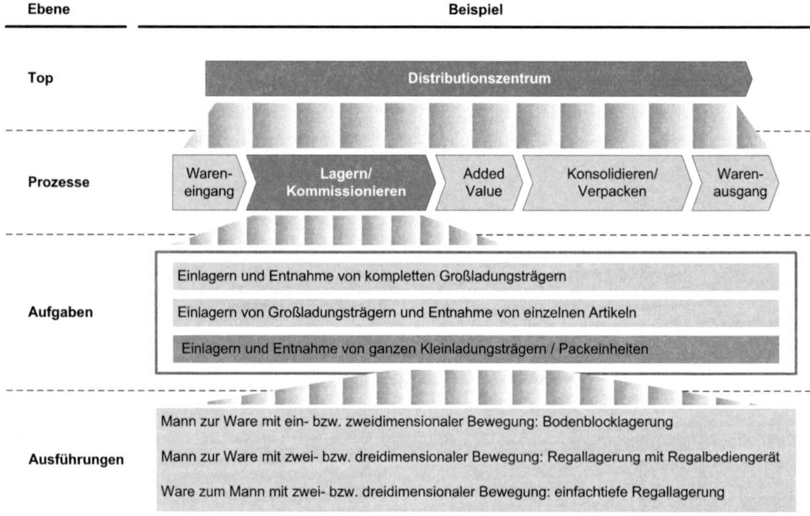

Abbildung 2.2.: Hierarchischer Aufbau des DCR-Model mit den vier Informations-/ Entscheidungsebenen: Top-, Prozess-, Aufgaben- und Ausführungsebene

Das DCRM besitzt eine Baukastenstruktur, in der jeder Baustein eindeutig definiert bzw. abgegrenzt ist und dadurch jeweils ein eigenständiges, unabhängiges Benchmarking erlaubt. Diese Struktur gestattet es, jedes Distributionszentrum eindeutig zu strukturieren. Auf der Grundlage bereitgestellter Benchmarkdaten wird dann ein Zentrum in seiner Individualität beschrieben und anschließend objektiv analysiert, verglichen und bewertet. So ist es möglich, Distributionszentren unterschiedlicher Branchen mit unterschiedlichen Betreiberkonzepten, unterschiedlichen technischen Ausstattungen, in unterschiedlichen Ländern miteinander zu vergleichen.

Die Verwendung einer einheitlichen Notation vereinfacht die Handhabung des DCRM. Diese Notation basiert auf den englischen Begriffen der Prozesse, einer fortlaufenden Nummerierung und einer alphabetischen Kennzeichnung. Dies bedeutet, dass z. B. der Prozess Wareneingang entsprechend dem englischen Begriff Receiving mit R, die Aufgaben des Prozesses mit R1, R2 usw. und die Ausführungen des Prozesses mit R_A, R_B usw. gekennzeichnet werden.

Bei der Anwendung des DCRM muss beachtet werden, dass das Modell Einschränkungen enthält und verschiedene Faktoren außer Acht gelassen werden. Zu diesen Faktoren zählt zum einen, dass das Modell kein Flussmodell ist. Dies bedeutet, dass Überlagerungen von Flüssen sowie parallele Bearbeitungen von Aufgaben nicht berücksichtigt werden und somit jede Aufgabe unabhängig davon betrachtet wird. Weiterhin berücksichtigt das DCR-Model nicht den Einfluss von Auftragsstruktur und Artikelstruktur. Bei der Verwendung des DCRM werden aus diesem Grund geeignete Cluster gebildet, so dass die Abhängigkeiten indirekt berücksichtigt werden können. Das DCRM ist kein Planungstool, mit dem ein „perfektes" oder „optimales" Distributionszentrum automatisch geplant wird. Vielmehr ist es ein Tool, das die Analyse von Distributionszentren sowie die Entscheidungsfindung bei Neu- bzw. Umplanungen unterstützt.

2.2.1. Topebene

Die oberste Ebene (Top) des DCRM dient zur Analyse eines kompletten Distributionszentrums als Black-Box. Aufgrund der großen Unterschiede in der Struktur und im Aufbau von Distributionszentren ist auf dieser Ebene nur ein erster, aggregierter Überblick möglich. D.h. es können Aussagen über die ganzheitliche Effizienz eines Distributionszentrums getätigt werden, jedoch keine Aussage darüber, wo im Distributionszentrum Verbesserungspotentiale verborgen sind. Diese Untersuchung wird im DCRM auf der Basis eines realen Benchmarking durchgeführt, indem wenige ausgewählte Kennzahlen durch einen Kennzahlenkatalog ermittelt werden. Im Anschluss werden diese mit ausgewählten Distributionszentren der gleichen bzw. fremder Branchen mit ähnlichen Anforderungen verglichen und analysiert.

2.2.2. Prozessebene

Die Prozessebene gliedert ein Distributionszentrum nach logisch zusammenhängenden sowie geordneten Folgen von verbundenen Tätigkeiten (Arnold et al. (2002), S.B 8 ff.). In einem Distributionszentrum lassen sich sechs allgemeine Prozesse identifizieren, die in einem Distributionszentrum in verschiedenen Ausführungen zu finden sind:

- Wareneingang (Receiving, R)
- Lagern und Kommissionieren (Storage and Picking, SP)
- Konsolidieren und Verpacken (Consolidation and Packing, CP)
- Warenausgang (Shipping, S)
- Zusatztätigkeiten (Added Value, AV)
- Administration (Overhead, O)

Es ist zu beachten, dass nicht jedes Distributionszentrum zwangsläufig jeden Prozess besitzen muss. Ein Kontenpunkt eines logistischen Netzwerkes, der als Crossdockingzentrum bezeichnet wird, besitzt z. B. kein Lagern und Kommissionieren, sondern besteht im Idealfall nur aus den Prozessen Wareneingang und Warenausgang.

Die erstgenannten fünf Prozesse beschreiben den Materialfluss eines Distributionszentrums. Der Prozess Overhead ist ein übergeordneter Prozess, der alle administrativen Tätigkeiten abdeckt, die zur Ausführung des Materialflusses erforderlich sind.

Jeder einzelne Prozess stellt auf dieser Ebene ein unabhängiges, individuelles Benchmarkingobjekt dar. Aus diesem Grund können für die Untersuchung eines Distributionszentrums auf Prozessebene verschiedene Prozesse von verschiedenen Distributionszentren herangezogen werden. Dies ermöglicht eine detailliertere Untersuchung eines Distributionszentrums als auf der Topebene, da nun die Möglichkeit besteht, Aussagen bezüglich der ganzheitlichen Effizienz der jeweiligen Prozesse zu tätigen. Weiterhin können erste Verbesserungspotentiale auf Prozessebene identifiziert werden. Jedoch ist zu beachten, dass ein Prozess unter Umständen in mehreren Bereichen eines Distributionszentrums durchgeführt wird und innerhalb der einzelnen Bereiche mehrere Aufgaben erfüllt werden. Deshalb ist eine Vergleichbarkeit auf Prozessebene nur bedingt möglich.

Im Folgenden werden die einzelnen Prozesse definiert und gegeneinander abgegrenzt. Es entsteht somit eine eindeutige und allgemeingültige Zuordnung der Tätigkeiten eines Distributionszentrums zu den Prozessen des DCRM, die die Grundlage für ein Benchmarking auf Prozessebene ist.

Wareneingang (R)

Der erste Prozess im Materialfluss eines Distributionszentrums ist der Wareneingang, der eine Schnittstelle zur Umgebung darstellt. Dieser Prozess beinhaltet alle Tätigkeiten, die zur Annahme von Waren notwendig sind. Die erste Tätigkeit die dem Prozess zugerechnet wird, ist das Entladen bereitstehender externer Transportmittel, wie z. B. Transporter, Lastwagen oder Sattelzüge. Die Organisation der Bereitstellung der externen Transportmittel zum richtigen Zeitpunkt am richtigen Wareneingangstor ist nicht Bestandteil des Wareneingangs, sondern des Prozesses Overhead.

Als wesentlichen Tätigkeiten folgen nach dem bzw. während des Entladens der Waren das Identifizieren und das Zuordnen der Waren zu Wareneingangspuffern. In diesen Puffern verbleiben die Waren, bis eine Wareneingangs- bzw. Qualitätskontrolle bezüglich Identität, Termin, Art, Menge, Abmessung, Gewicht, Beschaffenheit usw. durchgeführt worden ist. Bei fehlerhaften Waren, Verpackungen bzw. Ladungsträgern erfolgt gegebenenfalls eine Nacharbeit, indem z. B. beschädigte oder ungeeignete Ladungsträger aus-

getauscht werden. Der Prozess Wareneingang schließt ab mit der Freigabe der im Puffer
befindlichen Waren zur Weiterbearbeitung durch die Qualitätskontrolle (siehe Abbildung
2.3).

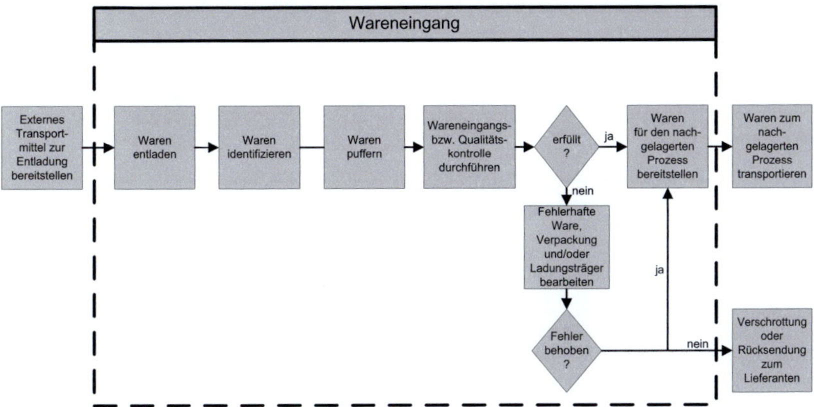

Abbildung 2.3.: Ablaufdiagramm der wesentlichen Tätigkeiten des Prozesses
Wareneingang

Lagern und Kommissionieren (SP)

Die beiden zentralen Prozesse eines Distributionszentrums, das Lagern und das Kommissionieren, werden im DCRM zusammengefasst, da es das eine ohne das andere nicht
gibt (siehe Kapitel 3). Der Prozess startet mit dem Transport der Waren von der Bereitstellung des vorhergehenden Prozesses, z. B. des Wareneingangs, zum Lager- und
Kommissionierbereich.

Außerdem beinhaltet der Prozess die Einlagerung, die Lagerung und die Entnahme der
Waren sowie die Entsorgung von Ladungsträger bzw. Verpackungsmaterial. Beendet wird
das Lagern und Kommissionieren mit der Bereitstellung der fertig entnommenen Waren
im Lager- und Kommissionierbereich (siehe Abbildung 2.4). Im Anschluss daran erfolgt
gegebenenfalls eine Umlagerung der Waren in einen anderen Lager- und Kommissionierbereich, wobei wiederum die Tätigkeiten Transport, Einlagerung, Lagerung und Entnahme durchgeführt werden.

Konsolidieren und Verpacken (CP)

Die Prozesse Konsolidieren und Verpacken werden aufgrund ihrer engen Verknüpfung
im DCRM zu einem Prozess zusammengefasst. Der Startpunkt des Prozesses ist der
Transport von dem Bereitstellungspunkt des vorhergehenden Prozesses, z. B. des Lager-

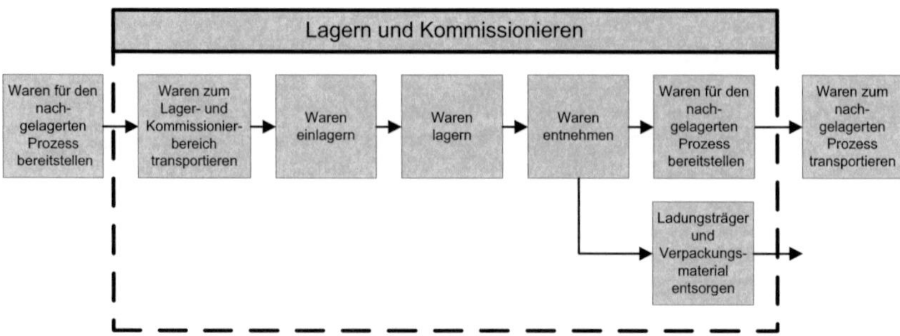

Abbildung 2.4.: Ablaufdiagramm der wesentlichen Tätigkeiten des Prozesses Lagern und Kommissionieren

und Kommissionierbereichs, zum Konsolidierungs- und Verpackungsbereich. Es folgt eine Zusammenführung von Waren, aus denen eine Einheit an einer Verpackungsstation gebildet wird. Diese Konsolidierung kann während des Transportes direkt in den Puffern der Verpackungsstationen erfolgen oder indem es einen eigenen Konsolidierungsbereich durchläuft, z. B. einen Sorter. Außerdem werden die Waren identifiziert, versandbereit verpackt und etikettiert.

Mehrstufige Konzepte werden durch das Hintereinanderhängen von mehreren Konsolidierungs- und Verpackungsbereichen abgebildet. Dies ist z. B. der Fall, wenn Waren zunächst in einem Bereich in Pakete und diese Pakete wiederum in einem anderen Bereich auf Paletten verpackt werden. Abgeschlossen wird der Prozess mit der Bereitstellung der versandbereiten Einheiten im Konsolidierungs- und Verpackungsbereich (siehe Abbildung 2.5).

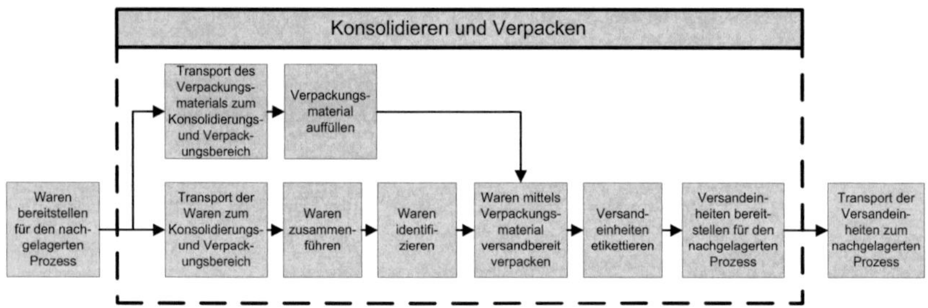

Abbildung 2.5.: Ablaufdiagramm der wesentlichen Tätigkeiten des Prozesses Konsolidieren und Verpacken

Warenausgang (S)

Der abschließende Prozess im Materialfluss eines Distributionszentrums ist der Warenausgang. Der Transport von der Bereitstellung des vorhergehenden Prozess, z. B. des Konsolidierens und Verpackens, zum Warenausgangsbereich ist die erste Tätigkeit, die dem Prozess zugeordnet wird.

Weitere wesentliche Tätigkeiten des Prozesses Warenausgang sind die Sortierung der versandbereiten Waren zur Verladung, die Identifizierung und die Verladung der Waren in externe Transportmittel, wie z. B. Transporter, Lastwagen oder Sattelzüge. Mit dem Abschluss der Verladung ist der Prozess des Warenausgangs beendet. Die Organisation der Bereitstellung der Transportmittel am richtigen Warenausgangstor zum richtigen Zeitpunkt ist nicht Bestandteil des Warenausgangsprozesses, sondern des Prozesses Overhead (siehe Abbildung 2.6).

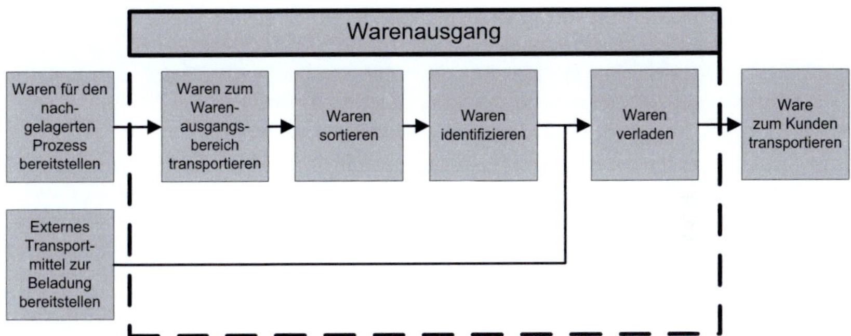

Abbildung 2.6.: Ablaufdiagramm der wesentlichen Tätigkeiten des Prozesses Warenausgang

Added Value (AV)

Im Materialfluss eines Distributionszentrums können Dienstleistungen getätigt werden, die über die angebotenen Kerndienstleistungen hinausgehen und einen Mehrwert schaffen (Klaus und Krieger (2004)). Diese Dienstleistungen werden Value-Added-Services genannt und beinhalten z. B. Preisauszeichnungen, Etikettiorungen und Verpackungsservice. Diese Art der Tätigkeiten wird durch den Prozess Added Value abgebildet.

Die Schnittstelle des Prozesses Added Value ist die Bereitstellung der Waren in einem vorgelagerten Bereich. Zu Beginn des Prozesses steht der Transport von der Bereitstellung zum Added-Value-Bereich. Die Vielfalt der Ausprägungen, die dieser Prozess von einfachen Etikettierungstätigkeiten bis hin zu ganzen Montagetätigkeiten beinhalten kann, lässt bisher keine allgemeingültige Beschreibung der wichtigsten Ausprägungen zu. Aufgrund dieser Vielfalt besitzt dieser Prozess keine eindeutige Position im Materialfluss. Beendet wird der Prozess durch die Bereitstellung der fertig bearbeiteten Waren im Added-Value-Bereich.

Overhead (O)

Der Prozess Overhead beinhaltet alle Tätigkeiten des Erfassens, Betreuens, Leitens und Lenkens, die nicht direkt mit der Ausführung des Materialflusses verbunden sind. Dazu gehören z. B. die Personalplanung, die Materialdisposition und die Reinigung. Aufgrund der Vielfalt der Tätigkeiten, die dieser Prozess beinhalten kann, wird der Prozess nicht weiter untergliedert, sondern in einem Prozess zusammengefasst.

Die administrativen Tätigkeiten sind ein wichtiger Bestandteil eines jeden Distributionszentrums. Die effiziente und effektive Gestaltung des Prozesses Overhead ist somit ein wichtiger Erfolgsfaktor.

2.2.3. Aufgabenebene

Die Aufgabenebene ist die dritte Ebene und das Herzstück des DCRM. Sie untergliedert die einzelnen Prozesse in deren wesentliche auszuführende Aufgaben. Die Aufgabe bildet im DCRM die gemeinsame Bezugsgröße. Erst die detaillierte Abbildung eines Distributionszentrums auf Aufgabenebene macht es möglich, aussagekräftige Ergebnisse durch einen Vergleich von verschiedenen Distributionszentren zu erhalten.

Im Folgenden werden die zentralen Ausprägungen, die externen Anforderungen sowie die definierten Ergebnisse der Prozesse beschrieben und darauf aufbauend die Aufgaben des DCRM abgeleitet. Jede Aufgabe erhält eine Kurzbezeichnung, die sich aus dem Kürzel für den jeweiligen Prozess, in dem die Aufgabe angesiedelt ist, und einer fortlaufende Nummerierung zusammensetzt, wie z. B. R1, R2.

Wareneingang (R)

Der Prozess Wareneingang bildet die Schnittstelle des Distributionszentrums zu seinen Lieferanten und hat als Hauptaufgabe das Empfangen der Waren (siehe Abschnitt 2.2.2). Die externen Einflüsse, d.h. in welcher Art die Waren angeliefert werden, bestimmen die Ausführung der Tätigkeiten im Wareneingang. Die beiden wichtigsten externen Einflüsse sind die Anlieferform und der zu empfangende Anteil einer Ladung eines externen Transportmittels.

Die Unterscheidung der verschiedenen Anlieferformen berücksichtigt den unterschiedlichen Handhabungsaufwand im Wareneingang. Dazu werden die Ladeeinheiten unterteilt in Waren auf Großladungsträgern, Waren in Kleinladungsträgern bzw. Paketen und lose Waren bzw. Waren mit nicht standardisiertem Ladungsträger. Bei Großladungsträgern handelt es sich um Standardladungsträger für den Wareneingang, wie z. B. Europool-Paletten, Industrie-Paletten oder Europool-Gitterboxenpalette. Diese Art der Ladungsträger mit der dazugehörigen Ware benötigt aufgrund ihres Volumens und Gewichts Handhabungsgeräte (z. B. Gabelstapler oder Hubwagen) oder eine automatische Entladeeinrichtung um eine Bearbeitung durchzuführen. Im Gegensatz zu Großladungsträgern können Kleinladungsträger bzw. Pakete inklusive deren Waren ohne Handhabungsgeräte entladen werden. Als Kleinladungsträger werden ausschließlich Ladungsträger bezeichnet, die innerhalb eines Distributionszentrums standardisierte Tätigkeiten verursachen. Dazu gehören beispielsweise Behälter, Boxen und Kartons. Ladeeinheiten, die nicht mit den herkömmlichen Handhabungsgeräten entladen sowie weiterverarbeitet werden können und somit Sonderprozesse verursachen, werden in der Gruppe Lose Ware/nicht standardisierte Ladungsträger zusammengefasst. Zu dieser Gruppe zählen z. B. die Ladeeinheiten wie Beutel, Sack, Fass, Tonne und Korb.

Neben der Art der Anlieferung ist der Anteil einer Ladung eines externen Transportmittels, der für das zu untersuchende Distributionszentrum bestimmt ist, eine externe Anforderung an den Wareneingang. Die Art des externen Transportmittels (z. B. Kleintransporter, Lastwagen, Sattelzug), die das Distributionszentrum mit Waren versorgt, spielt dabei eine untergeordnete Rolle. Die Ladung des externen Transportmittels steht vielmehr im Vordergrund, wobei zwischen einer Teilladung und einer Vollladung unterschieden wird. Unter einer Vollladung versteht man, dass die komplette Ladung eines externen Transportmittels für den Wareneingang bestimmt ist und entladen werden kann. Demgegenüber wird bei einer Teilladung nur ein Anteil der Ladung eines externen Transportmittels im Wareneingang entladen, und der Rest der Ladung ist für eine oder mehrere andere Anlieferstellen bestimmt. Die Anlieferung einer Teilladung hat zur Folge, dass die Waren auf dem externen Transportmittel unter Umständen gesucht und frei geräumt werden müssen. Dies verursacht einen zusätzlichen Handhabungsaufwand, der bei einer vollen Ladung nicht notwendig ist.

Tabelle 2.1.: Klassifizierung der Aufgaben beim Prozess Wareneingang

Art der Anlieferung	Anteil der Ladung eines externen Transportmittels für den Wareneingang	
	Vollladung	Teilladung
Großladungsträger	R1	R2
Kleinladungsträger/ Paket	R3	R4
Lose Ware/nicht standardisierter Ladungsträger	R5	R6

Auf der Basis dieser beiden externen Anforderungen des Wareneingangs lassen sich durch die jeweilige Kombination die Aufgaben des Wareneingangs wie folgt definieren (siehe Tabelle 2.1):

R1: Empfangen von Vollladungen (Full Truck Load) mit Großladungsträgern

R2: Empfangen von Teilladungen mit Großladungsträgern

R3: Empfangen von Vollladungen (Full Truck Load) mit Kleinladungsträgern/Paketen

R4: Empfangen von Teilladungen mit Kleinladungsträgern/Paketen

R5: Empfangen von Vollladungen (Full Truck Load) mit loser Ware/nicht standardisierten Ladungsträgern

R6: Empfangen von Teilladungen mit loser Ware/nicht standardisierten Ladungsträgern

Lagern und Kommissionieren (SP)

Der Prozess Lagern und Kommissionieren wird durch die Tätigkeiten des Einlagerns und Entnehmens bestimmt (siehe Abschnitt 2.2.2). Die Anforderungen an diese Tätigkeiten werden von den Lieferanten und den Kunden geprägt. Auf der Eingangsseite ist dies die Art der Einlagereinheit und auf der Ausgangsseite die Art der Entnahmeeinheit, d.h. in welcher Einheit die Waren im Lager- und Kommissionierbereich eingelagert bzw. entnommen werden. Bei der Ein- und Auslagerung können jeweils drei Arten von Einheiten unterschieden werden:

- Großladungsträger
- Kleinladungsträger/Packeinheit und
- Artikel.

Der Begriff Großladungsträger wird im Abschnitt Aufgaben des Prozesses Wareneingang definiert. Übertragen auf den Prozess Lagern und Kommissionieren bedeutet dies, dass ein kompletter Großladungsträger eingelagert oder ein kompletter Großladungsträger, ohne Veränderung der Struktur entnommen wird.

Im Abschnitt Aufgaben des Wareneingangs wird der Begriff Kleinladungsträger/Pakete definiert. Im Unterschied zu dieser Definition wird beim Lager- und Kommissionierprozess von Packeinheiten statt Paketen gesprochen. Eine Packeinheit bezeichnet in diesem Zusammenhang eine Menge an Waren eines Typs, die in einer Verpackung zusammengefasst sind, aber nicht die kleinste Entnahmemenge bzw. Verkaufseinheit darstellt (z. B. Zehnerpackung Zündkerzen). In Gegensatz zur Packeinheit können sich in einem Paket im Wareneingang mehrere Typen von Waren befinden. Im Prozess Lagern und Kommissionieren wird somit ein kompletter Kleinladungsträger/Packeinheiten eingelagert oder ein kompletter Kleinladungsträger/Packeinheiten ohne Veränderung der Struktur entnommen.

Die kleinste Einlager- bzw. Entnahmeeinheit ist der Artikel, bei dem es sich um ein einzelnes Stück einer Ware handelt (z. B. eine Zündkerze) oder die kleinste Entnahmemenge bzw. Verkaufseinheit (z. B. eine Zweierpackung Zündkerzen).

Die Aufgaben des Prozesses Lagern und Kommissionieren entstehen aus der Verknüpfung der verschiedenen Einlager- und Entnahmeeinheiten (siehe Tabelle 2.2).

Bei der Klassifizierung der Aufgaben ist zu beachten, dass einige Kombinationen ausgeschlossen werden. Beispielsweise ist es nicht möglich, in einem Lager- und Kommissionierbereich einzelne Artikel einzulagern und einen kompletten Großladungsträger zu entnehmen. Unter Berücksichtigung dieser Rahmenbedienungen entstehen für den Prozess Lagern und Kommissionieren folgende sechs Aufgaben:

SP1: Einlagern und Entnahme von kompletten Großladungsträgern

SP2: Einlagern von Großladungsträgern und Entnahme von ganzen Kleinladungsträgern/Packeinheiten

SP3: Einlagern von Großladungsträgern und Entnahme von einzelnen Artikeln

SP4: Einlagern und Entnahme von ganzen Kleinladungsträgern/Packeinheiten

SP5: Einlagern von Kleinladungsträgern/Packeinheiten und Entnahme von einzelnen Artikeln

Tabelle 2.2.: Klassifizierung der Aufgaben beim Prozess Lagern und Kommissionieren

Art der einzulagernden Ladeeinheiten	Art der zu entnehmenden Ladeeinheiten		
	Großladungsträger	Kleinladungsträger/ Packeinheit	Artikel
Großladungsträger	SP1	SP2	SP3
Kleinladungsträger/ Packeinheit	nicht möglich	SP4	SP5
Artikel	nicht möglich	nicht möglich	SP6

SP6: Einlagern und Entnahme von einzelnen Artikeln

Das Ergebnis der jeweiligen Aufgabe stellt die Bereitstellung der entnommenen Ware im Lager- und Kommissionierbereich dar (siehe Abschnitt 2.2.2).

Konsolidieren und Verpacken (CP)

Die Aufgaben des Prozesses Konsolidieren und Verpacken werden durch die Anforderungen der Kunden bestimmt. Die Bereitstelleinheit, d.h. die von der vorgelagerten Aufgabe zur Verfügung gestellte Einheit, wird durch die Menge bestimmt, die die Kunden des Distributionszentrums erhalten können (Bestellmengen). Sie stellt die Einheit dar, die dem Prozess des Konsolidierens und Verpackens für die Bearbeitung zur Verfügung gestellt wird. Dazu werden die drei Einheiten unterschieden:

- Großladungsträger,
- Kleinladungsträger/Packeinheit und
- Artikel.

Dieselbe Unterteilung erfolgt für die Verpackungseinheit, die durch die Gesamtmenge der Bestellung oder sonstige Anforderungen, wie artikelreine Paletten, festgelegt wird.

Durch die Kombination von Bereitstelleinheit und Verpackungseinheit werden die Aufgaben des Prozesses Konsolidieren und Verpacken gebildet (siehe Tabelle 2.3).

Alle Kombinationen, bei denen die Verpackungseinheit kleiner als die Bereitstelleinheit ist, sind nicht möglich, da im Prozess Konsolidieren und Verpacken Bereitstellungseinheiten zusammengeführt werden. So ist es beispielsweise nicht möglich, einen Kleinladungsträger zusammenzuführen, so dass ein Artikel entsteht.

Die Aufgaben des Prozesses Konsolidieren und Verpacken, besitzen folgende Bezeichnungen:

CP1: Etikettieren und Sichern von versandbereiten Großladungsträgern

CP2: Konsolidieren von Kleinladungsträgern/Packeinheiten und Verpacken auf Großladungsträgern

CP3: Konsolidieren von Artikeln und Verpacken auf Großladungsträgern

CP4: Etikettieren von versandbereiten Kleinladungsträgern/Packeinheiten

CP5: Konsolidieren von Kleinladungsträgern/Packeinheiten oder Artikeln und Verpacken in Kleinladungsträgern/Paketen

CP6: Verpacken von bereits konsolidierten Kleinladungsträgern/Packeinheiten oder Artikeln in Kleinladungsträgern/Paketen

Tabelle 2.3.: Klassifizierung der Aufgaben beim Prozess Konsolidieren und Verpacken

Art der Bereitstelleinheiten	Art der Verpackungseinheiten		
	Großladungsträger	Kleinladungsträger/ Paket	Artikel
Großladungsträger	CP1	nicht möglich	nicht möglich
Kleinladungsträger/ Packeinheit	CP2	CP4	nicht möglich
Artikel	CP3	CP5	CP6

Bei der Analyse von Distributionszentren hat sich gezeigt, dass die reine Form der Bereitstellung eines Artikels und das versandbereite Verpacken dieses Artikels anschließend durch Etikettieren sowie Sichern selten praktiziert wird (CP6). Stattdessen wird durch ein Pick-and-Pack System im Prozess Lagern und Kommissionieren eine nahe verwandte Aufgabe ausgeführt. Bei diesem System werden die Waren bei der Entnahme aus dem Lager- und Kommissionierbereich direkt in die Verpackungseinheit abgelegt, so dass eine Konsolidierung der Waren nicht mehr notwendig ist. Im Weiteren Sinne werden somit ein oder mehrere Artikel bereitgestellt, die nur noch etikettiert sowie gesichert werden müssen, da sie den Konsolidierungs- und Verpackungsbereich in einer versandbereiten Verpackungseinheit erreichen (CP1, CP4).

Weiterhin ist das Konsolidieren und Verpacken von Kleinladungsträgern/Packeinheiten in Kleinladungsträgern/Paketen zu berücksichtigen, d.h. das Bilden eines Pakets aus Packeinheiten verschiedenster Typen von Waren. Die hierzu verwendeten Ausführungen sowie der verursachte Arbeitsaufwand unterscheiden sich nur unwesentlich zum Konsolidieren und Verpacken von Artikel in Kleinladungsträgern/Paketen. Aus diesem Grund werden die Aufgaben CP5 und CP6 dementsprechend ergänzt.

Das Ergebnis des Prozesses Konsolidieren und Verpacken ist immer eine etikettierte, gesicherte, versandbereite Verpackungseinheit, die zur Weiterleitung in nachfolgende Konsolidierungs- und Verpackungsbereiche oder zum Warenausgang bereitsteht (siehe Abschnitt 2.2.2).

Warenausgang (S)

Die wesentliche Anforderung des Warenausgangs ist es, die bereitgestellten Waren eines vorgelagerten Bereichs zu versenden. Aufgrund der Schnittstellenfunktion des Warenausgangs zum Kunden stellen die Art der zu versendenden Ladeeinheiten und die Art sowie Menge der Lieferungen die externen Anforderungen dar, aus denen die Aufgaben dieses Prozesses abgeleitet werden können.

Die Art der zu versendenden Ladeeinheiten (Großladungsträger, Kleinladungsträger/ Paket und lose Ware/ nicht standardisierte Ladungsträger) beschreibt, in welcher Einheit der Kunde seine Waren erhalten möchte.

Die ausgehenden Ladeeinheiten im Warenausgang entsprechen denen des Wareneingangs, so dass die ausgehenden Waren in einem Distributionszentrum wiederum als eingehende Waren in einem anderen Distributionszentrum identifiziert werden können.

Die zweite zentrale Anforderung wird durch die Verladung der Lieferungen bestimmt. Bei der Warenbereitstellung mit Pufferung werden die Waren hierbei vor der Verladung auf einer Bereitstellfläche gesammelt, dort zwischengepuffert, bis das externe Transportmittel bereitsteht, und anschließend verladen. Im Gegensatz dazu steht bei der Warenbereitstellung ohne Pufferung das externe Transportmittel direkt bereit, so dass die Waren ohne Abstellen auf einer Bereitstellfläche sogleich verladen werden können.

Aus diesen beiden zentralen Merkmalen werden die Aufgaben des Prozesses Warenausgang abgeleitet (siehe Tabelle 2.4):

Tabelle 2.4.: Bildung von Aufgaben beim Prozess Warenausgang

Art der zu versendenden Ladeeinheiten	Art der Warenbereitstellung	
	mit Pufferung	ohne Pufferung
Großladungsträger	S1	S2
Kleinladungsträger/Paket	S3	S4
Lose Ware/nicht standardisierter Ladungsträger	S5	S6

S1: Versenden von Großladungsträgern mit vorhergehende Sortierung in einen Puffer

S2: Versenden von Großladungsträgern ohne vorhergehende Sortierung in einen Puffer

S3: Versenden von Kleinladungsträgern/Paketen mit vorhergehende Sortierung in einen Puffer

S4: Versenden von Kleinladungsträgern/ Paketen ohne vorhergehende Sortierung in einen Puffer

S5: Versenden von loser Ware/nicht standardisierten Ladungsträgern mit vorhergehende Sortierung in einen Puffer

S6: Versenden von loser Ware/nicht standardisierten Ladungsträgern ohne vorhergehende Sortierung in einen Puffer

Die Schnittstelle des Prozesses Warenausgang bildet das beladene, externe Transportmittel (siehe Abschnitt 2.2.2).

Added Values (AV)

Bei der Beschreibung des Prozesses Added Value in Abschnitt 2.2.2 wurde deutlicht, dass dieser Prozess eine Vielzahl an unterschiedlichen Ausprägungen besitzt. Dadurch entsteht eine Fülle an unterschiedlichen Aufgaben, die eine allgemeingültige Beschreibung auf der Basis von wenigen externen Anforderungen und somit wenigen Aufgaben bisher erschwert. Aus diesem Grund existiert beim DCRM für den Prozess Added Value nur eine allgemeine Sammelaufgabe. Diese Aufgabe heißt Added Value (AV1) und beinhaltet die Umsetzung aller laut Kundenauftrag durchzuführenden Tätigkeiten.

Overhead (O)

Die administrativen Tätigkeiten innerhalb eines Distributionszentrums werden im DCRM mit der Sammelaufgabe (O1) zusammengefasst (siehe Abschnitt 2.2.2). Eine Reduzierung des komplexen Prozesses Overhead auf eine Aufgabe ist zurückzuführen auf deren vielfältige Tätigkeiten, die eine allgemeingültige Beschreibung mit wenigen Aufgaben nicht ermöglicht.

Zur reinen Strukturierung der Organisation und des Informationsflusses werden unter der Aufgabe O1 die folgenden sechs Tätigkeiten untergliedert (siehe Unterkapitel 2.3):

P1: Planen des Distributionszentrums (strategische Planung für das gesamte Distributionszentrum)

P2: Planen des Wareneingangs (operative Planung)

P3: Planen des Lagerns und Kommissionierens (operative Planung)

P4: Planen des Added Values (operative Planung)

P5: Planen des Konsolidierens und Verpackens (operative Planung)

P6: Planen des Warenausgangs (operative Planung)

Zusammenfassung

Eine Zusammenfassung aller Aufgaben, die innerhalb des DCRM auf der Aufgabenebene existieren, wird in Abbildung 2.7 dargestellt. Insgesamt werden fünfundzwanzig Aufgaben entlang des Materialflusses und eine administrative Aufgabe unterschieden. Mit der limitierten Anzahl an Aufgaben ist es möglich, ein komplettes Distributionszentrum detailliert zu beschreiben und ein einheitliches Verständnis bezüglich der Anforderungen an ein Distributionszentrum zu erhalten.

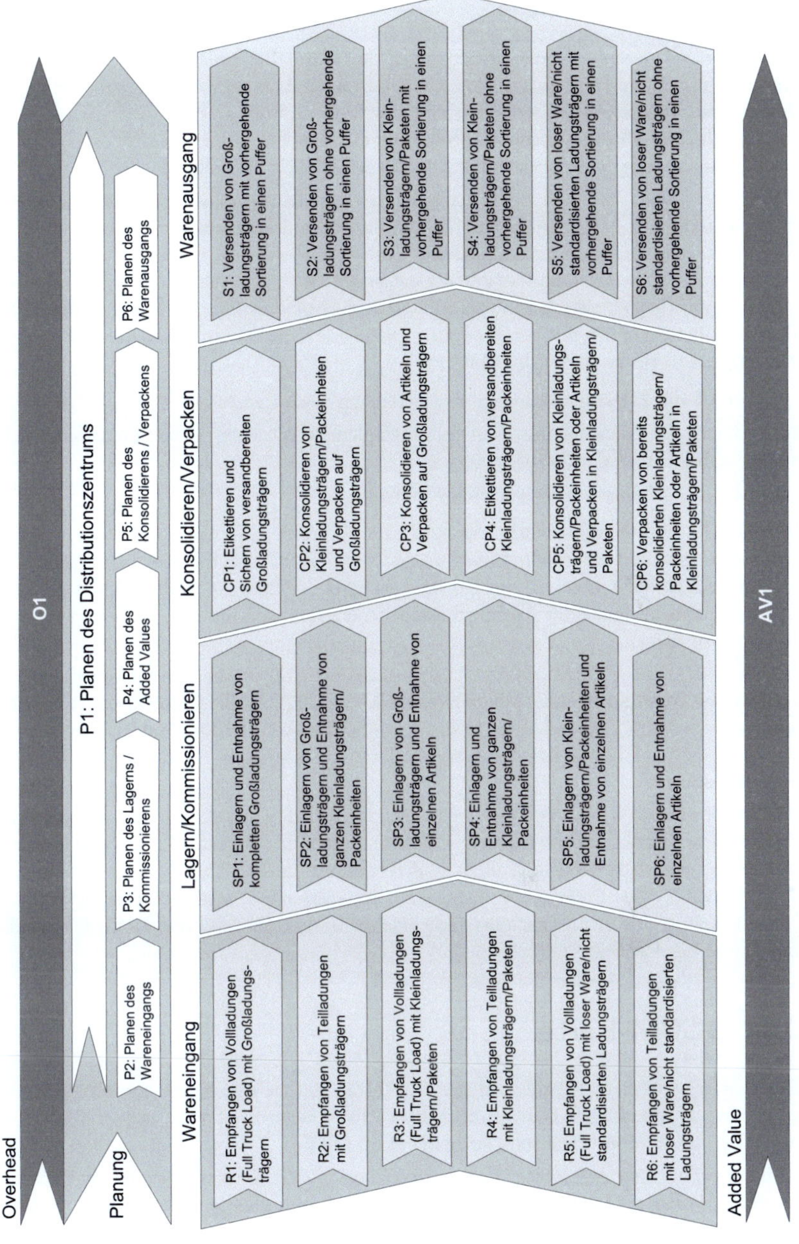

Abbildung 2.7.: Übersichtdarstellung der Aufgaben des DCRM

2.2.4. Ausführungsebene

Die vierte und unterste Ebene des Distribution Center Reference Model unterstützt die Analyse und Bewertung von realen Distributionszentren auf der Aufgabenebene, indem sie ein theoretisches Benchmarking des Materialflusses ermöglicht. Hierdurch ist es möglich, auf der Aufgabenebene jederzeit ein Benchmarking bei unterschiedlichsten Anforderungen mit realen Benchmarkingpartnern durchzuführen.

Für diesen Zweck stehen für jede Aufgabe analytische Modelle zur Verfügung, die auf in der Praxis weit verbreiteten technischen und organisatorischen Ausführungen basieren. Sie dienen als Benchmarkingpartner und ermöglichen es, reale Partner mit unterschiedlichen Größen miteinander zu vergleichen, bei geringer Anzahl an geeigneten realen Partnern ein Benchmarking zu unterstützen und Potentiale bei den Besten aufzudecken. Darüber hinaus können mit den Modellen verschiedene Szenarien analysiert und bewertet werden, wie z. B. die Auswirkungen

- durch die Zusammenführung von Bereichen eines Prozesses,
- durch die Verwendung von verschiedenen technischen sowie organisatorischen Ausführungen der Systeme und
- durch Veränderungen der Anforderungen.

Die Modelle repräsentieren nicht zwangsläufig die besten Lösungen bei jeglicher Art von Anforderungen und Aufgaben. Sie erbringen somit nicht unbedingt ein Optimum, denn es gibt kein Standardsystem, das für eine Aufgabenstellung stets die beste Lösung ist. Vielmehr ist es Aufgabe der Ausführungsebene, eine transparente, neutrale und objektive Referenz zu liefern.

Insgesamt sind im DCRM auf der Ausführungsebene 29 Modelle mit unterschiedlichen technischen Ausführungen abgebildet (siehe Abbildung 2.8). Die Anzahl der Ausführungen wurde bewusst klein gehalten, damit eine übersichtliche und schlanke Ebene entsteht. Sie deckt dennoch die Mehrzahl an technischen Ausführungen ab, die in der Praxis anzutreffen sind.

Die Modelle ermöglichen, dass jede technische Ausführung für jede Aufgabe des jeweiligen Prozesses verwendet werden kann. Es ist anzumerken, dass aufgrund von wirtschaftlichen und technischen Restriktionen nicht alle Kombination aus Aufgaben und technischen Ausführungen eines Prozesses sinnvoll sind. In Tabelle 2.5 wird aus diesem Grund ein Überblick über die Kombinationsmöglichkeiten dargestellt, die das DCRM vorschlägt und die in der Realität anzutreffen sind.

2.3. DCRM-Karte

Ein weiterer wichtiger Bestandteil des DCRM ist die DCRM-Karte. Sie ermöglicht die transparente Darstellung der Struktur eines Distributionszentrums, indem alle Ebenen des Modells visualisiert werden (Furmans et al. (2008)).

Ähnlich der Wertstromanalyse (Rother und Shook (2001)), verwendet die DCRM-Karte eine standardisierte Symbolik (siehe Abbildung 2.6 und 2.7) und einen definierten Aufbau (siehe Abbildung 2.9 und 2.10). Dadurch entsteht eine anwendungsunabhängige Be-

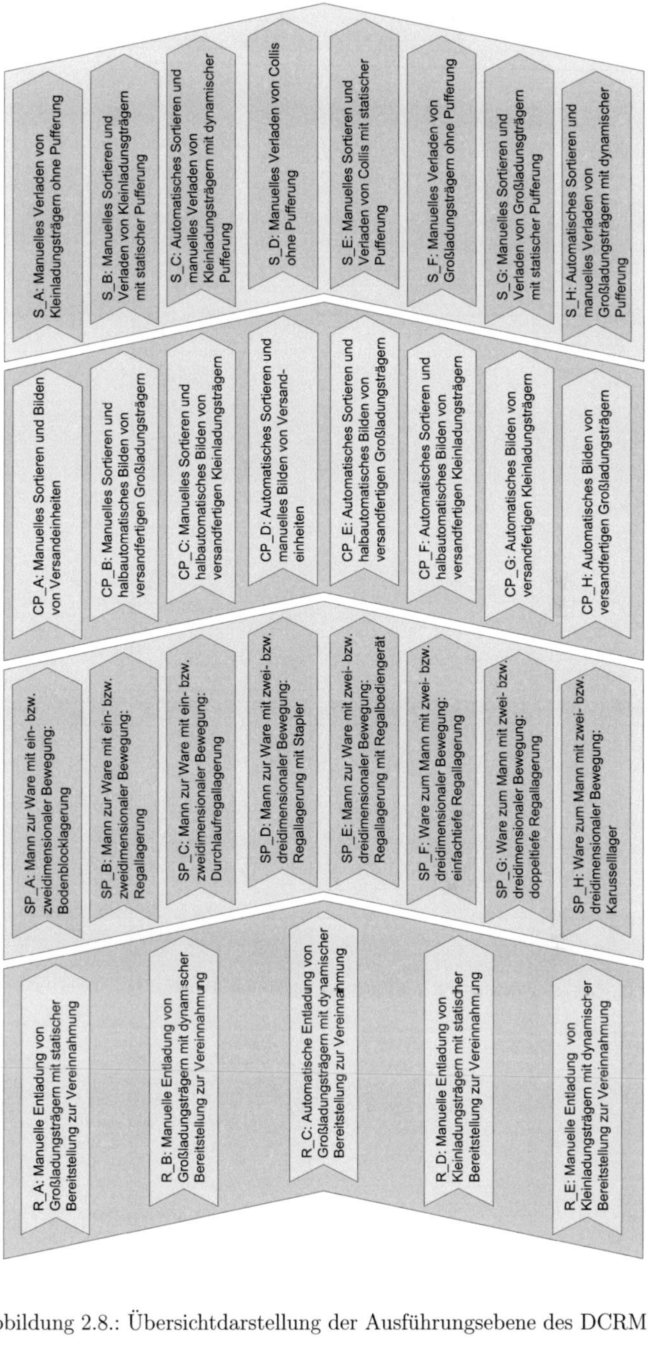

Abbildung 2.8.: Übersichtdarstellung der Ausführungsebene des DCRM

Tabelle 2.5.: Kombinationsmöglichkeiten von Aufgaben und Ausführungen des DCRM auf der Ausführungsebene

Wareneingang

Technische Ausführungen	R1: Empfangen von Volladungen (Full Truck Load) mit Großladungsträgern	R2: Empfangen von Teilladungen mit Großladungsträgern	R3: Empfangen von Volladungen (Full Truck Load) mit Kleinladungsträgern/Paketen	R4: Empfangen von Teilladungen mit Kleinladungsträgern/Paketen	R5: Empfangen von Volladungen (Full Truck Load) mit loser Ware/nicht standardisierten Ladungsträgern	R6: Empfangen von Teilladungen mit loser Ware/nicht standardisierten Ladungsträgern
R_A: Manuelle Entladung von Großladungsträgern mit statischer Bereitstellung zur Vereinnahmung	X	X			X	X
R_B: Manuelle Entladung von Großladungsträgern mit dynamischer Bereitstellung zur Vereinnahmung	X	X				
R_C: Automatische Entladung von Großladungsträgern mit dynamischer Bereitstellung zur Vereinnahmung	X					
R_D: Manuelle Entladung von Kleinladungsträgern mit statischer Bereitstellung zur Vereinnahmung			X	X	X	X
R_E: Manuelle Entladung von Kleinladungsträgern mit dynamischer Bereitstellung zur Vereinnahmung			X	X		

Lagern/Kommissionieren

Technische Ausführungen	SP1: Einlagern und Entnahme von kompletten Großladungsträgern	SP2: Einlagern von Großladungsträgern und Entnahme von ganzen Kleinladungsträgern/Packeinheiten	SP3: Einlagern von Großladungsträgern und Entnahme von einzelnen Artikeln	SP4: Einlagern und Entnahme von ganzen Kleinladungsträgern / Packeinheiten	SP5: Einlagern von Kleinladungsträgern /Packeinheiten und Entnahme von einzelnen Artikeln	SP6: Einlagern und Entnahme von einzelnen Artikeln
SP_A: Mann zur Ware mit ein- bzw. zweidimensionaler Bewegung: Bodenblocklagerung	X	X	X			X
SP_B: Mann zur Ware mit ein- bzw. zweidimensionaler Bewegung: Regallagerung		X	X	X	X	X
SP_C: Mann zur Ware mit ein- bzw. zweidimensionaler Bewegung: Durchlaufregallagerung		X	X	X	X	X
SP_D: Mann zur Ware mit zwei- bzw. dreidimensionaler Bewegung: Regallagerung mit Stapler	X					
SP_E: Mann zur Ware mit zwei- bzw. dreidimensionaler Bewegung: Regallagerung mit Regalbediengerät				X	X	X
SP_F: Ware zum Mann mit zwei- bzw. dreidimensionaler Bewegung: einfachtiefe Regallagerung	X	X	X	X	X	
SP_G: Ware zum Mann mit zwei- bzw. dreidimensionaler Bewegung: doppeltiefe Regallagerung	X	X	X	X	X	
SP_H: Ware zum Mann mit zwei- bzw. dreidimensionaler Bewegung: Karusselllager				X	X	

Konsolidieren/Verpacken

Technische Ausführungen	CP1: Etikettieren und Sichern von versandbereiten Großladungsträgern	CP2: Konsolidieren von Kleinladungsträgern/Packeinheiten und Verpacken auf Großladungsträgern	CP3: Konsolidieren von Artikeln und Verpacken auf Großladungsträgern	CP4: Etikettieren von versandbereiten Kleinladungsträgern/Packeinheiten	CP5: Konsolidieren von Kleinladungsträgern/Packeinheiten oder Artikeln und Verpacken in Kleinladungsträgern/Paketen	CP6: Verpacken von bereits konsolidierten Kleinladungsträgern/Packeinheiten oder Artikeln in Kleinladungsträgern/Paketen
CP_A: Manuelles Sortieren und Bilden von Versandeinheiten		X	X		X	X
CP_B: Manuelles Sortieren und halbautomatisches Bilden von versandfertigen Großladungsträgern		X	X			
CP_C: Manuelles Sortieren und halbautomatisches Bilden von versandfertigen Kleinladungsträgern					X	
CP_D: Automatisches Sortieren und manuelles Bilden von Versandeinheiten		X	X			
CP_E: Automatisches Sortieren und halbautomatisches Bilden von versandfertigen Großladungsträgern		X	X			
CP_F: Automatisches Sortieren und halbautomatisches Bilden von versandfertigen Kleinladungsträgern					X	
CP_G: Automatisches Bilden von versandfertigen Kleinladungsträgern				X		
CP_H: Automatisches Bilden von versandfertigen Großladungsträgern	X					

Warenausgang

Technische Ausführungen	S1: Versenden von Großladungsträgern mit vorhergehende Sortierung in einen Puffer	S2: Versenden von Großladungsträgern ohne vorhergehende Sortierung in einen Puffer	S3: Versenden von Kleinladungsträgern/Paketen mit vorhergehende Sortierung in einen Puffer	S4: Versenden von Kleinladungsträgern/Paketen ohne vorhergehender Sortierung in einen Puffer	S5: Versenden von loser Ware/nicht standardisierten Ladungsträgern mit vorherg. Sortierung in einen Puffer	S6: Versenden von loser Ware/nicht standardisierten Ladungsträgern ohne vorherg. Sortierung in einen Puffer
S_A: Manuelles Verladen von Kleinladungsträgern ohne Pufferung				X		X
S_B: Manuelles Sortieren und Verladen von Kleinladungsträgern mit statischer Pufferung			X		X	
S_C: Automatisches Sortieren und manuelles Verladen von Kleinladungsträgern mit dynamischer Pufferung			X			
S_D: Manuelles Verladen von Collis ohne Pufferung				X		X
S_E: Manuelles Sortieren und Verladen von Collis mit statischer Pufferung			X		X	
S_F: Manuelles Verladen von Großladungsträgern ohne Pufferung		X				X
S_G: Manuelles Sortieren und Verladen von Großladungsträgern mit statischer Pufferung	X				X	
S_H: Automatisches Sortieren und manuelles Verladen von Großladungsträgern mit dynamischer Pufferung	X					

schreibung, die die Strukturen eines Distributionszentrums in einer einheitlichen Sprache veranschaulicht und einen ersten Vergleich mit anderen Distributionszentren ermöglicht (Furmans et al. (2006b)).

Tabelle 2.6.: Standardisierte Symbolik der DCRM-Karte

Symbole	Bedeutung	Symbole	Bedeutung	Symbole	Bedeutung
	Prozess		IT-System		Zeitleiste
	Aufgabe		Person bzw. Gruppe		Systemgrenze
	Bereich	Durchlaufzeit:			externe Quelle bzw. Senke
	Materialfluss	Prozesszeit:	Datenfeld		Aufgabe (extern)

Aufbau und Inhalt einer DCRM-Karte werden im Folgenden am Beispiel der Karten von zwei realen Distributionszentren dargestellt, die u. a. im Laufe der „Warehouse Excellence Studie" untersucht wurden. Zur Wahrung der Anonymität sind die Bezeichnungen der Bereiche, Personen bzw. Gruppen und IT-Systeme entfremdet worden und werden darüber hinaus nicht erläutert.

Beide Distributionszentren sind im Hinblick auf ihre Größe vergleichbar, stellen jedoch in Bezug auf Aufbau- und Ablauforganisation zwei Extreme dar. Das neu in Betrieb genommene Distributionszentrum A besitzt eine sehr klare, schlanke und übersichtliche Aufbau- und Ablauforganisation (siehe Abbildung 2.9). Auf der anderen Seite ist das Distributionszentrum B durch eine sehr unübersichtliche und komplexe Aufbau- und Ablauforganisation gekennzeichnet (siehe Abbildung 2.10).

Die Materialflussebene des Distributionszentrums A besteht aus vier Prozessen, die in fünf verschiedenen Bereichen abgewickelt werden. Anhand der Aufgaben, die in den jeweiligen Bereichen durchgeführt werden, lässt sich außerdem erkennen, dass sich dieses Distributionszentrum auf die Handhabung von Großladungsträgern spezialisiert hat (siehe Abbildung 2.7). Die Waren erreichen den Wareneingang auf Großladungsträgern und werden von dort in den Lager- und Kommissionierbereich gebracht, der in zwei Bereiche aufgeteilt ist. Falls notwendig, findet ein Nachschub zwischen den Bereichen LKA und LKM statt. Nach der Entnahme der Ware gelangen die Großladungsträger in den Konsolidierungs- und Verpackungsbereich. In diesem Bereich findet lediglich die Aufgabe CP1 statt. Daraus ist zu erkennen, dass bei der Durchführung der Aufgabe SP2 ausschließlich die Strategie Pick-and-Pack angewendet wird, bei der Pakete von Großladungsträgern auf Großladungsträgern kommissioniert werden. Außerhalb der Systemgrenzen werden die Großladungsträger beim Kunden als Teilladungen oder als volle Ladung von Transportmitteln empfangen und dementsprechend im Warenausgang bereitgestellt und verladen.

Insgesamt werden nur sechs Aufgaben ausgeführt. Der DCRM-Karte ist zu entnehmen, dass das Distributionszentrum A einen spezialisierten, einfachen und klar strukturierten Materialfluss besitzt. Die Planungsebene der DCRM-Karte des Distributionszentrums

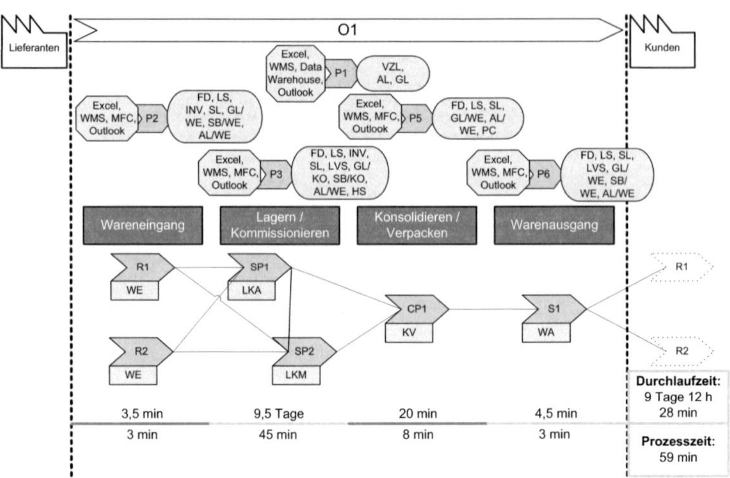

Abbildung 2.9.: DCRM-Karte des Distributionszentrum A

A weist ebenfalls eine schlanke Struktur auf. Es ist zu erkennen, dass im Prozess Overhead die operative Planung aller Materialflussprozesse sowie die strategische Planung des Distributionszentrums selbstständig mit verschiedenen Personen bzw. Gruppen realisiert wird. Die Verwendung weniger prozessübergreifender, unterstützender IT-Systeme in der Planung lässt auf einen einfachen und strukturierten Informationsfluss schließen.

Im unteren Bereich der DCRM-Karte sind die Zeitleiste und das Datenfeld angeordnet. Zeitleiste und Datenfeld zeigen die Durchlaufzeit sowie die Prozesszeit im Distributionszentrum auf. Die Prozesszeit beschreibt die reine Bearbeitungszeit, die durchschnittlich innerhalb eines Distributionszentrums pro Ladeeinheit anfällt. Sie bezieht sich auf die arbeitsintensivsten Materialflüsse der einzelnen Prozesse in Bezug auf die jeweils aufzuwendende gesamte Arbeitszeit pro Tag. Unterbrochen wird der Fluss der Waren durch das Distributionszentrum nur durch den Anteil an mittleren Wartezeiten bzw. Lagerzeiten, was der Differenz zwischen Durchlauf- und Prozesszeit entspricht. Die DCRM-Karte des Distributionszentrums A zeigt insgesamt ein schlankes und gut strukturiertes Distributionszentrum mit geringer Komplexität der Material- und Informationsflüsse.

Die DCRM-Karte von Distributionszentrum B zeigt ein anderes Extrem hinsichtlich Aufbau- und Ablauforganisation eines Distributionszentrums (siehe Abbildung 2.10). Dieses Distributionszentrum ist über Jahre hinweg stetig gewachsen. Mittlerweile gehören auf Materialflussebene 21 Bereiche zu diesem Distributionszentrum, in denen 64 Aufgaben realisiert werden. Identische Aufgaben fallen hier oftmals in mehreren eigenständigen Bereichen an - allein die Aufgabe SP4 des DCRM (Einlagern und Entnahme von ganzen Kleinladungsträgern/Packeinheiten) wird in neun verschiedenen Lager- und Kommissionierbereichen durchgeführt und stellt somit neun Aufgaben des Distributionszentrums

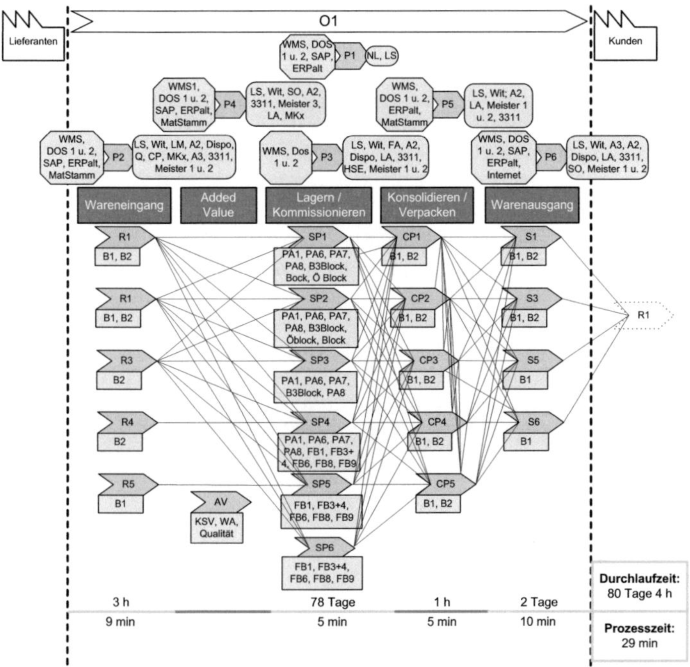

Abbildung 2.10.: Die DCRM-Karte des Distributionszentrum B

dar. Ferner übernimmt das Personal im Distributionszentrum B Zusatztätigkeiten (Added Value) in drei Bereichen. Der Materialfluss des Distributionszentrums ist insgesamt sehr komplex und nur schwer nachvollziehbar.

Die Planungsebene im oberen Bereich der DCRM-Karte zeigt, dass von den beteiligten Personen bzw. Gruppen eine Vielzahl an IT-Systemen zur strategischen und operativen Planung der einzelnen Prozesse bzw. des Distributionszentrums genutzt wird. Diese Komplexität führt zu einem hohen Koordinationsaufwand, der für die Steuerung des Materialflusses notwendig ist. Betrachtet man die Zeitleiste und das Datenfeld, so ist eine erhebliche Differenz von Durchlaufzeit zu Prozesszeit, hervorgerufen durch die Warte- und Lagerzeiten, zu erkennen. Die Lagerzeit ist jedoch nicht durch das Distributionszentrum bestimmt, sondern eine Anforderung aufgrund von Wiederbeschaffungszeiten und Nachfrage.

Mit einem Benchmarking lassen sich die Leistungen der beiden Distributionszentren miteinander vergleichen. Die DCRM-Karten zeigt, dass Distributionszentrum A einen deutlich transparenteren, flussorientierten Materialstrom und einen einfacheren, strukturierten Informationsfluss besitzt. Die größere Durchlaufzeit in Distributionszentrum B resultiert aus dem heterogenen Materialfluss und den daraus folgenden Wartezeiten sowie den langen Lagerzeiten der Waren. Ferner wird ersichtlich, dass Distributionszentrum B aufgrund seiner geringeren Prozesszeit - z. B. in Bezug auf die Abwicklung von Eilaufträgen - eine erheblich höhere Flexibilität bieten kann. Daraus ergibt sich die Erkenntnis, dass Distributionszentrum B Verbesserungen erzielen kann, indem es Bereiche und Aufgaben zusammenführt bzw. klar strukturiert. Distributionszentrum A hingegen sollte zur Verbesserung der Flexibilität die Prozesszeit verringern, z. B. durch neue Strategien im Lager- und Kommissionierbereich.

Die DCRM-Karte bietet somit die Möglichkeit, erste Erkenntnisse über ein Distributionszentrum zu gewinnen, indem eine standardisierte, anwendungsunabhängige Beschreibung verwendet wird. Die Mächtigkeit der DCRM-Karte bzw. des DCR-Model wird anhand der bisher analysierten Distributionszentren aus den verschiedensten Branchen deutlich. Diese erstrecken sich über den Lebensmittel-, Drogerie-, Schmuck-, Buch- und Ersatzteilehandel sowie die Pharmaindustrie, wobei die Distributionszentren sowohl in Eigenverantwortung als auch von externen Dienstleistern betrieben werden. Weiterhin handelt es sich um regionale sowie globale Distributionszentren unterschiedlichster Ausprägungen.

3. Prozess Lagern und Kommissionieren

„Man muß viel gelernt haben,
um über das, was man nicht weiß, fragen zu können."
Jean-Jacques Rousseau, Philosoph und Schriftsteller, 1712-1778

Der zentrale Prozess eines Distributionszentrums ist das Lagern und Kommissionieren (siehe Kapitel 1). In den meisten Veröffentlichungen über Lagern und Kommissionieren wird dieser Prozess in zwei Teilprozesse getrennt. Das Lagern ist nach VDI-Richtlinie 2411 (1970), S. 18 „...jedes geplante Liegen von Arbeitsgegenständen im Materialfluss..." und der Teilprozess Kommissionieren wird gemäß VDI-Richtlinie 3590 (1994), S. 2 als „...das Zusammenstellen von Teilmengen aus einer Gesamtmenge von Waren (Sortiment) auf Grund von Anforderungen (Aufträge)..." verstanden. Die Trennung erfolgt mit der Zielsetzung anhand der beiden zentralen Prozessmerkmale Verweilzeit und Vereinzelung die wichtigsten Lager- bzw. Kommissioniersysteme zu beschreiben (Arnold et al. (2002), S. C 2-61 f., Gudehus (2005), S. 461 ff.). Die Abgrenzung der beiden Systeme wird über die Entnahmemenge definiert (Martin (2002), S. 285). D.h. falls Waren in derselben Menge entnommen werden, wie sie bereitgestellt werden, und somit keine Vereinzelung durchgeführt wird, so handelt es sich um ein Lagersystem. Häufig wird für ein solches System der Begriff Einheitenlager verwendet (Pieper (1982), S. 2). Im Gegensatz dazu wird von einem Kommissioniersystem bzw. Kommissionierlager gesprochen, wenn eine Vereinzelung der bereitgestellten Waren notwendig ist, um die Waren bedarfsgerecht zu entnehmen (Miebach (1971), S. 30).

Der Trend im Bereich des Lagerns und Kommissionierens entwickelt sich jedoch dahin, dass eine reine Zeitüberbrückungsfunktion zunehmend an Bedeutung verliert und vermehrt eine Lagerhaltung in Verbindung mit einer Kommissionierung gefordert wird (Arnold et al. (2002), S. C 2-62). Dies hat zur Folge, dass immer häufiger in einem System sowohl eine Lagerung als auch eine Kommissionierung stattfindet und die Grenzen zwischen einem Lagersystem und einem Kommissioniersystem fließend sind. Je nach der Auftragsgröße der angeforderten Waren reduziert sich in einem System das Zusammenstellen der Teilmengen auf eine Auslagerung bzw. das Kommissionieren auf das Lagern (Arnold et al. (2002), S. C 2-61 ff.).

Generell kann festgehalten werden, dass jede Lagerung eine Auslagerung bzw. Entnahme und jede Kommissionierung eine Bereitstellung bzw. Lagerung beinhaltet. Aus diesem Grund ist es bei der Betrachtung solcher Systeme während einer Benchmarkingstudie sinnvoll das Lagern sowie Kommissionieren zusammenzuführen und als ein System zu untersuchen (Staiger (1992), 8 ff.). Dadurch wird vermieden, Grenzen in einem Lager- und Kommissionierbereich zu erzeugen, die in der Realität nicht vorhanden sind. Vielmehr ermöglicht die Zusammenfassung eine allgemeingültige, ganzheitliche Betrachtung des Prozesses.

Durch die Kombination beider Teilprozesse beschreibt im DCRM der Prozess des Lagerns und Kommissionierens jedes geplante Liegen von Waren im Materialfluss mit dem Ziel, aus einer Gesamtmenge von Waren (Sortiment) Teilmengen auf Grund von Anforderungen (Aufträgen) zusammenstellen. Das dazugehörige System wird als die Zusammenfassung aller zum reibungslosen Zusammenspiel nötigen mechanischen, elektrischen, elektronischen Einrichtungen und der dazugehörigen Organisation verstanden, um einen bestimmten Materialfluss und eine bestimmte Lagerkapazität zu erreichen (in Anlehnung an die VDI-Richtlinie 2690 (1994)).

Die Prozessgrenzen eines Lager- und Kommissioniersystems im DCRM sind jeweils die Bereitstellungspunkte der Waren im vorgelagerten Prozess zum Einlagern in das System und für den nachgelagerten Prozess, die entnommen Waren aus dem Lager- und Kommissioniersystem (siehe Abbildung 2.4). Alle Tätigkeiten zwischen diesen beiden Grenzen werden als Lager- und Kommissioniersystem bezeichnet.

In den folgenden Unterkapiteln werden zunächst die Anforderungen sowie die Aufgaben an ein Lager- und Kommissioniersystem erläutert. Anschließend werden die Systeme hinsichtlich ihrer Bereitstellungs- und Fortbewegungsart klassifiziert. Aufbauend auf dieser Klassifizierung werden die wesentlichen Ausführungen der Lager- und Kommissioniersysteme hergeleitet, die auf der Ausführungsebene des DCRM zur Verfügung und im Mittelpunkt dieser Arbeit stehen. Weiterführend wird die geeignete Modellierungsmethode der Materialflussplanung bestimmt, mit deren Hilfe die ausgewählten Systeme auf der Ausführungsebene des DCRM modelliert werden.

3.1. Anforderungen

Die Anforderungen an Lager- und Kommissioniersysteme bilden die Grundlage für die Planung und Bewertung solcher Systeme. Die Zusammenfassung aller Anforderungen bezeichnet man als Anforderungsprofil. Zur Erstellung eines Anforderungsprofils müssen die geforderten Eigenschaften an die eingehenden und ausgehenden Materialflussströme eines Lager- und Kommissioniersystems ermittelt werden. Dabei werden sie in primäre und sekundäre Anforderungen unterteilt (siehe Abbildung 3.1)(Arnold et al. (2002), S. C 2-62 ff.). Erst ein vollständiges Anforderungsprofil erzeugt ein ausreichendes Verständnis für ein System, so dass eine erfolgreiche Planung und eine objektive Bewertung möglich ist (Gudehus (2005), S. 462 f.).

Die wichtigsten Anforderungen für die Planung und Bewertung eines Lager- und Kommissioniersystems, die im Folgenden beschrieben werden, basieren auf den Arbeiten von Gudehus (2005) und Schmidt (2005).

3.1.1. Primäre Anforderungen

Aus den Eigenschaften der Eingangs- und Ausgangströme lassen sich direkte Anforderungen ableiten, die als primäre Anforderungen bezeichnet werden und einer stochastischen

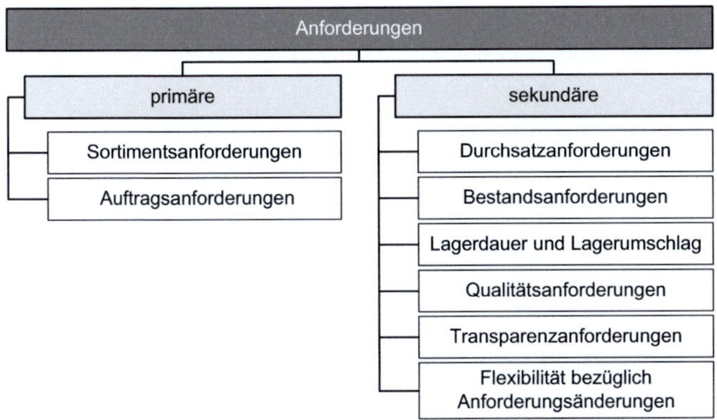

Abbildung 3.1.: Unterteilung der Anforderungen an ein Lager- und Kommissioniersystem in primäre und sekundäre Anforderungen

sowie zeitlichen Veränderung unterliegen. Diese Veränderungen, verursacht durch z.B. Saisonalitäten oder Unternehmenswachstum, müssen bei der Erarbeitung eines Anforderungsprofils berücksichtigt werden (Arnold et al. (2002), S. C 2-62 ff.). Diese primären Anforderungen werden untergliedert in zwei Klassen, der Sortimentsanforderungen und der Auftragsanforderungen.

Sortimentsanforderungen

Die Sortimentsanforderungen beschreiben die Anforderungen an ein Lager- und Kommissioniersystem, deren Ursprung in den waren-, einlager- und entnahmespezifischen Charakteristika liegt. Eine direkte Anforderung ist die Sortimentsbreite, d.h. die Anzahl an unterschiedlichen Waren, die in einem Lager- und Kommissioniersystem bereitgestellt werden. Aufbauend auf der Sortimentsbreite sind die warenspezifischen Anforderungen zu definieren. Diese Anforderungen werden beschrieben durch Abmessungen bzw. Volumina, die Massen und besondere Kennzeichen der Waren wie z.B. Form, Sperrigkeit, Haltbarkeit, Wertigkeit, Gefahren- und Brandklassen. Des Weiteren sind die einlager- und entnahmespezifischen Anforderungen zu nennen. Sie beschreiben die Einheiten, die zur Einlagerung und Entnahme der Waren des Sortiments verwendet werden, wie z.B. Paletten oder Kleinladungsträger. Zur Beschreibung der Anforderungen werden die Abmessungen bzw. Volumina, die Massen, besondere Kennzeichen ermittelt.

Auftragsanforderungen

Die Auftragsanforderungen beschreiben die Struktur der Kundenaufträge, d.h. die Bedarfsbeschreibung eines internen oder externen Kunden. Dabei ist zunächst zu klären, ob es unterschiedliche Anforderungen bezüglich der Durchlaufzeit gibt, die eine Klassifizierung der Aufträge notwendig macht.

Basierend auf der Klassifizierung der Aufträge in verschiedene Auftragsarten sind jeweils folgende Auftragsanforderungen zu berücksichtigen:

- Aufträge je Zeiteinheit
- Auftragspositionen pro Auftrag
- Entnahmezugriffe pro Position
- Gewicht und Volumen der Aufträge
- zulässige Auftragsdurchlaufzeit
- zeitliche Verteilung der Auftragseingänge

3.1.2. Sekundäre Anforderungen

Die sekundären Anforderungen repräsentieren diejenigen Eigenschaften eines Lager- und Kommissioniersystems, die sich aus der Kombination von primären Anforderungen ermitteln lassen bzw. auf diesen beruhen. Aus diesem Grund besitzen diese Anforderungen ebenfalls einen stochastisch und zeitlich veränderlichen Charakter.

Durchsatzanforderungen

Aus den primären Anforderungen bezüglich des Sortiments und der Aufträge ist es möglich, die Durchsatzanforderungen bzw. die Durchlaufzeit zu bestimmen, d.h. welches Volumen und welche Mengen an Waren pro Zeiteinheit in einem Lager- und Kommissioniersystem bearbeitet werden müssen.

Bestandsanforderungen

Die wesentlichen Bestandsanforderungen sind die maximalen und die mittleren Bestände der einzelnen Waren im Sortiment, die auf das Maß der eingelagerten Einheiten normiert werden, wie z.B. auf Paletten. Es ist der maximale und mittlere Gesamtbestand einzubeziehen, der durch die Aufsummierung der Einzelbestände ermittelt wird.

Lagerdauer und Lagerumschlag

Die Lagerdauer beschreibt die durchschnittliche Zeitspanne, die die Waren im Lager- und Kommissioniersystem verbringen. Die Lagerdauer beginnt mit dem Zeitpunkt der Einlagerung, beinhaltet die Lagerungszeit und endet mit der Entnahme. Aus der durchschnittlichen Lagerdauer wird durch die Bildung des Kehrwerts der Lagerumschlag ermittelt.

Qualitätsanforderungen

Die Qualitätsanforderungen beschreiben die Art und Weise, in der die festgelegten oder vorausgesetzten Eigenschaften der Artikel bzw. Dienstleistungen korrekt und termingerecht erfüllt werden (Klaus und Krieger (2004)). Eine Maßzahl, die diese Anforderungen beschreibt, ist die Anzahl der nicht korrekt oder termingerecht ausgeführten Auftragspositionen oder Aufträge in Relation zur Gesamtzahl der Auftragspositionen oder Aufträge einer Periode (Gudehus (2005), S. 587 f.). Hierbei ist zu beachten, dass nur diejenigen Fehler, die innerhalb sowie durch das Lager- und Kommissioniersystems entstehen, dessen Qualität mindern. Aus diesem Grund dürfen bei der Bestimmung der Qualitätsanforderungen die mangelnde Verfügbarkeit von Waren und Informationen aufgrund von Fehlern der vorgelagerten Prozesse nicht berücksichtigt werden. Beispielsweise sind in diesem Zusammenhang die Anwendung von falschen Bestellpolitiken, Lieferverzögerungen, Beschädigung der Waren durch den Lieferanten und eine fehlerhafte Informationsweitergabe bezüglich der Kundenaufträge zu nennen.

Transparenzanforderungen

Die Anforderungen hinsichtlich der Transparenz eines Lager- und Kommissioniersystems beschreiben die Nachvollziehbarkeit der Material- und Informationsflüsse . Die Transparenzanforderungen werden in Abhängigkeit von externen Vorgaben, wie z.B. Gesetzen und Richtlinien, und internen Vorgaben formuliert. Ein transparentes System erzeugt Vertrauen. Dies ermöglicht ein effektives Arbeiten und ist die Basis eines kontinuierlichen Verbesserungsprozesses.

Flexibilität bezüglich Anforderungsänderungen

Die Flexibilität beschreibt die Möglichkeiten eines Systems, auf kurzfristige bzw. langfristige Veränderungen der bisher genannten Anforderungen zu reagieren. Die kurzfristige Anpassungsfähigkeit der Systemleistung auf Schwankungen der Systemauslastung, wie z.B. auf Spitzentage im Jahr, wird durch die Reaktionsfähigkeit beschrieben (Arnold et al. (2002), S. A 3-31). Im Gegensatz dazu ist die Einsatzflexibilität ein Maß für die Anwendbarkeit und die Anpassbarkeit an sich langfristig verändernde Anforderungen, z.B. wechselndes und/oder wachsendes Sortiment bezüglich Anzahl und Art der Waren. Insgesamt ermöglicht eine hohe Flexibilität die langfristige, wirtschaftliche Nutzung eines Lager- und Kommissioniersystems. Das Maß an Flexibilität, das für ein Lager- und Kommissioniersystem notwendig ist, muss in Abhängigkeit aller Anforderungen und der erwarteten Entwicklungen bestimmt werden.

3.2. Aufgaben

Die technische und organisatorische Ausführung eines Lager- und Kommissioniersystems wird maßgeblich durch die zu erfüllende Aufgaben bestimmt, wie z.B. Einlagern und Entnahme von kompletten Großladungsträgern. Aus diesem Grund wird zunächst der Begriff Aufgabe definiert, so dass ein einheitliches Verständnis vorliegt.

Der Begriff Aufgabe stellt einen zentralen Begriff der wissenschaftlichen Organisationslehre und -praxis dar (Brockhaus-Enzyklopädie (2006)). In diesem Zusammenhang wird er definiert als ein durch physische oder geistige Tätigkeiten zu verwirklichendes Handlungsziel (Grochla (1980), S. 199 ff.). Der Inhalt einer Aufgabe ist gekennzeichnet

- durch das Ziel, das durch die Tätigkeiten schrittweise verwirklicht werden soll,

- durch den Objektbereich, an dem die Tätigkeiten vorgenommen werden,

- durch Angabe der Zeit, in welcher die Aufgabe zu erfüllen ist (Grochla (1969), S. 191 ff.).

Mit dem Ziel, die allgemeine Definition und Inhaltsbeschreibung der Organisationslehre miteinander zu verbinden sowie auf das Themenfeld der Distributionszentren anzupassen, wird im DCRM eine Aufgabe wie folgt definiert:

Eine Aufgabe ist eine bestimmte Ausprägung eines Prozesses, die durch externe Anforderungen bestimmt ist und zu einem definierten Ergebnis führt.

Hierbei drückt die bestimmte Ausprägung die physischen oder geistigen Tätigkeiten aus. Die externen Anforderungen beschreiben den Objektbereich. Das definierte Ergebnis repräsentiert das (Handlungs-) Ziel des Prozesses. Es ist zu beachten, dass die externen Anforderungen des Prozesses Lagern und Kommissionieren neben Objektbereich auch das definierte Ergebnis beeinflussen.

Ausgeklammert wird bei dieser Definition die Angabe der Zeit, die ebenfalls einen erheblichen Einfluss auf die Art der Aufgabe bzw. die Gestalt eines Lager- und Kommissioniersystems besitzt. Dies ist darin begründet, dass die Zeiten bzw. Durchlaufzeiten des Prozesses Lagern und Kommissionieren in Abhängigkeit von dessen jeweiligen Anforderungen stark variieren. Eine allgemeingültige Klassifizierung und Beschreibung der Durchlaufzeit innerhalb einer Aufgabe ist aus diesem Grund schwierig. Im DCRM wird die Durchlaufzeit somit als Anforderung an den Prozess verstanden und im Unterkapitel 3.1 unter Durchsatzanforderungen thematisiert.

Aufbauend auf der Definition einer Aufgabe werden zunächst die bestimmenden Ausprägungen des Prozesses Lagern und Kommissionieren ermittelt. Diese basieren auf den Tätigkeiten des Prozesses, dem Einlagern, dem Bereitstellen und dem Entnehmen, sowie dessen Eigenschaften. Weiterhin ist das definierte Ergebnis des Prozesses zu bestimmen, das die in der gewünschten Art und Menge termingerecht zur Verfügung gestellte Ware für den nachgelagerten Prozess ist. Abschließend müssen die externen Anforderungen, die den Prozess bzw. die Ausprägungen maßgeblich beeinflussen, identifiziert werden. Diese Anforderungen werden durch vorgelagerte und nachgelagerte Prozesse bestimmt, die die Anforderungen der Lieferanten und der Kunden widerspiegeln (siehe Unterkapitel 3.1).

Unter Berücksichtigung des definierten Ergebnisses des Prozesses, das unabhängig von der Aufgabe des Prozesses immer dasselbe ist, können die wichtigsten Aufgaben im Bereich Lagern und Kommissionieren formuliert werden. Hierzu werden die Anforderungen sowie Tätigkeiten des Prozesses in Beziehung gesetzt und dadurch Aufgaben gebildet. Tabelle 3.1 zählt die wesentlichen Aufgaben auf, wobei deren zugrunde liegenden Anforderungen aufgezeigt werden.

Es ist zu beachten, dass in Tabelle 3.1 bei den Aufgaben der Platzhalter n eine geeignete Klassifizierung der Aufgabe repräsentiert, wie z.B. Großladungsträger, Kleinladungsträger/Packeinheit und Artikel (siehe Abschnitt 2.2.3). Die Art der Klassifizierung ist in Abhängigkeit von der Zielsetzung (z.B. Detaillierungsgrad, Branche usw.) zu bestimmen. Aus einer Aufgabe und einer entsprechenden Klassifizierung werden mehrere Aufgaben des Prozesse gebildet.

Zum Aufbau einer grundlegenden Systematik zum strukturierten, objektiven Analysieren, Vergleichen und Bewerten von Lager- und Kommissioniersystemen kann jede der genannten Aufgaben mit einer entsprechenden Klassifizierung verwendet werden. Die

Tabelle 3.1.: Zusammenhang zwischen den Anforderungen und Aufgaben des Prozesses Lagern und Kommissionieren

Anforderungen	Aufgaben
Sortimentsanforderungen	
Sortimentsbreite (Anzahl an unterschiedlichen Waren im Lager- und Kommissioniersystem)	Bereitstellen von n unterschiedlichen Waren und Entnahme in der gewünschten Art und Menge
warenspezifische Anforderungen (Abmessungen bzw. Volumen, die Massen und besondere Kennzeichen, wie z.B. Form, Sperrigkeit, Haltbarkeit, Wertigkeit, Gefahren- und Brandklassen)	Einlagern und Entnehmen von Waren mit der Abmessung bzw. einem Volumen n Einlagern und Entnehmen von Waren mit der Masse n Einlagern und Entnehmen von Waren mit dem besonderen Kennzeichen n
einlager- und entnahmespezifische Anforderungen (Abmessungen bzw. Volumina, die Massen, besondere Kennzeichen, wie z.B. Form sowie Sperrigkeit, und die Kapazitäten)	Einlagern und Entnehmen von Ladeeinheiten mit einer Abmessung bzw. einem Volumen n Einlagern und Entnehmen von Ladeeinheiten mit der Massen n Einlagern und Entnehmen von Ladeeinheiten mit besonderen Kennzeichen n
Auftragsanforderungen	
Aufträge und Auftragspositionen je Zeiteinheit	Einlagern und Entnehmen von n Aufträgen oder Auftragspositionen pro Zeiteinheit
Gewicht und Volumen der Aufträge	Einlagern und Entnehmen von n Aufträgen mit einem Gewicht n Einlagern und Entnehmen von n Aufträgen mit einem Volumen n
zulässige Auftragsdurchlaufzeit	Entnehmen von Aufträgen innerhalb einer zulässigen Durchlaufzeit n
zeitliche Verteilung der Auftragseingänge	Entnehmen von Aufträgen mit der zeitlichen Verteilung n der Auftragseingänge
Durchsatzanforderungen	
Durchlaufzeit (Volumen und Mengen pro Zeiteinheit)	Einlagern und Entnehmen des Volumens n pro Zeiteinheit Einlagern und Entnehmen der Menge n pro Zeiteinheit
Bestandsanforderungen	
maximale Bestände der einzelnen Waren im Sortiment	Bereitstellen von Waren zur Entnahme mit dem maximalen Bestand n für die einzelnen Waren und Entnahme in der gewünschten Art und Menge
mittlere Bestände der einzelnen Waren im Sortiment	Bereitstellen von Waren zur Entnahme mit dem mittleren Bestand n für die einzelnen Waren und Entnahme in der gewünschten Art und Menge
maximaler Gesamtbestand des Sortiments	Bereitstellen von Waren zur Entnahme mit dem maximalen Gesamtbestand n und Entnahme in der gewünschten Art und Menge
mittlerer Gesamtbestand des Sortiments	Bereitstellen von Waren zur Entnahme mit dem mittleren Gesamtbestand n und Entnahme in der gewünschten Art und Menge
Lagerdauer und Lagerumschlag	
durchschnittliche Zeitspanne, die die Waren im Lager- und Kommissioniersystem verbringen	Einlagern, Bereitstellen und Entnehmen von Waren mit der Lagerdauer n
Qualitätsanforderungen	
Qualitätsquote (Anzahl der nicht korrekt oder termingerecht ausgeführten Auftragspositionen oder Aufträge in Relation zur Gesamtzahl der Auftragsposisitonen oder Aufträge einer Periode)	Einlagern, Bereitstellen und Entnehmen von Waren mit der Qualitätsquote n

Auswahl der geeigneten Aufgabe erfolgt dabei entsprechend der Zielsetzung der Untersuchung.

Im DCRM wird die Aufgabe Einlagern und Entnehmen von Ladeeinheiten mit einer Abmessung bzw. einem Volumen n für den Prozess Lagern und Kommissionieren verwendet. Weiterführend werden zur Klassifizierung der Aufgabe die drei Klassen Großladungsträger, Kleinladungsträger/Packeinheit und Artikel gebildet (Abschnitt 2.2.3).

Die Orientierung an den handhabenden Ladeeinheiten des Materialflusses ist darin begründet, dass die Ladeeinheiten einen großen Einfluss auf die Art des Materialflusses besitzen und wesentlich die Art aller technischen Bausteine bestimmen (Miebach (1971), S. 24, Staiger (1992), S. 8 ff.). So werden z.B. für Großladungsträger Lastaufnahmemittel zum Handhaben benötigt, während diese für Kleinladungsträger nicht erforderlich ist. Ebenfalls wird der Ablauf des Materialflusses maßgeblich beeinflusst. Denn z.B. die Abmessungen, das Volumen oder das Gewicht von Großladungsträgern ermöglichen es meist, nur wenige Ladungsträger in einem Einzel- oder Doppelspiel zu bewegen. Bei der Handhabung von Kleinladungsträgern hingegen können auch viele Ladungsträger in Mehrfachspielen bearbeitet werden. Darüber hinaus wird mit diesen Aufgaben eine standardisierte, branchenübergreifende Systematik erzeugt, die für alle Lager- und Kommissioniersysteme angewendet sowie einfach nachvollzogen werden kann. Diese Aufgaben des DCRM für den Prozess Lagern und Kommissionieren bilden im Weiteren die Grundlage für alle Überlegungen der vorliegenden Arbeit.

3.3. Systematisierung der Ausführungsebene

Bei der Planung und Bewertung eines Lager- und Kommissioniersystems wird das Ziel verfolgt, die gestellten Aufgaben unter Berücksichtigung der Anforderungen bestmöglichst zu lösen (Arnold et al. (2002), S. C 2-62). Eine Herausforderung ist dabei die geeignete Auswahl aus einer Vielzahl von existierenden Ausführungen von Lager- und Kommissioniersystemen zu treffen. Die Schwierigkeit wird anhand in der VDI-Richtlinie 3590 (1994) entwickelten Systematik zur Strukturierung der Ausführungen deutlich. Zur Gestaltung eines Lager- und Kommissioniersystems werden dort bis zu 56 Merkmale berücksichtigt. Durch Kombination der in der Richtlinie aufgezeigten Merkmalsausprägungen lassen sich etwa 75 Milliarden Systeme erzeugen (Töpper (1996), S. 2).

In der betrieblichen Praxis existiert eine große Menge an unterschiedlichen Lager- und Kommissioniersystemen, und es werden immer wieder neue Realisierungen entwickelt (Arnold et al. (2002), S. C 2-35 ff.). Standardsysteme sind kaum zu finden. Um eine Analyse oder einen Vergleich der Systeme mit theoretischen Modellen durchführen zu können, muss eine Auswahl guter und allgemein verbreiteter Lager- und Kommissioniersysteme getroffen werden.

Zur Ermittlung der geeigneten Lager- und Kommissioniersysteme werden folgenden Kriterien herangezogen:

- die Verteilung der Lagerungsarten in der Praxis und
- eine grundlegende Klassifizierung der Systeme.

Ziel der Ausführungsebene des DCRM ist es, mindestens 80% der am häufigsten genutzten Lagerbauformen auf der Ausführungsebene zur Verfügung zu stellen. Abbildung 3.2 zeigt in diesem Zusammenhang die Ergebnisse einer Studie über die am meisten verbreiteten Lagerbauformen in Industrie und Handel. Zu erkennen ist eine starke Konzentration auf einige wenige Lagerbauformen. So kommen vor allem HRL (Hochregallager), herkömmliches Palettenregal, Durchlaufregal, AKL (Automatische Kleinteilelager), Bodenblocklager, Fachbodenlager und Umlaufregale (Paternoster bzw. Karusselllager) zum Einsatz.

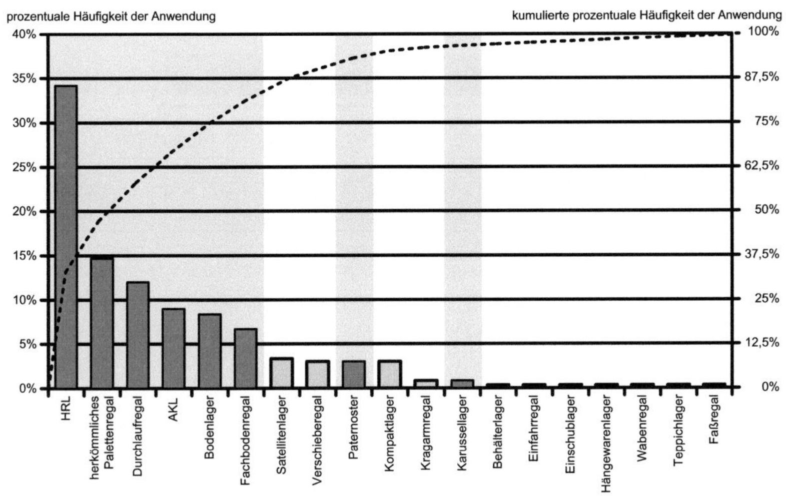

Abbildung 3.2.: Verteilung der Lagerbauformen in Industrie und Handel (in Anlehnung an N.N. (1994))

Die VDI-Richtlinie 3590 (1994) klassifiziert die verschiedenen Lager- und Kommissioniersysteme anhand der Merkmale Bereitstellung und Fortbewegung der Ware. Die Bereitstellung wird wiederum untergliedert statisch, d.h. die Ware befindet sich während der Entnahmetätigkeit an einem festen Bereitstellungsplatz, und dynamisch, d.h. die Ware verändert im Verlauf der Entnahme den Bereitstellungsplatz (VDI-Richtlinie 3590 (2002)). Das Merkmal der Fortbewegung wird ebenfalls in zwei Ausprägungen unterteilt, der ein- bzw. zweidimensionalen und der zwei- bzw. dreidimensionalen Fortbewegung. Im Gegensatz zu der weit verbreiteten Klassifikation von Kommissioniersystemen steht beim DCRM nicht die Bewegung des Mitarbeiters im Mittelpunkt, sondern die Bewegung der Ware während des kompletten Prozesses. Dies bedeutet, dass bei einer ein- bzw. zweidimensionalen Fortbewegung der Waren eine Bewegung parallel zur ebenen Erde durchgeführt wird bzw. der Mitarbeiter mit den Füßen auf dem Boden bleibt (Arnold und Furmans (2007), S. 215). Hierbei werden kleine Hubbewegungen, wie z.B. Bücken und Strecken eines Mitarbeiters, vernachlässigt. Bei der zwei- bzw. dreidimensionalen

Fortbewegung hingegen werden neben der ebenerdigen Bewegung ebenfalls ausgeprägte Hubbewegungen durchgeführt (VDI-Richtlinie 3590 (2002)). Die jeweilige Nennung der zusätzlichen Dimension beschreibt eine seitliche Bewegung, wie z.B. Gassenwechsel, die sowohl bei einer eindimensionalen als auch bei einer zweidimensionalen Bewegung zusätzlich auftreten kann.

Durch die Kombination der Merkmalsausprägungen werden Lager- und Kommissioniersysteme in vier Klassen untergliedert (siehe Abbildung 3.3). Ungeachtet der Häufigkeiten von Lagerbauformen sollen auf der Ausführungsebene des DCRM Modelle für alle diese vier Klasen zur Verfügung gestellt werden.

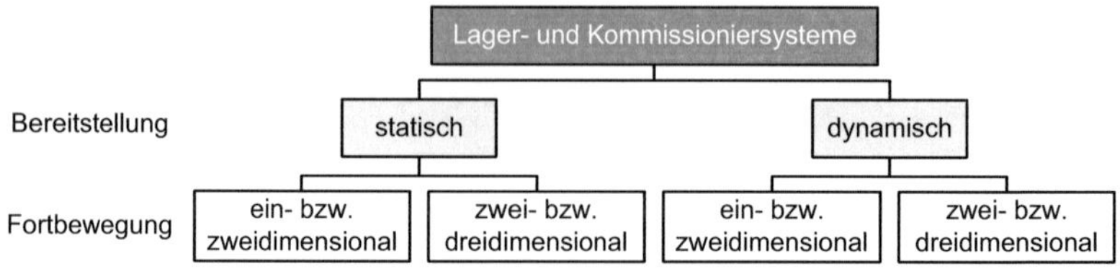

Abbildung 3.3.: Klassifizierung von Lager- und Kommissioniersystemen (in Anlehnung an VDI-Richtlinie 3590 (2002))

Unter Berücksichtigung der beiden Kriterien zur Auswahl der geeigneten Lager- und Kommissioniersysteme sind als erste Klasse die Systeme mit einer statischen Bereitstellung sowie einer ein- bzw. zweidimensionalen Fortbewegung zu nennen. Es handelt sich hierbei vornehmlich um manuelle Systeme, die aufgrund ihres geringen Investitionsbedarfs, ihrer einfachen Organisation und ihrer hohen Flexibilität bezüglich der Art der Kommissionieraufträge, Durchsätze sowie Sortimentsstruktur einige der am weitesten verbreiteten Systeme sind (Gudehus (2005), S. 563 f.). Um dieser Tatsache Rechnung zu tragen, werden in Abhängigkeit des Durchsatzes für diese Art Lager- und Kommissioniersystem drei Modelle bereitgestellt. Für geringe Durchsätze wird ein System mit einer Bodenlagerung (Notation des DCRM: SP_A; Kategorie in Abbildung 3.2: Bodenlager), für mittlere Durchsätze ein System mit einer statischen Regallagerung (SP_B; Fachbodenregal) und für hohe Durchsätze ein System mit einer Durchlaufregallagerung (SP_C; Durchlaufregal) beschrieben sowie modelliert.

Die Systeme mit einer statischen Bereitstellung und einer zwei- bzw. dreidimensionalen Fortbewegung sind ebenfalls weitgehend manuelle Systeme. Dabei wird zur Fortbewegung aufgrund der zu überbrückenden Höhen ein Hilfsmittel benutzt. Ein derartiges System ist charakterisiert durch einen erhöhten Investitionsbedarf, eine hohe Flexibilität und einen erhöhten Raumnutzungsgrad. In diesem Zusammenhang finden vornehmlich Systeme mit einer Regallagerung für Großladungsträger Anwendung, wie z.B. Paletten, die in Abhängigkeit des Durchsatzes auf der Ausführungsebene unterteilt werden in staplerbediente Regallagerung (SP_D; herkömmliches Palettenregal für geringere Durchsätze) und in Regallagerung mit Regalbediengerät (SP_E; herkömmliches Palettenregal für höhere Durchsätze).

Mit einer dynamischen Bereitstellung und zwei- bzw. dreidimensionaler Bewegung wird die dritte Art an Lager- und Kommissioniersystemen beschrieben. Sie weisen einen erhöhten Automatisierungsgrad auf, was zu hohen Investitionen und einer beschränkten Flexibilität führt. Jedoch bieten sie einen hohen Durchsatz und Raumnutzungsgrad an (Gudehus (2005), S. 567 f.). Die am weitesten verbreiteten Systeme dieser Art sind Systeme mit einer einfachtiefen Regallagerung (SP_F; HRL, AKL) und einer doppeltiefen Regallagerung (SP_G; HRL, AKL). Darüber hinaus sind Systeme mit einer Umlauflagerung zu nennen (SP_H; Karussellager, Paternoster).

Weitere Ausführungen, wie z.B. Kommissionierroboter, werden durch eine ein- bzw. zweidimensionale Fortbewegung und dynamische Bereitstellung charakterisiert (Martin (2002), S. 347 ff.). Diese Systeme besitzen einen hohen Automatisierungsgrad und damit einhergehend einen hohen Investitionsbedarf, einen geringen Raumnutzungsgrad und einen hohen Durchsatz. Eine weitere Eigenschaft ist die geringe Flexibilität der Systeme in Bezug auf die Handhabbarkeit verschiedenster Waren. Dies führt dazu, dass die Systeme bisher nur bei Waren mit ähnlichen Formen und Abmessungen eingesetzt werden bzw. bei Waren, die mit Greifer, Zangen usw. handhabbar sind. Sie stellen somit Sonderfälle im Bereich des Lagerns und Kommissionierens dar. Als Alternative zu diesen Systemen werden ähnliche Lager- und Kommissioniersysteme wie bei der zwei- bzw. dreidimensionalen Fortbewegung und dynamische Bereitstellung verwendet, wobei die Höhe der Systeme beschränkt ist.

Aufgrund der Tatsache, dass die Systeme mit ein- bzw. zweidimensionaler Fortbewegung und dynamischer Bereitstellung eine geringe Bedeutung besitzen, wird auf der Ausführungsebene des DCRM kein spezielles Modell aufgebaut. Vielmehr werden die Systeme mit einer automatischen, einfachtiefen Regallagerung (SP_F), einer automatischen doppeltiefen Regallagerung (SP_G) und einer Karusselllagerung (SP_H) in der Art aufgebaut, dass aus diesen Modellen eine derartige Fortbewegung ableitbar ist.

In Tabelle 3.2 werden die auf der Ausführungsebene des DCRM bereitgestellten Systeme zusammengefasst und der grundlegenden Klassifizierung zugeordnet. Diese decken ca. 87% der verwendeten Lagerbauformen in der Praxis ab. Eine weiterführende Einordnung und Charakterisierung der verschiedenen Lager- und Kommissioniersysteme wird in ten Hompel et al. (2007) sowie Martin (2002) beschrieben.

3.4. Modellierungsmethoden des Materialflusses

Die Modelle der Ausführungsebene des DCRM bilden in Unterkapitel 3.3 ausgewählten Lager- und Kommissioniersysteme ab. Dabei repräsentieren sie ein vereinfachtes Abbild der realen Systeme, so dass keine Experimente anhand der originalen Systemen durchgeführt werden müssen (Bossel (1994), S. 27). Sie bieten die Möglichkeit, Ergebnisse schnell zu ermitteln, alternative Szenarien durchzuspielen und die dazu notwendigen Kosten gering zu halten. Da die Modelle lediglich Abbilder der Realität sind, muss beachtet werden, dass deren Ergebnisse stets einer Unsicherheit bezüglich des realen Systemverhaltens unterliegen (Bossel (1994), S. 27).

Tempelmeier und Kuhn (1993), S. 58 ff. unterscheiden für die Materialflussplanung grundsätzlich drei Arten von Modellen, um reale Systeme zu bewerten:

Tabelle 3.2.: Systematisierung der Ausführungsebene

Bereitstellung	Fortbewegung	
	ein- bzw. zweidimensionale	zwei- bzw. dreidimensionale
statische	• Bodenlagerung (SP_A) • Regallagerung (SP_B) • Durchlaufregallagerung (SP_C)	• Staplerbediente Regallagerung (SP_D) • Regallagerung mit Regalbediengerät (SP_E)
dynamische	• Einfachtiefe Regallagerung (SP_F) • Doppeltiefe Regallagerung (SP_G) • Karussellagerung (SP_H)	

- statische Berechnungsmodelle,
- bedientheoretische Modelle und
- Simulationsmodelle.

Statische Berechnungsmodelle bilden ein reales System durch mathematische Beschreibungen ab. Die Berechnungen beruhen auf einer deterministischen Betrachtungsweise, d.h. auf der Verwendung von Mittel- oder Spitzenwerten. Sie ermitteln mit wenigen Berechnungsschritten einen Wert, der unter den getroffen Annahmen exakt ist. Jedoch ist zu beachten, dass diese Modellannahmen meist vom realen System abweichen und zu einer Vereinfachung führen (Markwardt (2004), S. 16 f.).

Die bedientheoretischen Modelle verfolgen eine mathematische Modellierung, die die stochastischen Abläufe und Warteprozesse eines realen Systems berücksichtigen (Furmans (1992)). Der Materialfluss eines solchen Systems wird durch die Kombination von einzelnen elementaren Bediensystemen, bestehend aus Warteraum und Bedienstation sowie den dazugehörigen zufälligen statistischen Verteilungen, abgebildet (Kleinrock (1975), S. 8 ff.).

Als dritte Modellart wird die Simulation verwendet, die sich durch eine softwaretechnische Nachbildung eines realen Systems auszeichnet. Sie ermöglicht es, die stochastischen Abläufe und Warteprozesse der einzelnen Systemelemente sowie deren Wirkzusammenhänge über die Zeit abzubilden bzw. zu untersuchen (Law (2007), S. 5).

Diese drei Modellierungsarten besitzen unterschiedliche charakteristische Eigenschaften (siehe Tabelle 3.3). So ist der Aufwand zur Entwicklung eines neuen statischen Berechnungsmodells klein, womit jedoch ein System nur mit einem geringen Detaillierungsgrad abgebildet werden kann. Im Gegensatz dazu ist mit einem bedientheoretischen Modell eine hohe Detailtreue möglich. Es ist jedoch zu beachten, dass der Entwicklungsaufwand für diese Art der Modelle sehr groß ist. Simulationsmodelle besitzen eine geringe Allgemeingültigkeit, so dass Sie bei einzelnen spezifischen Problemstellungen Anwendung finden. Der Ermittlung von statistisch abgesicherten Simulationsergebnissen ist jedoch mit einem großem Aufwand verbunden.

Diese unterschiedlichen Eigenschaften der Modellierungsarten führen dazu, dass je nach Zielsetzung und den daraus folgenden Anforderungen an die zu erstellenden Modelle zunächst die geeignete Modellierungsmethode ausgewählt werden muss. Im Allgemeinen lässt sich formulieren, dass

- statische Berechnungsmodelle bei der Grobplanung und zur Bestimmung von Grenzleistungen einzelner Elemente,

- bedientheoretische Modelle bei der Dimensionierung von Stauräumen und

- Simulationsmodelle bei Detailplanung, zum Testen von Steuerungen oder dem Leistungsnachweis von Systemen,

verstärkt eingesetzt werden (Markwardt (2004), S. 19).

Tabelle 3.3.: Vergleich der Modellierungsarten (in Anlehnung an Markwardt (2004), S. 19)

Modellierungsarten	Eigenschaften			
	Aufwand der Entwicklung	Aufwand des Einsatzes	Allgemein-gültigkeit	Detailtreue
statische Berechnungsmodelle	sehr klein	klein	groß	gering
bedientheoretische Modelle	sehr groß	klein	groß	hoch
Simulationsmodelle	groß	groß	klein	sehr hoch

Betrachtet man die Zielsetzung der Ausführungsebene des DCRM (siehe Abschnitt 2.2.4), so werden an die zu verwendende Modellierungsmethode folgende Anforderungen gestellt:

- **Einfachheit bzw. Transparenz**: Die Modelle müssen leicht nachvollziehbar sein, damit eine hohe Glaubwürdigkeit bezüglich deren Ergebnisse besteht.

- **Genauigkeit**: Der Detaillierungsgrad der Modelle muss der zu erreichenden Datenqualität bei der Aufnahme von realen Daten während eines Benchmarking entsprechen, damit die realen Eingabewerte entsprechend ihrer Qualität verarbeitet werden.

- **Flexibilität**: Die Modelle müssen verschiedenste Szenarien bei unterschiedlichen Rahmenbedingungen abbilden können, damit auf unterschiedlichste Fragestellungen bei einem Benchmarking reagiert werden kann.

- **Zeitaufwand bzw. Schnelligkeit**: Die Modelle müssen mit geringem Zeitaufwand Szenarien modellieren und Ergebnisse erzeugen können, damit die vielen durchzuführenden Auswertungen während eines Benchmarking zeitnahe durchgeführt werden können.

- **Reproduzierbarkeit bzw. Objektivität**: Die Szenarien bzw. die Ergebnisse der Modelle müssen durch dokumentierte Regeln ermittelt werden können, damit eine Vergleichbarkeit und eine gleichbleibende Qualität der Ergebnisse gewährleistet werden können.

Diesen Anforderungen werden aufgrund ihrer charakteristischen Eigenschaften die statischen Berechnungsmodelle am besten gerecht (siehe Tabelle 3.3). Sie stellen somit die geeignete Modellierungsmethode für die Ausführungsebene des DCRM dar. Im folgenden Kapitel werden aus diesem Grund zunächst die in der Literatur vorhandenen statischen Modelle für die in Unterkapitel 3.3 ausgewählten Ausführungen aufgezeigt, bevor die entsprechenden Modelle des DCRM für den Prozess Lagern und Kommissionieren erläutert werden.

4. Bewertung von Lager- und Kommissioniersystemen: Literaturüberblick

„Unser Wissen kann nur endlich sein,
während unser Nichtwissen notwendigerweise unendlich sein muß."
Karl Raimund Popper, Philosoph und Wissenschaftslogiker, 1902-1994

Die Vielzahl an Ausführungen von Lager- und Kommissioniersystemen ermöglicht es, eine Aufgabe auf unterschiedlichste Art und Weise zu lösen. Zur Beurteilung der Ausführungen wird, neben der Erfüllung der Anforderungen und Aufgaben der Verbrauch an Ressourcen als wichtiges Kriterium herangezogen (siehe Unterkapitel 3.1 und 3.2).

Im Allgemeinen Sinne werden mit dem Begriff Ressource die Faktoren Arbeit, Boden und Kapital bezeichnet (Brockhaus-Enzyklopädie (2006)). Für den Materialfluss eines Lager- und Kommissioniersystems folgt daraus, dass die Faktoren Zeit, Fläche und Kosten die Ressourcen darstellen (siehe Abbildung 4.1). Der Faktor Zeit repräsentiert den notwendigen Arbeitsaufwand zur Durchführung aller Tätigkeiten. Aus dem allgemeinen Faktor Boden leitet sich der Faktor Fläche ab, der alle erforderlichen Flächen für die Dimensionierung des Lager- und Kommissionierbereichs beinhaltet (Arnold et al. (2002), S. C 2-46). Der dritte Faktor Kosten bewertet alle zur Ausführung des Materialflusses notwendigen Mittel in Geldeinheiten. Mit den notwendigen Mitteln werden dabei alle eingesetzten Betriebsmittel, Flächen sowie Gebäude und die aufgewendete Zeit beschrieben (Brockhaus-Enzyklopädie (2006)).

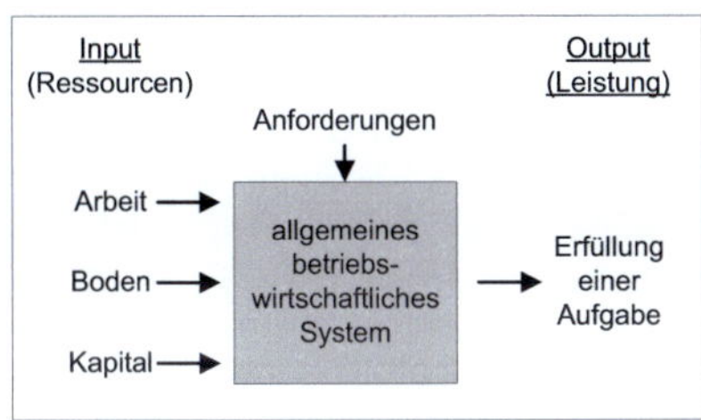

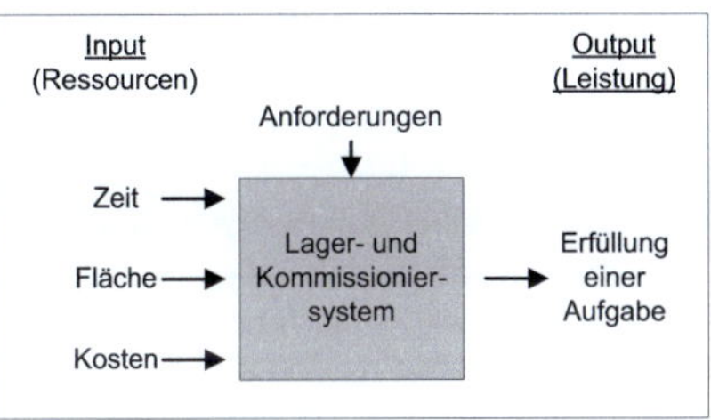

Abbildung 4.1.: Bewertungsfaktoren von allgemeinen betreibswirtschaftlichen Systemen (links) übertragen auf Lager- und Kommissioniersysteme (rechts)

Ziel einer Bewertung und der darauf aufbauenden Neuplanung oder Weiterentwicklung eines Lager- und Kommissioniersystems ist, die Art der Ausführung zu ermitteln, die

die geforderten Aufgaben und Anforderungen mit einem möglichst geringen Einsatz an Ressourcen erfüllt.

Das vorliegende Kapitel gibt einen Überblick über statische Berechnungsmethoden, die den notwendigen Zeit-, Flächen- und Kostenbedarf einer Ausführung ganzheitlich bestimmen (Unterkapitel 4.1). Die anschließenden Erläuterungen beschreiben weiterführend diejenigen Modelle, die jeweils nur die Zeit (Unterkapitel 4.2), die Fläche und/oder die Kosten (Unterkapitel 4.3) einer Ausführung berechnen (siehe Abbildung 4.2).

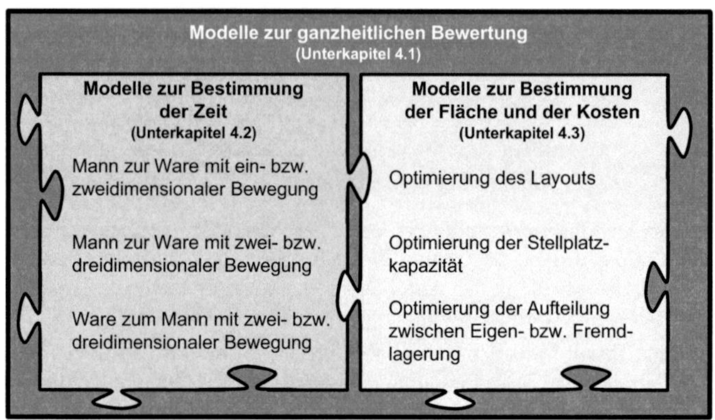

Abbildung 4.2.: Aufbau des Kapitels

Einen allgemeinen Überblick über die Arbeiten der Lager- und Kommissionierforschung ermöglichen Cormier und Gunn (1992), Van der Berg (1999), De Koster et al. (2006) und Rouwenhorst et al. (2000).

4.1. Modelle zur ganzheitlichen Bewertung

Der überwiegende Teil der veröffentlichten Forschungsarbeiten zum Thema Lagern und Kommissionieren beschäftigt sich vornehmlich mit speziellen, abgegrenzten Teilproblemen, aufgrund der Komplexität des Themengebietes. Es existieren zahlreiche Arbeiten, die lediglich einzelne Themen, wie z. B. die Auftragsbildung, Weg- bzw. Spielzeitermittlung, Layoutgestaltung, oder Zuordnungsmodelle zur Einlagerung von Waren, untersuchen (De Koster et al. (2006)). Eine ganzheitliche Bewertung mittels eines Modells, d.h. eine Berechnung der Zeit sowie Fläche in gegenseitiger Abhängigkeit, mit deren Hilfe auf den Personal- sowie Investitionseinsatz und abschließend auf die Gesamtkosten für eine technische Ausführung eines Lager- und Kommissioniersystems geschlossen wird, ist jedoch nur selten das Ziel von Forschungsarbeiten gewesen. Lediglich zwei Ansätze sind bekannt.

Bassan et al. (1980) schätzt für zwei unterschiedliche Layouts eines Systems Mann zur Ware mit zweidimensionaler Bewegung und Regallagerung die jährliche zurückzulegende

Wegzeit und darauf aufbauend die Fläche sowie die Kosten ab. Die Abschätzung erfolgt auf einem sehr groben Detaillierungsgrad, so dass z. B. bei der Wegzeitberechnung keine Bewegungsstrategie berücksichtigt wird, ein Lager- und Kommissionierauftrag immer aus einer Position besteht und für jede Position bzw. Ladeeinheit immer die gleiche Wegstrecke zurückgelegt wird. Weiterhin wird die Berechnung der notwendigen Investitionen zum Aufbauen des Lager- und Kommissioniersystems lediglich die Anzahl an Regalfächern herangezogen.

In Gudehus (2005) werden die von Gudehus zuvor veröffentlichten Berechnungsmodelle im Bereich Lagern und Kommissionieren zusammengefasst, u.a. Weg- bzw. Spielzeitmodelle, Vorgehensweisen für eine statische und dynamische Dimensionierung sowie eine Beschreibung zur Berechnung der Kosten von Lager- und Kommissioniersystemen. Aufbauend auf diesen Modellen wird eine Tabellenkalkulation erarbeitet. Mit dieser Kalkulation wird die Leistung und die Kosten für ein System Mann zur Ware mit zweidimensionaler Bewegung und Regallagerung berechnet. Die detaillierte Berechnung wird jedoch nicht weiter erläutert, so dass keine weiterführenden Informationen vorliegen (Gudehus (2005), S. 659 ff.).

Die einzelnen Bestandteile der Ansätze von Bassan et al. (1980) und Gudehus (2005) werden in den folgenden Unterkapiteln nochmals ausführlicher und im Zusammenhang mit den bestehenden Modellen auf den jeweiligen spezialisierten Themengebieten vorgestellt.

4.2. Modelle zur Bestimmung der Zeit

Der Zeitbedarf um alle notwendigen Tätigkeiten in einem Lager- und Kommissioniersystem durchzuführen, wird unterteilt in die Basiszeit, Totzeit, Greifzeit und Wegzeit. Die Basiszeit beinhaltet die Zeitanteile, die unabhängig von der Anzahl an Auftragspositionen für alle Tätigkeiten anfallen. Hierzu gehören z. B. Empfang der Auftragsdaten und das Ausdrucken von Etiketten. Die Tätigkeiten, die für jede Auftragsposition am Bereitstellungsplatz anfallen und nicht direkt dem eigentlichen Materialfluss zuzuordnen sind, wie z. B. Lesen und Suchen, werden als Totzeit bezeichnet. Der eigentliche Materialfluss besteht letztendlich aus der Greifzeit, die alle Einlagerungs- bzw. Entnahmetätigkeiten umfasst, wie z. B. Aufnehmen und Ablegen der Waren, und der Wegzeit, die die Bewegung des Mitarbeiters bzw. des Fördermittels berücksichtigt (Arnold und Furmans (2007), S. 218).

Bei der Bestimmung des Zeitbedarfs wird die Basiszeit und Totzeit in der Forschung ausschließlich mit konstanten Werten abgebildet, da sie unabhängig von der Lage der aufgrund eines Auftrags angesteuerten Bereitstellungsplätze anfallen und sehr heterogene Tätigkeiten beschreiben. Die Greifzeit wird ebenso behandelt, wobei zu beachten ist, dass von Gudehus (2005), S. 632 ein empirischer Ansatz aufgezeigt wird. Das Hauptaugenmerk der Forschungsarbeiten liegt jedoch in der Entwicklung von statischen Modellen zur Bestimmung der Wegzeit in den unterschiedlichsten technischen Ausführungen. Dies ist darin begründet, dass die Wegzeit zum einen eine große Bedeutung für die Lager- und Kommissionierzeit besitzt und zum anderen eine Strukturierung der Wegzeit möglich ist (siehe Abbildung 4.3).

Die bisher auf diesem Gebiet durchgeführten Forschungsarbeiten werden im Folgenden

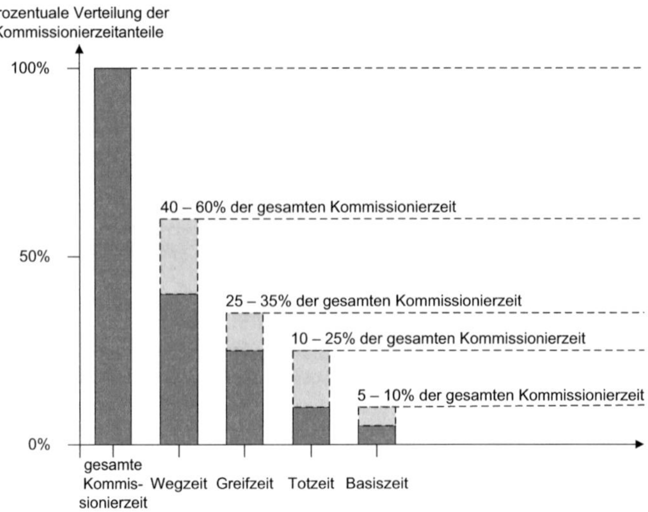

Abbildung 4.3.: Verteilung der Kommissionierzeitanteile (gesamte Kommissionierzeit, Wegzeit, Greifzeit, Totzeit und Basiszeit) eines Lager- und Kommissioniersystems (in Anlehnung an Martin (2002), S. 342 ff. und Koether (2001), S. 95). Dunkel: minimaler Wert, hell: maximaler bei untersuchten Systemen

dargestellt. Außerdem werden Wegstreckenmodelle vorgestellt, da aufbauend auf deren Ergebnissen mittels Beschleunigungen und Geschwindigkeiten die Wegzeit ebenfalls bestimmt werden kann. Die Klassifizierung der Ansätze orientiert sich an der Systematik der Ausführungsebene des DCRM im Unterkapitel 3.3 (siehe Tabelle 3.2).

4.2.1. Mann zur Ware mit ein- bzw. zweidimensionaler Bewegung

Systeme mit einer statischen Bereitstellung der Waren, die in der Literatur als Mann zur Ware Systeme bezeichnet werden, und einer ein- bzw. zweidimensionalen Bewegung, stellen einfache manuelle Ausführungen für das Lagern und Kommissionieren dar (Arnold und Furmans (2007), S. 215). Die bestehenden Modelle für diese Systeme unterscheiden sich durch die verwendeten Berechnungsansätze und die berücksichtigten Ausführungen.

Die ersten Wegzeitmodelle wurden im Jahre 1975 von Kunder und Gudehus (1975) bereitgestellt und in weiterer Veröffentlichung der Autoren ausgebaut. Hierbei handelt es sich um einige der grundlegenden Modelle der Literatur. Die Autoren berechnen die Wegstrecke bzw. darauf aufbauend die Wegzeiten für die Bewegungsstrategien Stichgangsstrategie mit und ohne Gangwiederholung sowie Durchlaufstrategie. Hierbei bewegt sich der Mitarbeiter durch einen rechteckigen Lager- und Kommissionierbereich (siehe

Abbildung 4.4). Die Modelle berücksichtigen unterschiedliche Beschleunigungen und Geschwindigkeiten in den Einlagerungs- und Entnahmegängen bzw. in den Stirngängen. Die Basisstation befindet sich in der Mitte des vorderen Stringangs, und die Einlagerungs- bzw. Entnahmegänge verlaufen senkrecht zur Front der Basisstation. Außerdem verläuft entlang der begrenzenden Wand des Bereichs ein Regal. Die Modelle setzen voraus, dass die Bereitstellungsplätze mit sortenreinen Waren zufällig, unabhängig, gleichverteilt belegt werden. Bei der Bearbeitung der Aufträge wird davon ausgegangen, dass für jede Auftragsposition auf eine neue Regalspalte zugegriffen wird.

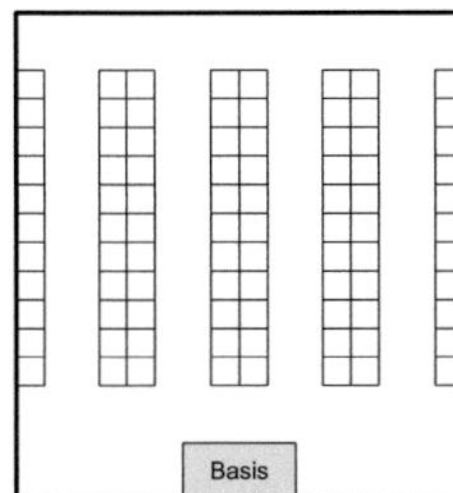

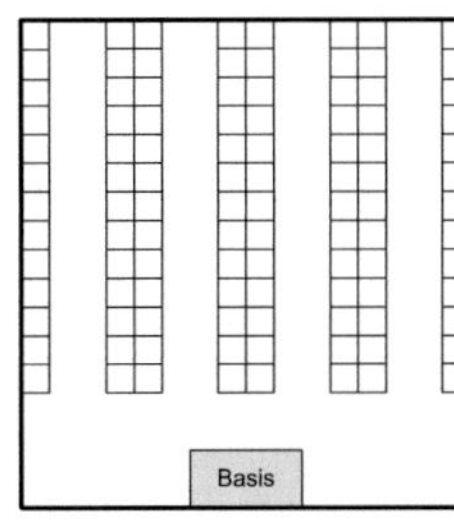

Abbildung 4.4.: Layout des Lager- und Kommissionierbereichs nach Kunder und Gudehus (1975) mit senkrechter Anordnung der Gassen: links für die Durchlaufstrategie und rechts für die Stichgangsstrategie

Hall (1993) baut auf den Modellen von Kunder und Gudehus (1975) auf. Hierbei werden unter den gleichen Annahmen Modelle zur Berechnung der Wegstrecke für eine Durchlaufstrategie und Midpoint Strategie vorgestellt. Das Modell für die Durchlaufstrategie von Hall (1993) bezieht sich dabei sehr stark auf die Ausführungen von Kunder und Gudehus (1975). Hall (1993) verwendet jedoch zur Bestimmung der Positionen der Bereitstellungsplätze einen Parameter, der die Länge ins Verhältnis zur Breite des Lager- und Kommissionierbereichs setzt. Ebenfalls wird auf diese Art und Weise ein Modell für die Midpoint Strategie dargestellt.

Schulte (1996) präsentiert Modelle für die Bewegungsstrategien Stichgangsstrategie mit und ohne Gangwiederholung sowie Durchlaufstrategie. Er erweitert die Arbeit von Kunder und Gudehus (1975), durch die Berücksichtigung mehrerer Auftragspositionen in einer Regalspalte. In diesem Fall ist zwischen den Bereitstellungsplätzen kein Weg zurückzulegen, und somit fällt keine Wegzeit an. Darüber hinaus werden für die genannten Bewegungsstrategien Wegstreckenmodelle vorgestellt, bei denen die Einlagerungs- bzw. Entnahmegänge parallel und ein Stirngang senkrecht zur Front der Basisstation verlaufen (siehe Abbildung 4.5). Es entsteht somit ein Lager- und Kommissionierbereich, der aus zwei Zonen besteht.

Jarvis und McDowell (1991) entwickeln ein Wegstreckenmodell für die Bewegungsstrategie Durchlaufstrategie, das den Annahmen von Kunder und Gudehus (1975) unterliegt. Sie erweitern das Modell bezüglich der benötigten Zeit für den Weg im Stirngang. Dazu teilen sie den Lager- und Kommissionierbereich auf der Höhe der Basisstation in zwei Hälften und bestimmen, im Gegensatz zu den Arbeiten von Kunder und Gudehus

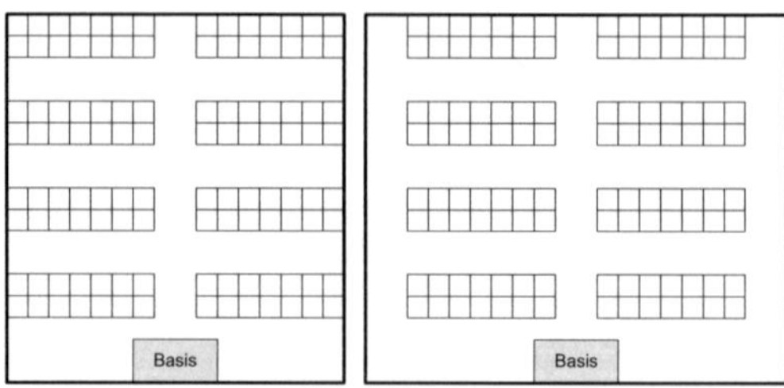

Abbildung 4.5.: Layout des Lager- und Kommissionierbereichs nach Schulte (1996) mit paralleler Anordnung der Gassen: links für die Stichgangsstrategie und rechts für die Durchlaufstrategie

(1975), den am weitesten entfernten Einlagerungs- und Entnahmegang, der für einen Auftrag in den beiden Hälften angesteuert wird. In Abhängigkeit dieses am weitesten entfernten Einlagerungs- und Entnahmegangs berechnen sie die benötigte Wegzeit in den Stirngängen.

Das Wegzeitmodell von Chew und Tang (1999) erweitert das Modell von Kunder und Gudehus (1975) für eine Durchlaufstrategie, indem die Lage der Basisstation seitlich am Rand des Lager- und Kommissionierbereichs angeordnet wird. Von dort aus wird der am weitesten entfernte Einlagerungs- und Entnahmegang eines Auftrags bestimmt (siehe Abbildung 4.6). Das Layout von Chew und Tang (1999) ist in der Art gestaltet, dass entlang der begrenzenden Wand des Bereichs zunächst ein Einlagerungs- und Entnahmegang verläuft, gefolgt von einem parallel verlaufenden Regal. In der Arbeit von Roodbergen und Vis (2006) werden die Ansätze von Chew und Tang (1999) weitergeführt, so dass ein Wegstreckenmodell mit beliebiger Anordnung der Basisstation bereitgestellt wird.

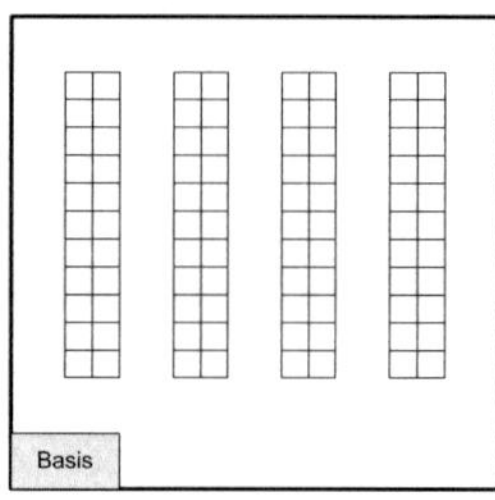

Abbildung 4.6.: Layout des Lager- und Kommissionierbereichs nach Chew und Tang (1999) mit senkrechter Anordnung der Gassen und einer verschobenen Basis

Le-Duc (2005) entwickelt für das Layout in Abbildung 4.6 ein Berechnungsmodell für eine Zonierung des Lager- und Kommissionierbereichs mit einer nachfrageorientierten Belegungsstrategie (ABC-Zonierung der Waren). Er zeigt ferner, wie das Wegstreckenmodell auf eine umschlagsorientierte Belegungsstrategie, die sogenannte Cube-Per-Order-Index Strategie (COI), übertragen werden kann. Unter diesen Annahmen wird für eine senkrechte Anordnung der Gänge zur Front der Basisstation und eine Durchlaufstrategie ein Wegzeitmodell entwickelt, wobei sich die Basis bei diesem Modell in der Mitte des vorderen Stirngangs befindet (siehe Abbildung 4.6). Darüber hinaus wird für die Durchgangsstrategie und die Stichgangsstrategie ohne Gangwiederholung jeweils ein Modell präsentiert, bei dem eine parallele Anordnung der Einlagerungs- und Entnahmegänge sowie eine in der Mitte liegende Basis vorliegt (siehe Abbildung 4.5).

Caron et al. (1998) stellen Wegzeitmodelle für eine Durchlaufstrategie und eine Stichgangsstrategie ohne Gangwiederholung vor, die auf den Modellen von Kunder und Gudehus (1975) basieren. Die Modelle unterliegen den Annahmen, dass eine parallele Anordnung der Gänge zur Front der Basis vorliegt (siehe Abbildung 4.5) und eine umschlagsorientierte COI-Strategie verwendet wird.

Weitere Wegstreckenmodelle werden in Hwang et al. (2004) vorgestellt. Sie nehmen die Ideen aus Caron et al. (1998) auf und entwickeln jeweils ein Modell für eine Stichgangsstrategie ohne Gangwiederholung, eine Durchlaufstrategie und eine Midpoint Strategie. Hierbei verwenden sie im Gegensatz zu Caron et al. (1998) eine senkrechte Anordnung der Gänge zur Front der Basis und den COI als Belegungsstrategie (siehe Abbildung 4.4).

Im Gegensatz zu den bisher vorgestellten Wegzeit- bzw. Wegstreckenmodellen, die alle auf der Arbeit von Kunder und Gudehus (1975) beruhen, wird in Bassan et al. (1980) ein anderer Ansatz verfolgt. Sie entwickeln jeweils ein sehr einfaches Modell für eine senkrechte und eine parallele Anordnung der Gänge (siehe Abbildung 4.4 und 4.5). Beide Modelle unterliegen den Annahmen, dass eine gleichverteilte Belegung der Bereitstellungsplätze vorliegt und jeweils ein Eingang sowie ein Ausgang zum Lager- und Kommissionierbereich vorhanden sind. Darüber hinaus werden in Bassan et al. (1980) zwei weitere Modelle vorgestellt, die die erstgenannten Modelle bezüglich einer beliebigen Anzahl an Ein- bzw. Ausgängen und einer dementsprechenden Anzahl an Zonen erweitern (siehe Abbildung 4.7). Allen vier Modellen ist gemein, dass die verwendete Bewegungsstrategie vernachlässigt wird. Aufbauend auf diesen Annahmen ermöglichen es die Modelle, die durchschnittliche Wegstrecke in Abhängigkeit des Durchsatzes an Ladungsträgern zu bestimmen.

Schneider (2000) stellt ein Modell vor, das die Wegzeit für ein Lager- und Kommissioniersystem bestimmt, bei dem die Einlagerungs- bzw. Entnahmegänge parallel zur Front der Basisstation verlaufen (siehe Abbildung 4.5) und die Bewegung nach der Stichgangsstrategie ohne Gangwiederholung durchgeführt wird. Die Basis befindet sich seitlich am Anfang des Stirnganges. Als Annahme für die Belegung der Bereitstellungsplätze gilt, dass die Waren auf die Gänge mittels einer Gleichverteilung und innerhalb der einzelnen Gänge nachfrageorientiert in ABC Zonen verteilt bzw. entnommen werden.

Arnold und Furmans (2007) berechnen die Wegzeit für einen einfachen Lager- und Kommissionierbereich, der lediglich aus einem Einlagerungs- und Entnahmegang besteht. Der Mitarbeiter bewegt sich von einem Ende, dem Start, bis zum anderen Ende des Ganges, dem Ziel, und bearbeitet dabei einen Auftrag. Die Einlagerung bzw. Entnahme der Waren

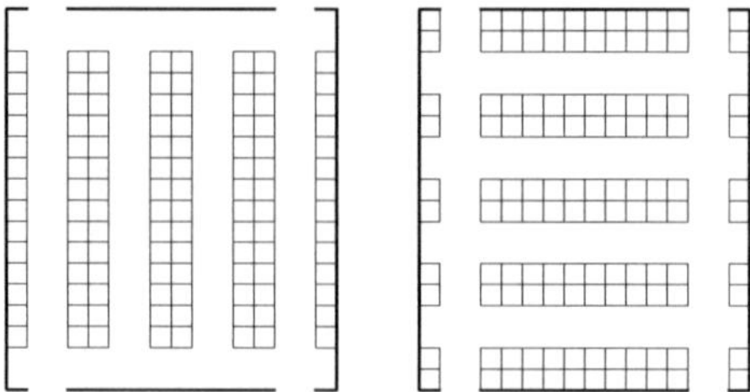

Abbildung 4.7.: Layout des Lager- und Kommissionierbereichs nach Bassan et al. (1980) mit beliebigen Ein- bzw. Ausgängen: links für eine senkrechte Anordnung der Gassen und rechts für eine parallele Anordnung der Gassen

von den Bereitstellungsplätzen erfolgt dabei gleichverteilt. Unter diesen Annahmen wird zunächst ein Modell vorgestellt, bei dem die ungünstige Voraussetzung vorliegt, dass die anzusteuernden Bereitstellungsplätze in zufälliger Reihenfolge vorgegeben werden. Der Mitarbeiter gelangt dabei vom Start zum Ziel mit einer zufälligen, von rechts nach links wechselnden, gleichverteilten Bewegungsrichtung. Ein weiteres Modell berechnet darauf aufbauend die Wegzeit unter der günstigen Voraussetzung, dass die Bereitstellungsplätze nicht zufällig, sondern in Start-Ziel-Richtung fortlaufend angesteuert werden.

In Tabelle 4.1 werden die bestehenden analytischen Modelle für eine ein- bzw. zweidimensionale Bewegung mit ihren wesentlichen Annahmen zusammengefasst.

4.2.2. Mann zur Ware mit zwei- bzw. dreidimensionaler Bewegung

Bei der Berechnung der Wegzeit bzw. Wegstrecke in Lager- und Kommissioniersystemen mit statischer Bereitstellung der Waren und einer zwei- bzw. dreidimensionalen Fortbewegung muss neben der ebenerdigen Bewegung ebenfalls eine signifikante Hubbewegungen berücksichtigt werden (VDI-Richtlinie 3590 (2002)). Hierzu können im Allgemeinen zwei Arten von Bewegungen unterschieden werden:

- einfache Bewegungen, die ein Einzelspiel oder Doppelspiel darstellen, d.h. pro Rundgang werden ein oder zwei Bereitstellungsplätze angesteuert und

- n-fache Bewegungen, die entweder ohne Strategie, mit Hilfe einer N-Streifenstrategie oder einer Traveling Salesman erfolgt, d.h. pro Rundgang werden n Bereitstellungsplätze angesteuert.

In den folgenden beiden Abschnitten werden für diese beiden Bewegungsarten die in der Literatur vorliegenden Wegzeitmodelle vorgestellt.

Modelle für eine einfache Bewegung

Für die Bestimmung der Einfachspiel- bzw. Doppelspielzeit existieren eine Vielzahl an Modellen, die für automatische Systeme exakte Ergebnisse erzeugen. Diese Modelle, die im Abschnitt 4.2.3 vorgestellt werden, dienen oftmals zu Abschätzung der Wegzeit in

Tabelle 4.1.: Zusammenfassung der analytischen Modelle für eine ein- bzw. zweidimensionale Bewegung

Quelle	Anzahl Zonen: eine	Anzahl Zonen: n	Ganganordnung: senkrecht	Ganganordnung: parallel	Gangöffnung: beidseitig	Gangöffnung: einseitig	Anzahl Basisstationen: eine	Anzahl Basisstationen: n	Anordnung der Basisstation: Mitte	Anordnung: seitlich	Anordnung: beliebig	Bewegungsstrategie: DLS	SGS o.G.	SGS m.G.	MPS	keine	Belegungsstrategie: gleichverteilt	klassenbasiert	umschlagbasiert	Auftragsposition: Regalspalte	Bereitstellungsplatz	Entferntester Gang: nicht ermittelt	ermittelt
Arnold und Furmans (2007)	X		X	X	X		X		X								X			X	X	X	
Bassan et al. (1980)	X		X		X			X	X							X	X				X	X	
Bassan et al. (1980)	X			X	X			X	X							X	X				X	X	
Bassan et al. (1980)		X	X		X			X			X					X	X				X	X	
Bassan et al. (1980)		X		X	X			X			X					X	X				X	X	
Caron et al. (1998)	X			X	X		X		X			X							X	X			X
Caron et al. (1998)	X			X		X	X		X				X						X	X			X
Chew und Tang (1999)	X		X		X		X			X		X					X			X			X
Hall (1993)	X		X		X		X		X			X					X			X		X	
Hall (1993)	X		X		X		X		X						X		X			X		X	
Hwang et al. (2004)	X		X		X		X		X			X					X			X			X
Hwang et al. (2004)	X		X			X	X		X				X						X	X			X
Hwang et al. (2004)	X		X		X		X		X						X				X	X			X
Jarvis und McDowell (1991)	X		X		X		X		X			X					X			X			X
Kunder und Gudehus (1975), Gudehus (2005)	X		X		X		X		X			X					X			X		X	
Kunder und Gudehus (1975), Gudehus (2005)	X		X			X	X		X				X				X			X		X	
Kunder und Gudehus (1975), Gudehus (2005)	X		X			X	X		X					X			X			X		X	
Le-Duc (2005)	X			X	X		X		X			X						X		X			X
Le-Duc (2005)	X			X		X	X		X				X					X		X			X
Le-Duc (2005)	X		X		X		X			X		X						X		X			X
Roodbergen und Vis (2006)	X		X		X		X				X	X					X			X			X
Schneider (2000)	X		X			X	X			X			X					X		X		X	
Schulte (1996)	X		X		X		X		X			X					X				X	X	
Schulte (1996)	X		X			X	X		X				X				X				X	X	
Schulte (1996)	X		X		X		X		X					X			X				X	X	
Schulte (1996)		X		X	X		X		X			X					X				X	X	
Schulte (1996)		X		X		X	X		X				X				X				X	X	
Schulte (1996)		X		X	X		X		X					X			X				X	X	

Legende: DLS = Durchlaufstrategie, SGS o.G. = Stichgangsstrategie ohne Gangauslassung, SGS m.G. = Stichgangsstrategie mit Gangauslassung, MPS = Midpoint Strategie

Mann zur Ware Systemen mit dreidimensionaler Bewegung. Jedoch ist zu beachten, dass die Modelle gemäß den technischen Eigenschaften der automatischen Systeme eine uneingeschränkte Diagonalfahrt voraussetzen, d.h. eine parallele Durchführung der Fahrbewegung und der Hub- bzw. Senkbewegung (VDI-Richtlinie 2516 (2003)). In Mann zur Ware Systemen, in denen von Menschen gesteuerte Unstetigfördermittel eingesetzt werden, wie z. B. Schmalgangstapler, ist diese Bewegung aus sicherheitstechnischen Aspekten, wie z. B. der Standsicherheit, nur begrenzt möglich (Bruns (1990)). Aus diesem Grund können die in Abschnitt 4.2.3 vorgestellten Modelle nur eine grobe Abschätzung liefern.

In der Literatur sind nur wenige Modelle zu finden, die gemäß den technischen Eigenschaften der eingesetzten Unstetigfördermittel eine eingeschränkte Diagonalfahrt berücksichtigen. Eingeschränkte Diagonalfahrt bedeutet in diesem Zusammenhang, dass bis zu einer bestimmten Höhe (L_MAXHT) eine uneingeschränkte Diagonalfahrt möglich ist und darüber hinaus entweder nur eine Fahrbewegung oder nur eine Hub- bzw. Senkbewegung durchgeführt werden kann (siehe Abbildung 4.8).

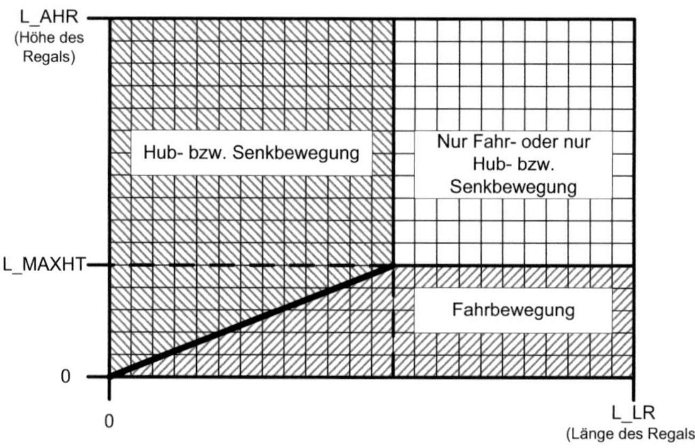

Abbildung 4.8.: Gliederung der Regalfläche bei eingeschränkter Diagonalfahrt mit Start der Fahrt im Nullpunkt (in Anlehnung an VDI-Richtlinie 2516 (2003))

Die grundlegende Arbeit auf diesem Themengebiet wird von Bruns (1990) vorgestellt. Er erarbeitet ein Einzel- und Doppelspielzeitmodell für Schmalgangstapler, basierend auf den Ideen der Spielzeitmodelle für automatische Hochregallager (siehe Abschnitt 4.2.3). Dabei setzt er voraus, dass die Bereitstellungsplätze eine einheitliche Größe besitzen und diese zufällig, unabhängig sowie gleichverteilt mit sortenreinen Waren belegt werden. Die Abmessungen der Bereitstellungsplätze werden vernachlässigt. Der Ein- und Auslagerpunkt befindet sich direkt vor einer der unteren Regalwandecken. Zur Abbildung der eingeschränkten Diagonalfahrt wird die Regalhöhe in zwei Zonen eingeteilt. In der unteren Zone des Regals unterstellen die Modelle eine uneingeschränkte Diagonalfahrt mit einem Wandparameter von eins und in einer zweiten Zone sind nur eine Hub- bzw. Senkbewegung erlaubt. Bruns (1990) unterscheidet nicht zwischen der Geschwindigkeit mit und ohne Last sowie zwischen Hub- bzw. Senkgeschwindigkeiten. Ebenfalls werden Beschleunigungen und Verzögerungen nicht berücksichtigt.

Borcherdt (1994) erweitert die Spielzeitmodelle von Bruns (1990), so dass ein beliebiger Wandparameter möglich ist. Dazu wird die Regalwand in horizontale Zonen mit mehreren hubhöhenabhängigen Fahrgeschwindigkeiten eingeteilt. Hierbei wird eine Abstufung der uneingeschränkten Diagonalfahrt eingeführt, d.h. ab einer bestimmten Höhe ist eine Diagonalfahrt des Unstetigfördermittels nur mit reduzierten Geschwindigkeiten möglich. Aufbauend auf diesen Grundüberlegungen werden sechs Grundbausteine gebildet, mit denen drei Wegzeitmodelle für ein Einzelspiel mit jeweils definierten Geschwindigkeitsprofilen entwickelt werden. Basierend auf diesen Überlegungen, wird ein Modell für ein Doppelspiel aufgezeigt. Borcherdt (1994) berücksichtigt bei seinen Modellen keine Beschleunigungen, Verzögerungen sowie Abmessungen der Bereitstellungsplätze bzw. der Ladeeinheiten.

Diese bis dato vernachlässigten Eigenschaften greift Weidlich (1995) auf. Er entwickelt aufbauend auf Borcherdt (1994) ein Einzel- und Doppelspielzeitmodell, das die Beschleunigungen, die Verzögerungen sowie die Abmessungen der Ladeeinheiten einbezieht.

Die VDI-Richtlinie 2516 (2003) zeigt ein Modell zur Ermittlung der Einzelspielzeit auf, das auf der Arbeit von Weidlich (1995) beruht. Sie ist als allgemein akzeptiertes Verfahren zur Spielzeitbestimmung von Schmalgangstaplern anerkannt.

Modelle für eine n-fache Bewegung

Bei einer n-fachen Bewegung steuert ein Mensch unter Zuhilfenahme eines Unstetigfördermittels, wie z. B. eines Regalbediengeräts, während eines Rundgangs mehrere Bereitstellungsplätze an.

Die grundlegende Arbeit in diesem Bereich wurde von Gudehus (1973) vorgestellt. Sie beschreibt drei Wegzeitmodelle unter der Annahme von gleichverteilten Zugriffshäufigkeiten der Bereitstellplätze und der Durchführung einer uneingeschränkten Diagonalfahrt. Das erste Modell ermittelt die Wegzeit bei getrennt liegendem Ein- und Auslagerpunkt. D.h., die Bewegung erfolgt entlang der Regalwand von einer unteren Regalwandecke in zufälliger, gleichverteilter und ungeordneter Reihenfolge über alle anzusteuernden Bereitstellplätze bis zur anderen unteren Regalwandecke. Die Fortbewegung folgt somit ohne Strategie. Ein weiteres Modell bestimmt unter den genannten Annahmen des ersten Modells die Wegzeit für eine geordnete Bewegung. Hierbei werden die Bereitstellplätze werden nach einer aufsteigenden Reihenfolge vom E-Punkt bis zum A-Punkt angefahren, das zu einer Verkürzung der Wegzeit führt. Das dritte Modell von Gudehus (1973) bildet die Bewegungsstrategie der n-Streifenstrategie ab. Es liegen wiederum die Annahmen des Modells ohne Strategie zugrunde. Jedoch befinden sich der E- und A-Punkt gemeinsam vor einer unteren Regalwandecke. Dies bedeutet, dass ein Rundgang am selben Punkt startet und endet. Dabei werden zunächst alle Bereitstellplätze eines Streifens angefahren, gefolgt von den Bereitstellplätzen des nächsten Streifens (siehe Abbildung 4.9). Diese Bewegungsstrategie ermöglicht wiederum eine erhebliche Wegzeitreduktion im Vergleich zur einfachen Bewegung. Es ist zu beachten, dass bei steigender Streifenzahl die Bewegungsstrategie wiederum in eine geordnete Bewegung übergeht.

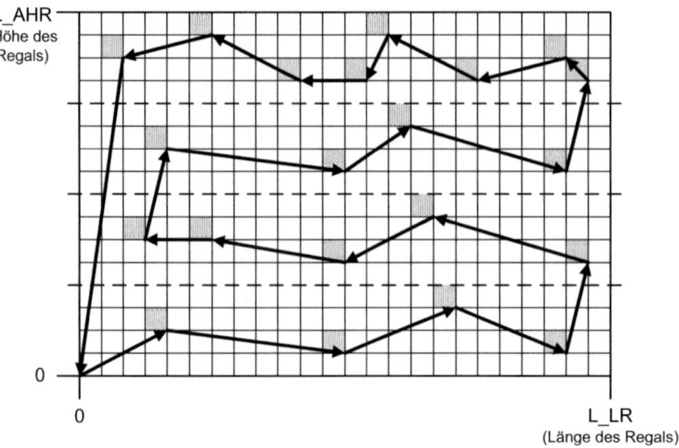

Abbildung 4.9.: Ablauf eines m-Punkte-Rundgangs nach der n-Streifenstrategie (n=4) (in Anlehnung an Gudehus (2005)) anhand eines Beispiels mit 21 Anfahrpositionen

Die Arbeit von Gudehus (1973) wird in seiner Veröffentlichung von Gudehus (2005) weiterentwickelt. Das dort aufgezeigte Modell der 2-Streifenstrategie basiert auf dem Modell der n-Streifenstrategie.

Ein weiteres Modell für eine Bewegung ohne Strategie, das auf der Arbeit von Gudehus (1973) aufbaut, wird in Elsaysed und Unal (1989) vorgestellt. Hierbei verändern Elsaysed und Unal (1989) in ihrem Modell die Lage des Ein- und Auslagerpunktes.

4.2.3. Ware zum Mann mit zwei- bzw. dreidimensionaler Bewegung

Lager- und Kommissioniersysteme mit einer dynamischen Bereitstellung sind dadurch gekennzeichnet, dass die Ware den Bereitstellungsplatz während der Entnahme ändert (VDI-Richtlinie 3590 (2002)). Diese Veränderung des Bereitstellungsplatzes erfolgt durch ein automatisches System, das die Waren als Ladeeinheiten von einem Bereitstellungsplatz entnimmt und an einem zweiten Platz für die manuelle Entnahme bereitstellt. In solchen Ware zum Mann Systemen ist die Bewegung des Menschen von untergeordneter Bedeutung für die Gesamtzeit der Entnahme, da keine oder nur sehr kurze Wege zurückzulegen sind. Weiterhin kann aufgrund der Tatsache, dass der Mensch stets einen festen Bereitstellungsplatz zur Entnahme ansteuert, gegebenenfalls dessen Wegzeit einfach abgeschätzt werden.

Von großer Bedeutung ist die Spielzeit des automatischen Systems. Sie beschreibt die anfallende Wegzeit zur Einlagerung bzw. Entnahme der Ladeeinheiten und bestimmt die Leistungsfähigkeit des gesamten Ware zum Mann Systems (Lippolt (2003), S. 39 und S. 45). Aus diesem Grund werden im Folgenden die in der Literatur vorhandenen

Spielzeitmodelle der beiden am weitesten verbreiteten Lager- und Kommissioniersysteme vorgestellt. Dies ist zum einen die automatische Bedienung eines statischen Regals durch ein Regalbediengerät und zum anderen die Bedienung eines dynamischen Regals durch den Menschen, einen Lift oder einen Paternoster.

Spielzeitmodelle für die Bedienung eines statischen Regals

Die automatische Bedienung eines statischen Regals mit einem Regalbediengerät wird seit Ende der 60er-Jahre in einer Vielzahl an Veröffentlichungen thematisiert. Das große Interesse der Forschung ist darin begründet, dass diese Art von Systemen in der Praxis weit verbreitet sind (siehe Abbildung 3.2: HRL und AKL) und deren Leistungsfähigkeit, aufgrund ihres hohen Investitionsbedarfs, von besonderer Bedeutung für die Wirtschaftlichkeit ist.

Die ersten Spielzeitmodelle werden in den 60er-Jahren von Zschau (1963) und Schaab (1968) erarbeitet. Das grundlegende Modell, das eine geschlossene Formel für eine exakte Berechnung der Einzel- und Doppelspielzeit in Abhängigkeit des Wandparameters aufzeigt, wird von Gudehus (1972c) vorgestellt. Hierbei wird die Regalwand durch kartesische Koordinaten abgebildet und die Spielzeit somit für einen gemeinsamem E-/A-Punkt an unterschiedlichen Stellen der Regalwand abgebildet. Als weitere Annahmen liegen dem Modell eine gleichverteilte, einfachtiefe Bereitstellung der Ladeeinheiten und die Zugriffsstrategie First-Come-First-Serve zugrunde. Die Beschleunigungen bzw. Verzögerungen des Regalbediengerätes werden in diesem Modell durch idealisierte, trapezförmige Geschwindigkeitsprofile berücksichtigt.

In der englischsprachigen Literatur entstehen unabhängig von der deutschsprachigen die ersten Spielzeitmodelle Ende der 70er- Jahre durch Hausman et al. (1976) und Graves et al. (1977). Bozer und White (1984) entwickeln Modelle für die Einzel- und Doppelspielzeit, die die Regalwand als stetige Fläche mit normierten und skalierten Koordinaten abbilden. Mit diesem richtungweisenden Ansatz gelangen die Spielzeitmodelle von Bozer und White (1984) zu den selben Ergebnissen wie Gudehus (1972c).

Aufbauend darauf sind im Weiteren Verlauf eine Vielzahl an Modellen entwickelt worden, die die beiden grundlegenden Modelle von Gudehus (1972c) und Bozer und White (1984) für ausgewählte Annahmen erweitern. In diesem Zusammenhang beschäftigt sich eine Gruppe von Autoren mit der Einbindung von verschiedenen Belegungsstrategien. Die Arbeiten von Gudehus (1972a) und Prettenhaler (1979) konzentrieren sich auf die Berechnung der Spielzeit bei einer klassenbasierten Belegungsstrategie. Kouvlis und Papanicolaou (1995) entwickeln Modelle, mit denen die optimale Zonengestalt ermittelt wird. Ein geometrisches Verfahren zur Bestimmung der Spielzeit bei beliebigem Wandparameter und klassenbasierter Belegungsstrategie wird von Ashayeri et al. (2001) vorgestellt. Für eine umschlagsbasierte Belegungsstrategie und einen beliebigen Wandparameter erarbeiten Kim und Seidman (1990) Modelle zur Berechnung der Einzel- und Doppelspielzeiten. Park (1999) bestimmt mit seinen Modellen für eine umschlagbasierte Belegungsstrategie neben dem Erwartungswert die Varianz für einen beliebigen Wandparameter.

Eine weitere Gruppe von Autoren beschäftigt sich in erster Linie mit der Erweiterung der grundlegenden Modelle bezüglich des Geschwindigkeitsprofils. Hwang und Lee (1990) entwickeln Modelle, die nicht nur trapezförmige Geschwindigkeitsprofile berücksichtigen. Darüber hinaus werden dreieckige Geschwindigkeitsprofile mit einbezogen, d.h. das Regalbediengerät erreicht seine maximale Geschwindigkeit zwischen zwei anzufahrenden Bereitstellplätzen nicht. Vössner (1994) untersucht systematisch verschiedene Geschwindigkeitsprofile und berücksichtigt in seinen Modellen für jede Fahrt die richtigen Beschleunigungs- und Verzögerungseinflüsse. Auf diese Art und Weise bestimmt er neben dem Erwartungswert ebenfalls die Varianz, die Dichte- sowie Verteilungsfunktion der Spielzeit. Chang et al. (1995) erweitern das Fahrzeitmodell mit durchschnittlichen Geschwindigkeiten von Bozer und White (1984), indem die mittleren Einzel- und Doppelspielzeit für Geschwindigkeitsprofile mit unterschiedlichen Geschwindigkeitsbereichen und Beschleunigungs- bzw. Verzögerungsbereichen berücksichtigt werden.

Mit dem Ausbau der grundlegenden Modelle im Hinblick auf die Bereitstellungstiefe in einer Regalwand beschäftigen sich Oser und Garlock (1998), FEM 9.851 (2002) und Lippolt (2003). Oser und Garlock (1998) entwickeln ein Spielzeitmodell, das bei einer doppeltiefen Bereitstellung ein Sechsfachspiel mit einem Mehrfach-Lastaufnahmemittel durchführt. Die FEM 9.851 (2002) bestimmt im Gegensatz dazu die Spielzeit für eine doppeltiefe Bereitstellung mit einem Einfach-Lastaufnahmemittel. Die dadurch notwendigen Umlagerungen werden mit einer Wahrscheinlichkeit von 50% als Annahme abgeschätzt und die Umlagerfachentfernung in Abhängigkeit des Lagerfüllungsgrad formuliert. Lippolt (2003) entwickelt, auf Basis des grundlegenden Modells von Bozer und White (1984), ein Spielzeitmodell für eine doppeltiefe Bereitstellung. Dazu wird das Modell für die einfachtiefe Bereitstellung um die in diesem Fall notwendigen Umlagerungszeiten erweitert. Die mittels einer geschlossenen Formel bestimmten Umlagerungsentfernungen sind dabei abhängig von dem Lagerfüllungsgrad und der Belegungsstruktur. Lippolt (2003) gelingt es somit erstmals, die Umlagerungszeit zu bestimmen und damit die allgemeine Spielzeitformel für eine doppeltiefe Bereitstellung herzuleiten.

Ein Überblick bezüglich der bestehenden Modelle zur Berechnung der Spielzeit wird in Tabelle 4.2 dargestellt. Weiterführende Literaturüberblicke zur Spielzeitberechnung sowie den angrenzenden Themengebieten können den Arbeiten von Sarker und Babu (1995), Johnson und Brandeau (1996) und Lippolt (2003), S. 77 ff. entnommen werden.

Spielzeitmodelle für die Bedienung eines dynamischen Regals

Weitere Ware zum Mann Systeme, die in den vergangenen Jahren vermehrt eingesetzt werden, sind die Systeme mit einem dynamischen Regal, wie z. B. Karussell- oder Paternosterregale. Sie eignen sich besonders für das Lagern sowie Kommissionieren von Kleinteilen und werden aufgrund der geringeren Investitionen und Betriebskosten immer häufiger anstelle von automatischen Kleinteilelagern (AKL) eingesetzt (Park et al. (2003)).

Das grundlegende Spielzeitmodell für ein Karusselllager wird in Han et al. (1988) vorgestellt. Dieses Modell beschreibt ein Karussell, das mehrere horizontale Bewegungen durch parallele, unabhängige, drehbare Ebenen durchführen kann. Als Fachbegriff hat sich für diese Art von Systemen der englische Begriff Rotary Rack durchgesetzt. Die Bedienung des Rotary Rack erfolgt innerhalb des Modells von Han et al. (1988) durch ein Regalbediengerät, das ein Doppelspiel ausführt. Das Geschwindigkeitsprofil des Re-

Tabelle 4.2.: Zusammenfassung der analytischen Modelle für eine zwei- bzw. dreidimensionale Bewegung zur Bedienung eines statischen Regals

Quelle	Layout				Organisation								Bewegung des Regalbediengerätes						
	Positionen des E/A-Punkt		Bereit-stellung		Zugriffs-strategie		Bewegungs-strategie			Belegungsstrategie			Wandparameter			Geschwindigkeitsprofil			
	untere Regal-wandecke	mehrere bzw. beliebige Position	ein-fach-tief	dop-pel-tief	First-Come-First-Served	next-neigh-bour	Ein-zel-spiel	Dop-pel-spiel	Sechs-fach-spiel	gleich-verteilt	klas-sen-basiert	um-schlag-basiert	nicht berück-sichtigt	eins	belie-big	linear	trapez-förmig	dreiecks-förmig	bereichs-abhängig
Ashayeri et al. (2001)	X		X		X		X	X			X				X	X			
Bozer und White (1984)		X	X		X		X	X		X					X	X			
Chang et al. (1995)	X		X		X		X	X		X	X	X	X						X
FEM 9.851 (2002)		X		X	X		X	X		X					X	X			
Graves et al. (1977)	X		X		X	X		X		X	X	X		X		X			
Gudehus (1972a)		X	X		X		X	X		X					X		X		
Gudehus (1972b)		X	X		X		X	X			X	X		X				X	
Hausman et al. (1976)	X		X		X		X			X	X	X		X		X			
Hwang und Lee (1990)	X		X		X		X	X		X			X				X	X	
Kim und Seidman (1990)	X		X		X		X	X			X	X			X	X			
Kouvlis und Papanicolaou (1995)	X		X		X		X	X		X					X	X			
Lippolt (2003)	X			X	X		X	X		X					X		X		
Oser und Garlock (1998)		X		X	X				X	X					X		X	X	
Park (1999)	X		X		X		X				X	X			X	X			
Prettenhaler (1979)	X		X		X		X					X			X	X			
Schaab (1968)	X		X		X		X	X		X			X			X			
Vössner (1994)	X		X		X		X	X		X					X		X	X	X
Zschau (1963)	X		X		X		X	X		X			X			X			

galbediengerätes und das des Karussells wird dabei als linear angenommen, d.h. Brems- und Beschleunigungszeiten werden vernachlässigt. Weiterhin wird eine gleichverteilte Belegung des Karussells mit Waren unterstellt.

Aufbauend auf dem Modell von Han et al. (1988) und den dort vorgestellten Annahmen, wird in Oser (1991) ein Spielzeitmodell für ein Rotary Rack dargestellt, das mittels eines Paternosters bedient wird. Dieser Ansatz wird in der Arbeit von Klinger (1994) weiterentwickelt, indem Brems- bzw. Beschleunigungszeiten zusätzlich im Spielzeitmodell berücksichtigt werden.

Weitere, auf Han et al. (1988) basierende Spielzeitzeitmodelle für ein Rotary Rack werden in Su (1998) vorgestellt. Su (1998) konzentriert sich dabei auf die Reihenfolge der Einlagerung bzw. Entnahme der Waren aus einem unidirektionalen Karussell durch einen Lift. Dazu wird ein Doppelspielzeitmodell vorgestellt, das zunächst die Einlagerung und danach die Entnahme durchführt. Ein weiteres Modell bestimmt die Reihenfolge in Abhängigkeit der Entfernung zu den anzufahrenden Bereitstellungsplätzen. D.h., es wird zunächst diejenige Bedienung ausgeführt, die die kürzeste Entfernung von der aktuellen Position bis zum anzufahrenden Bereitstellungsplatz aufweist. Su (1998) stellt weiterhin ein Spielzeitmodell für eine horizontale Bewegung mit sequentiell unabhängig drehbaren Ebenen dar. Dieses System besitzt zur Durchführung der Drehbewegung des Karussells lediglich einen Antrieb für alle Ebenen.

Die Arbeit von Han et al. (1988) ist nicht nur die grundlegende Arbeit zur Entwicklung von Spielzeitmodellen für Rotary Racks. Vielmehr ist sie der Ausgangspunkt für die Entstehung von Modellen, die eine ganzheitliche horizontale Bewegung des Karussells mit einem Antrieb unterstellen. Für diese Art der Ausführung werden in Hwang und Ha (1991) die bedeutendsten Modelle aus Han et al. (1988) abgeleitet. Hierbei handelt es sich um ein Einzel- und ein Doppelspielzeitmodell. Alle folgenden Arbeiten beziehen sich wiederum auf die Beschreibungen von Hwang und Ha (1991) und erweitern diese Modelle für verschiedene Ausführungsvarianten. Ha und Hwang (1994) entwickeln ein Spielzeitmodell für eine klassenbasierte Belegungsstrategie. Für uni-direktionale Karussells stellt Su (1998) Einzel- und Doppelspielzeitmodelle vor.

Fortführend wird in Hwang et al. (1999) ein Vierfachspielzeitmodell vorgestellt. Dies bedeutet, dass unter der Annahme von Hwang und Ha (1991) jeweils zwei Einlagerungen und zwei Entnahmen bei einem Spiel des Liftes durchgeführt werden. In der Arbeit Hwang et al. (2004) werden Brems- und Beschleunigungszeiten in die Modelle von Hwang und Ha (1991) integriert. Park und Rhee (2005) erweitern das Doppelspielzeitmodell von Hwang und Ha (1991) bezüglich einer Organ-Pipe-Belegungsstrategie. Bei dieser Belegungsstrategie werden die Waren entsprechend ihrer Umschlagshäufigkeit angeordnet und darauf aufbauend die Regalspalten in Abhängigkeit ihrer Umschlagshäufigkeit sortiert.

Einen anderen Ansatz zur Berechnung des benötigten Zeitbedarfs für Karusselllager entwickeln Litvak und Adan (2001). Dieser Ansatz beruht auf der Idee, dass die Einlagerungs- bzw. Entnahmeaufträge aus mehreren Positionen bestehen, die möglichst auf kürzestem Wege bzw. mit kürzester Wegzeit angefahren werden. Aus diesem Grund werden nicht wie bisher die Einzel-, Doppel- oder Vierfachspielzeiten, sondern die Wegzeit für die Bearbeitung eines durchschnittlichen Auftrags berechnet. Das Modell von Litvak und Adan (2001) beschreibt dabei ein Karussell, das eine ganzheitliche horizontale Bewegung mit einem Antrieb ausführt. Die Waren sind über alle Bereitstellungsplätze gleichverteilt angeordnet. Die Bedienung des Karussells durch einen Menschen erfolgt in Doppelspielen. Das Karussell bewegt sich gemäß der Nearest-Item-Bewegungsstrategie, d.h. es fährt immer von seiner aktuellen Position zum nächstgelegenen, anzusteuernden Bereitstellungsplatz eines Auftrags sowohl im als auch entgegengesetzt zum Uhrzeigersinn. Aufgrund dieser Heuristik wird die Wegzeit für einen Auftrag minimiert.

Wan und Wolff (2004) greifen die Idee von Litvak und Adan (2001) auf und entwickeln für die Nearest-Item- sowie Nearest-End-Point-Bewegungsstrategie Wegzeitmodelle. Bei der Nearest-End-Point-Strategie wird dabei zunächst für alle anzufahrenden Bereitstellplätze eines Auftrags überprüft, zwischen welchen beiden Plätzen der größte Abstand existiert. Diese beiden Bereitstellplätze werden als Endpunkte definiert. Das Karussell bewegt sich nun von der aktuellen Position zum nächstgelegenen Endpunkt und von dort aus zum jeweils am weitesten entfernten Bereitstellplatz, solange bis der Auftrag abgearbeitet ist. Weiterführend stellen Wan und Wolff (2004) ein Modell für eine modifizierte Nearest-End-Point-Bewegungsstrategien vor, die eine Kombination aus Nearest-End-Point- und die Nearest-Item-Strategie darstellt.

Meller und Klote (2004) stellen Wegzeitmodelle für vertikale Umlaufregale bzw. Paternoster vor. Hierbei werden wie bei Litvak und Adan (2001) Aufträge bearbeitet, jedoch ohne eine Bewegungsstrategie zu beachten. Weiterhin bedient ein Mensch mehrere Paternostersysteme gleichzeitig, wobei die Einlagerung und die Entnahme eindeutig zeitlich getrennt werden, z. B. durch eindeutige Zeitscheiben für die jeweilige Tätigkeit.

In Tabelle 4.3 werden die grundlegenden Annahmen der vorgestellten analytischen Modelle für dynamische Regale zusammenfassend dargestellt.

4.3. Modelle zur Bestimmung der Fläche und der Kosten

Die Ermittlung der benötigten Fläche und der entstehenden Kosten zum Errichten sowie Betreiben eines Lager- und Kommissionierbereichs ist abhängig von der ausgewählten technischen Ausführung des Bereichs. Trotz der Vielzahl an existierenden technischen Ausführungen sind in der Literatur hierfür nur wenige statische Modelle zu finden. Die bisher veröffentlichten Modelle berechnen die Fläche und die Kosten in gegenseitiger Abhängigkeit jeweils innerhalb eines Optimierungsmodells, das eine Kostenminimierung bzw. Gewinnmaximierung anstrebt. Aufgrund des engen Zusammenhangs von Flächen- und Kostenberechnung bei den Optimierungsmodellen wird auf eine separate Darstellung von Flächenmodellen und Kostenmodellen verzichtet. Vielmehr werden im Folgenden die Optimierungsmodelle als Ganzes vorgestellt. Hierbei können die existierenden Modelle nach ihren Optimierungskriterien eingeteilt werden. Diese Kriterien sind, die Optimierung

- des Layouts,
- der Stellplatzkapazität und
- der Aufteilung zwischen Eigenlagerung bzw. Fremdlagerung.

Weiterhin existieren in der Literatur Flächen- bzw. Kostenmodelle zur Optimierung der Lagerhaltungspolitik von Lager- und Kommissioniersystemen. Sie beschäftigen sich

Tabelle 4.3.: Zusammenfassung der analytischen Modelle für eine dreidimensionale Bewegung zur Bedienung eines dynamischen Regals

Quelle	Layout des dynamischen Regals							Organisation des dynamischen Regals											Annahmen bezüglich des dynamischen Regals			Organisation des Einlagerungs- bzw. Entnahmehilfsmittel					
	Positionen des E/A-Punkt		Art der Bewegung					Drehbewegung		Wegzeitmodell		Bewegungsstrategie				Belegungsstrategie			Geschwindigkeitsprofil			Art des Hilfsmittels			Bewegungsstrategie		
	unterste Ebene	mehrere bzw. beliebige Ebenen	eine horizontale Bewegung	zwei horizontale unabhängige Bewegungen	eine horizontale Bewegung mit sequentiell unabhängig drehbaren Ebenen	mehrere horizontale Bewegungen durch parallele unabhängig drehbare Ebenen	eine vertikale Bewegung	unidirektional	bidirektional	für ein Einlagerungs- bzw. Entnahmespiel	für mehrere Einlagerungs- bzw. Entnahmespiele	keine	Nearest-End-Point Strategie	Nearest Item Strategie	Modified Nearest-End-Point Strategie	gleichverteilt	klassenbasiert	Organ-Pipe-Strategie	linear	dreiecksförmig	trapezförmig	Mensch	Lift bzw. Regalbediengerät	Paternoster	Einzelspiel	Doppelspiel	Vierfachspiel
Ha und Hwang (1994)	X		X						X	X		X					X		X				X		X	X	
Han et al. (1988)	X					X			X	X		X				X			X				X			X	
Hwang und Ha (1991)	X		X	X					X	X		X				X			X				X		X	X	
Hwang et al. (1999)	X			X					X	X		X				X			X				X				X
Hwang et al. (2004)	X		X						X	X		X				X			X	X	X				X	X	
Klinger (1994)	X					X			X	X		X				X			X	X	X			X		X	
Litvak und Adan (2001)		X	X						X		X			X		X			X			X				X	
Meller und Klote (2004)		X					X	X	X		X	X				X			X			X				X	
Oser (1991)	X					X			X	X		X				X			X					X		X	
Park und Rhee (2005)		X	X						X	X		X						X	X			X				X	
Su (1998)	X		X		X	X		X		X		X				X			X				X		X		
Wan und Wolff (2004)		X	X				X		X		X		X	X	X	X			X			X				X	

mit der Gestaltung der Beschaffungsstrategien für die zu lagernden Waren, so dass der Flächenbedarf und die Kosten des Systems in Abhängigkeit der Nachfrage an Waren möglichst gering sind. Auf diese Modelle wird in der vorliegenden Arbeit nicht eingegangen, da Lagerhaltungspolitiken nicht im Fokus dieser Arbeit stehen.

4.3.1. Optimierung des Layouts

Als einer der ersten beschäftigte sich Francis (1967) mit der Bestimmung der optimalen Längenverhältnisse einer rechteckigen Lager- und Kommissionierfläche. Ziel dabei ist es, ein Lager so zu dimensionieren und zu gestalten, dass die Gesamtkosten minimiert werden. Die hier betrachteten Kosten sind zum einen die Kosten für die Bewegung einer Ware innerhalb des Lager- und Kommissionierbereichs und zum anderen die Kosten im Zusammenhang mit dem Gebäude an sich.

Die Größe der Lager- und Kommissionierfläche wird hier nicht explizit bestimmt, sondern als eine fixe, vorgegebene Größe angenommen. Auch die Höhe des Bereichs wird als gegebene Größe vorausgesetzt. Francis (1967) berücksichtigt keine Regalanordnung, sondern sieht die gesamte Fläche als mögliche Lager- und Kommissionierfläche an. Der notwendige Transportweg für jede Warenart wird individuell berechnet, so dass Einsparungseffekte bei Touren mit mehreren einzulagernden bzw. zu entnehmenden Waren nicht berücksichtigt werden.

Francis (1967) unterscheidet zwei Fälle. Das erste Modell minimiert die Kosten unter der Annahme, dass nur eine Warenart im Lager- und Kommissionierbereich vorhanden ist. Das zweite Modell erweitert das erste Modell, indem mehrere verschiedene Warenarten zugelassen werden. Für beide Fälle werden jeweils zwei kostenoptimale Lösungen geliefert: einmal für den Fall, dass die Basis in der Mitte des Stirngangs liegt, und für den Fall, dass die Basis in einem Eckpunkt des Stirngangs liegt.

Bassan et al. (1980) erweitern die Arbeit von Francis (1967). Auch sie minimieren die Kosten für die Bewegung und das Gebäude. Der Hauptunterschied zwischen den Arbeiten liegt darin, dass Bassan et al. (1980) bei der Suche nach einem optimalen Design verschiedene Regalanordnungen miteinander vergleichen. Hierbei werden diesbezüglich zwei unterschiedliche Fälle betrachtet. Im ersten Fall sind die Gänge senkrecht und im zweiten Fall parallel angeordnet (siehe Abbildung 4.4 und 4.5). Beide Fälle werden zum einen für ein einheitliches, homogenes Lager betrachtet, zum anderen für ein Lager, das aus mehreren unabhängigen Lager- und Kommissionierzonen besteht, so dass insgesamt vier Modelle entwickelt werden.

Ein Optimierungsmodell für Hochregal- bzw. automatische Kleinteilelager wird in der Arbeit von Ashayeri und Gelders (1985) vorgestellt. Sie entwickeln ein Modell zur Bestimmung der optimalen Gassenanzahl des Lager- und Kommissionierbereichs unter der Annahme von gassengebundenen Regalbediengeräten. Ziel ist es, die Investitions- und Betriebskosten über die Lebensdauer des Bereichs zu minimieren. Dazu setzt die Berechnung Maximalwerte für die Länge und die Breite des Lager- und Kommissionierbereichs voraus.

4.3.2. Optimierung der Stellplatzkapazität

Ein Modell zur Optimierung der Stellplatzkapazität eines Lager- und Kommissionierbereichs durch die Berechnung der Fläche und der Kosten wird von White und Francis (1971) erarbeitet. Das Modell minimiert die Gesamtkosten durch die Bestimmung der optimalen Lagermenge. Hierbei wird unter der Lagermenge die Anzahl zu lagernder Waren verstanden. Dabei betrachten sie einen endlichen Planungszeitraum und entwickeln ein Modell sowohl für den Fall einer über den betrachteten Zeitraum konstanten Größe des Lager- und Kommissionierbereichs als auch für den Fall, dass eine Möglichkeit der Erweiterung besteht. Des Weiteren wird angenommen, dass die Nachfrage, die nicht durch das Lager bedient werden kann, Fehlmengenkosten verursacht. Der Fall einer konstanten Größe des Lagers wird sowohl unter stochastischer als auch deterministischer Nachfrage untersucht. Das Modell berücksichtigt Investitionskosten des Lager- und Kommissionierbereichs, Kosten, die bei der Lagerung der Güter anfallen, und Fehlmengenkosten. Außerdem gehen sie davon aus, dass die Bestellmenge gegeben ist und vernachlässigen den Aspekt der Bestimmung der Bestellmenge mit Hilfe einer Bestellpolitik.

Das Modell von Levy (1974) unterscheidet sich von dem Modell von White und Francis (1971), indem die Gesamtkosten unter Berücksichtigung der optimalen Bestellpolitik minimiert werden. Dabei werden zwei Modelle entwickelt. Im ersten Modell ist die Bestellmenge fix sowie nicht veränderbar, und es wird eine deterministische Nachfrage unterstellt. Das zweite Modell berücksichtigt hingegen eine variable Bestellmenge und beinhaltet sowohl eine deterministische, eine stochastische sowie eine steigende Nachfrage. Levy (1974) unterteilt die Gesamtkosten in Investitionen zum Aufbau und Instandhalten des Lager- und Kommissioniersystems sowie in Lagerungskosten. Unter Lagerungskosten versteht er dabei sowohl die Bestellkosten als auch Kosten für die eigentliche Lagerung der Waren pro Periode. Die Berechnung der Lagerungskosten erfolgt unter den Annahmen gleichverteilten Nachfrage ohne Wiederbeschaffungszeit und eines unendlichen Planungshorizonts.

Aufbauend auf dem Ansatz von White und Francis (1971) entwickeln Cormier und Gunn (1996a) weitere Modelle zur Minimierung der Gesamtkosten bei deterministischer Nachfrage über einen unendlichen Planungshorizont. Das erste Modell geht darauf ein, dass nur eine Warenart im Lager- und Kommissionierbereich gelagert wird. Ein zweites Modell erweitert diesen Ansatz für mehrere verschiedene Warenarten. Hierbei werden die Gesamtkosten über die Bestimmung der optimalen Bestellmenge minimiert. Dazu spalten sie zuerst die Gesamtkosten in Investitionen sowie Lagerungskosten auf und untersuchen diese einzeln. Diese Teilergebnisse werden im Verlauf des Modells durch eine geschlossene Formel vereint.

Cormier und Gunn (1996b) erweitern ihre Modelle, indem der Lager- und Kommissionierbereich als variabel und somit erweiterbar gestaltet wird. Dabei kann zusätzlich auftretende Nachfrage durch Anmietung eines Fremdlager- und -kommissionierbereichs bedient werden. Es wird angenommen, dass eine langfristige Fremdanmietung von Bereitstellplätzen eines Drittanbieters besteht und das noch zusätzliche Bereitstellplätze im Bedarfsfall kurzfristig angemietet werden können. Die Investitionen pro Bereitstellplatz im eigenen Lager- und Kommissionierbereich sind dabei kleiner als die Kosten bei langfristiger Fremdanmietung und die Kosten der langfristigen Fremdanmietung kleiner als die Kosten der kurzfristigen Anmietung. Zusätzlich wird eine fixe Reservierungsgebühr je Periode für die Reservierung von Bereitstellplätzen eingeführt. Diese muss unabhängig davon gezahlt werden, ob ein Bereitstellplatz angemietet wird oder nicht.

Goh et al. (2001) erweitern ebenfalls das Modell von Cormier und Gunn (1996a). Anstatt einer stetigen Kostenfunktion, wie es in allen vorher betrachteten Modellen der Fall war, verwenden Goh et al. (2001) eine stückweise lineare bzw. stufenweise lineare Kostenfunktion. Dieses begründen die Autoren mit dem daraus resultierenden Realitätsgewinn des Modells, da es in der Realität nicht möglich sei, beliebig kleine Teile eines Lagers zu mieten. Vielmehr werden nur diskrete Mengen, z. B. Kontingente, vermietet. Betrachtet wird die Bereitstellung sowohl einer Warenart als auch mehrerer verschiedener Warenarten in einem Lager- und Kommissionierbereich. Auch hier werden die betrachteten Gesamtkosten in Investitionen und Lagerungskosten aufgeteilt und berechnet.

Abschließend werden in Tabelle 4.4 nochmals die wesentlichen Ausprägungen der in diesem Abschnitt vorgestellten Modelle zusammengefasst.

4.3.3. Optimierung der Aufteilung zwischen Eigen- bzw. Fremdlagerung

Das grundlegende Modell wird in Ballou (1974), S. 378 ff. vorgestellt. Er entwickelt ein Modell zur Bestimmung der minimalen Gesamtkosten eines genutzten Bereichs, in dem nur eine Warenart bearbeitet wird. Dieser Bereich kann entweder ein eigener Lager- und Kommissionierbereich sein oder auch teilweise von einem Drittanbieter angemietet werden. Die Gesamtkosten des Modells bestehen somit aus den Lagerhaltungskosten, den Investitionen und den Kosten für die Erweiterung mit einem fremden Bereich. Ballou (1974), S. 378 ff. geht dabei auf den Fall einer konstanten Größe des eigenen Bereichs über einen endlichen Planungszeitraum ein. Darüber hinaus berücksichtigt er die Möglichkeit der Anmietung eines Fremdlagers. Er geht davon aus, dass die zukünftige Nachfrage stochastisch ist und schätzt sie deshalb mit einer Wahrscheinlichkeitsfunktion ab. So führt er einen „pessimistischen", einen „wahrscheinlichen" und einen „optimistischen" Fall der Nachfrage ein.

Hung und Fisk (1984) erweitern das Modell von Ballou (1974), S. 378 ff.. Dabei bieten sie ein Modell sowohl für den Fall einer konstanten Größe des eigenen Lager- und Kommissionierbereichs über den endlichen Planungshorizont als auch für den Fall einer variablen Größe an. Wie in der Arbeit von Ballou (1974), S. 378 ff. besteht die Möglichkeit des stetigen Anmietens von Bereitstellplätzen in einem fremden Bereich, wenn die auftretende Nachfrage nicht durch den eigenen Lager- und Kommissionierbereich gedeckt werden kann. Das Ziel dieses Modells ist es, die Gesamtkosten zu minimieren und ein optimales Verhältnis zwischen eigenen und angemieteten Bereitstellplätzen zu finden. Dazu führen sie die Kosten für die Erweiterung bzw. Verkleinerung des eigenen Lager- und Kommissionierbereichs als eine zusätzliche Kostenart ein. Hung und Fisk (1984) entwickeln einen vereinfachten Ansatz zur Bestimmung der erwarteten Nachfrage jeder Periode und der benötigten eigenen Fläche.

In Rao und Rao (1998) werden drei Erweiterungen für die Modelle von Ballou (1974), S. 378 ff. und Hung und Fisk (1984) entwickelt. Alle Erweiterungen gehen dabei von

Tabelle 4.4.: Zusammenfassung der analytischen Modelle zur Berechnung der Fläche und Kosten bei optimaler Wahl der Stellplatzkapazität

Quelle			Cormier und Gunn (1996a)	Cormier und Gunn (1996b)	Goh et al. (2001)	Levy (1974)	White and Francis (1971)
Kosten	Gesamtkosten-bestandteile	Lagerungskosten	X	X	X	X	X
		Investitionskosten	X	X	X	X	X
		Fehlmengenkosten				X	X
		Kosten für die Erweiterung/Verkleinerung des eigenen Bereichs					X
		Kosten für die Erweiterung durch ein Fremdlager		X			
	Budget-beschränkung	vorhanden	X				
		nicht vorhanden		X	X	X	X
Fläche	Größe des Bereichs	nicht erweiterbar	X		X		
		erweiterbar durch einen eigenen Bereich				X	X
		erweiterbar durch einen fremdem Bereich		X			
	Kapazität-erweiterung bzw. -verkleinerung	stetig	X	X		X	X
		diskret			X		
	Anzahl an Artikel im Bereich	ein	X	X	X	X	X
		mehrere		X	X		
Sonstiges	Nachfrage	deterministisch	X	X	X	X	X
		stochastisch				X	X
	Planungs-horizont	endlich					X
		unendlich	X	X	X	X	

einer konstanten Größe des eigenen Bereichs aus. In der ersten Erweiterung wird die Möglichkeit betrachtet, dass die anfallenden Kosten über den Planungszeitraum variieren können. In der zweiten Erweiterung werden „Economies of scale" betrachtet. Die dritte Erweiterung führt eine neue Darstellung der stochastischen Nachfrage ein, um das Kostenminimierungsproblem mit Hilfe von linearer Programmierung zu lösen.

4.4. Schlussfolgerung

Für die analytische Bestimmung der Ressourcen Zeit, Fläche oder Kosten eines Lager- und Kommissioniersystems stehen in der Literatur eine Fülle an statischen Berechnungsmodellen zur Verfügung. Trotzdem scheint es aufgrund der Komplexität und der Vielzahl an möglichen Ausprägungen fast unmöglich, für alle realen Systeme des Prozesses entsprechende Modelle zur Verfügung zustellen (siehe Unterkapitel 3.3). Aus diesem Grund werden immer wieder Lager- und Kommissioniersysteme entwickelt, auf die die bestehenden Modelle nicht ohne weiters angewendet werden können. Es ist jedoch durch entsprechende Anpassungen der Modelle möglich, für eine Vielzahl an Ausführungen zumindest eine Abschätzung des Ressourcenbedarfs zu erreichen.

In erster Linie kann dies für die Ermittlung der Ressource Zeit behauptet werden. So sind die Systeme Mann zur Ware mit ein- bzw. zweidimensionaler Bewegung sowie Ware zum Mann mit zwei- bzw. dreidimensionaler Bewegung zur Bedienung eines statischen Regals ausgiebig erforscht, und es werden für unterschiedlichste Ausprägungen Modelle bereitgestellt. Die Systeme Mann zur Ware mit zwei- bzw. dreidimensionaler Bewegung sowie Ware zum Mann mit zwei- bzw. dreidimensionaler Bewegung zur Bedienung eines dynamischen Regals hingegen bieten noch Möglichkeiten zur Forschung. Die existierenden Modelle beschreiben die jeweiligen Systeme in deren grundlegenden Ausprägungen, so dass Forschungsbedarf bezüglich der Untersuchung verschiedenster Ausprägungen besteht.

Zur Berechnung der Ressourcen Fläche und Kosten von Lager- und Kommissioniersystemen werden ebenfalls einige Modelle in der Literatur bereitgestellt. Diese Berechnung erfolgt vor allem anhand von Optimierungsmodellen, die in gegenseitiger Abhängigkeit den Flächen- und Kostenbedarf ermitteln. Diese Modelle beschäftigen sich mit dem System Mann zur Ware mit ein- bzw. zweidimensionaler Bewegung. Weiterhin arbeiten diese Optimierungsmodelle mit einem sehr hohen Abstraktionsgrad, so dass sie sich nur für sehr allgemeine Fragestellungen eignen und für die Bewertung realer Systeme ungeeignet sind.

Die Idee der ganzheitlichen Bewertung eines Systems durch ein Modell, d.h. eine Berechnung der Zeit sowie Fläche in gegenseitiger Abhängigkeit mit deren Hilfe auf den Personal- sowie Investitionseinsatz und abschließend auf die Gesamtkosten für eine technische Ausführung eines Lager- und Kommissioniersystems geschlossen wird, ist bisher nur in zwei statischen Modellen für das System Mann zur Ware mit ein- bzw. zweidimensionaler Bewegung verwirklicht. Beide zur Verfügung stehenden Modelle eignen sich nicht für eine Bewertung von realen Systemen, da sie einen sehr hohen Abstraktionsgrad verwenden und sich lediglich auf Systeme Mann zur Ware mit ein- bzw. zweidimensionaler Bewegung konzentrieren. Infolgedessen kann feststellt werden, dass die ganzheitliche

Bewertung von Lager- und Kommissioniersystemen in der Literatur bisher lediglich angedeutet wurde. Diese bestehende Lücke ist der Antrieb für die in Kapitel 5 dargestellten Erläuterungen (siehe Abbildung 4.10).

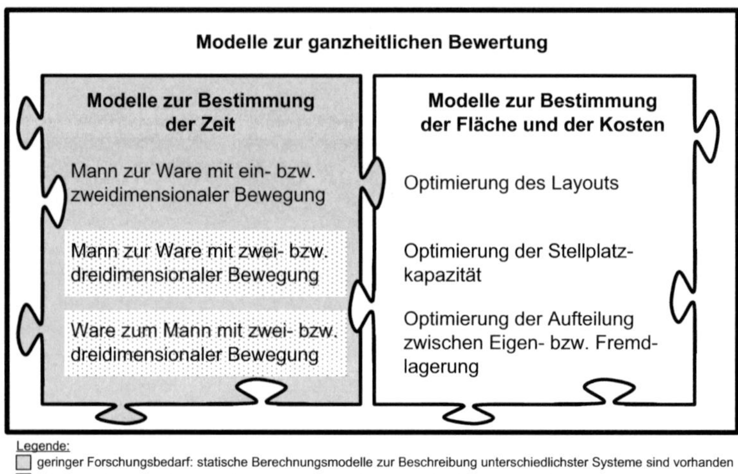

Abbildung 4.10.: Überblick über den bestehenden Stand der Forschung zum Analysieren und Bewerten von Lager- und Kommissioniersystemen durch statische Berechnungsmodelle

5. Modelle zur Bewertung des Prozesses Lagern und Kommissionieren

„Die Praxis sollte das Ergebnis des Nachdenkens sein,
nicht umgekehrt.“
Hermann Hesse, Schriftsteller, 1877-1962

Zur Bewertung von Lager- und Kommissioniersystemen führt das DCRM auf der Aufgabenebene ein klassisches Benchmarking mit existierenden Distributionszentren durch (reales Benchmarking). Zusätzlich wird ein theoretisches Benchmarking ermöglicht, das einen Leistungsvergleich zwischen einem realen System und einem theoretischen Systems erlaubt (siehe Abschnitt 2.2.4). Dazu bietet die Ausführungsebene für ausgewählte Systeme statische Modelle zur Berechnung der Zeit sowie Fläche an, mit deren Hilfe auf den Personal- sowie Investitionseinsatz und abschließend auf die Gesamtkosten geschlossen wird. Dies ermöglicht es, auf der Aufgabenebene ein Benchmarking für unterschiedlichste Anforderungen durchzuführen (siehe Unterkapitel 3.1). Bei Existenz eines geeigneten realen Benchmarkingpartners kann ein reales Benchmarking erfolgen. Bei nicht vorhandenem geeignetem realen Benchmarkingpartner, durch ein theoretisches Benchmarking. Darüber hinaus gestatten die Modelle die Abbildung verschiedenster Szenarien eines Lager- und Kommissioniersystems. Unter anderem können die Auswirkungen

- durch die Zusammenführung von Lager- und Kommissionierbereichen,
- durch die Verwendung von verschiedenen technischen sowie organisatorischen Ausführungen der Systeme und
- durch Veränderungen der Anforderungen

analysiert und bewertet werden.

Die entwickelten Modelle zur Bewertung des Prozesses Lagern und Kommissionieren werden im Folgenden vorgestellt. Dazu werden zunächst, basierend auf der in Unterkapitel 3.4 ausgewählten Modellierungsmethode der statischen Berechnung und den in Unterkapitel 3.3 ausgewählten wesentlichen Ausführungen des Prozesses, die Struktur und die allgemeinen Annahmen der Modelle erläutert. Im Anschluss werden die durch die Modelle abgebildeten Systeme detailliert dargestellt. Dazu werden das Layout sowie der Material- und Informationsfluss erklärt und darauf aufbauend die dazugehörigen wichtigsten Berechnungen der erarbeiteten Modelle dargestellt (siehe Abbildung 5.1).

Abschließend wird die Vorgehensweise zur Bestimmung der Standardeingabewerte sowie Bewertung der Modelle aufgezeigt und anhand eines Beispiels ausführlich dargestellt.

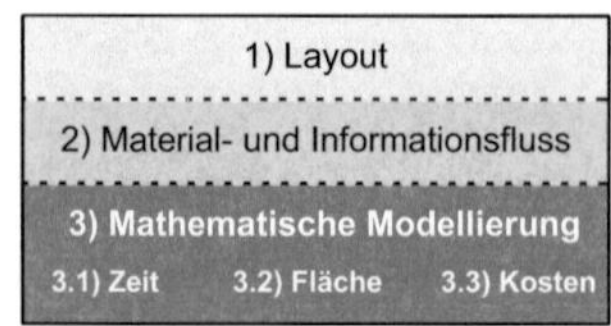

Abbildung 5.1.: Aufbau der Modellbeschreibungen

Die kompletten statischen Berechnungsmodelle der einzelnen Systeme sind im Anhang zu finden.

5.1. Allgemeine Eigenschaften der Modelle

Die im Unterkapitel 3.4 beschriebenen Anforderungen bestimmen nicht nur die Auswahl der Modellierungsmethode, sondern ebenfalls die Anwendergruppe, die Struktur und die zugrundeliegenden Annahmen der Modelle. Im Folgenden werden die Anforderungen und die daraus abgeleiteten Eigenschaften der Modelle erläutert.

5.1.1. Anwender

Aufgrund der geforderten Flexibilität, richten sich die Modelle an erfahrene Experten auf dem Gebiet des Lagerns und Kommissionierens. Anwendung finden die Modelle in der Grobplanung bei Neu- bzw. Umgestaltung von Systemen. Durch eine geeignete Wahl der Eingabewerte können verschiedenste Ausprägungen eines Systems erzeugt werden. Jedoch muss beachtet werden, dass die Modelle keine Plausibilitätsprüfungen durchführen. D.h. die Modelle erzeugen für praxisfremde Eingabekombinationen ebenfalls Ergebnisse, wie z. B. die Entnahme von 1.000.000 Positionen pro Tag aus einem Lager- und Kommissionierbereich mit 10 Lagerplätzen. Aus diesem Grund ist es die Aufgabe des Anwenders, auf einem fundierten Wissen basierende Plausibilitätsüberlegungen vor der Verwendung der Modelle anzustellen.

5.1.2. Struktur

Die Struktur der Modelle ist standardisiert, so dass alle den selben Aufbau besitzen. Die Modelle berechnen grundsätzlich den eingesetzten Bedarf an Ressourcen, um eine Aufgabe bei gegebenen Anforderungen bzw. Eingabewerten und einer bestimmten Ausführung zu erfüllen. Für alle Modelle werden deshalb die Ausgabewerte

- Arbeitszeit pro Tag,
- benötigte Fläche und
- Gesamtkosten untergliedert in Investitionskosten, Flächenkosten sowie Betriebskosten

berechnet. Die Bestimmung der Ausgabewerte folgt dabei in allen Modellen einer festen Abfolge. Den Ausgangspunkt der Modelle bildet die Ermittlung der Arbeitszeit pro Tag, die, wenn möglich, in Abhängigkeit des Layouts minimiert wird. Im Anschluss werden die benötigte Fläche und abschließend die Gesamtkosten ermittelt. Die Annahme die dieser Vorgehensweise zugrunde liegt, unterstellt, dass bei einem arbeitszeitoptimalen Layout geringe Betriebskosten entstehen. Diese geringen Betriebskosten wiederum gleichen im Laufe der Betriebszeit bei einer entsprechenden Auslastung des Systems die aufgrund des arbeitszeitoptimalen Layouts erhöhten Flächen- und Investitionskosten aus (Gudehus (2005), S. 536).

Diese feste Abfolge zur Bestimmung der Ausgangswerte wird durch einen modularen Aufbau der Modelle unterstützt, so dass verschiedene Bestandteile der Berechnungen in mehreren Modellen verwendet werden, was die Anforderung Einfachheit bzw. Transparenz unterstützt (siehe Unterkapitel 3.4).

Um der Anforderung Genauigkeit gerecht zu werden, ist die Angabe einiger Eingabewerte notwendig. Die Anforderungen Zeitaufwand bzw. Schnelligkeit und Einfachheit erfordern jedoch eine möglichst geringe Anzahl an Eingabewerten. Dieser Zielkonflikt wird durch die Verwendung von individuellen Eingabewerten und Standardeingabewerten gelöst.

Die individuellen Eingabewerte beschreiben die wesentlichen Treiber der Leistungsfähigkeit eines Lager- und Kommissioniersystems, die von System zu System sehr unterschiedlich sein können, wie z. B. die Anzahl an Positionen pro Kommissionierauftrag. Im Gegensatz dazu werden zahlreiche System-, Layout- und Zeitgrößen eines Lager- und Kommissioniersystems durch Standardeingabewerte beschrieben, wie z. B. die Länge eines Ladungsträgers oder die Bewegungsgeschwindigkeit eines Mitarbeiters. Für diese Werte ist es möglich, in Abhängigkeit von der zu lösenden Aufgabe, Richtwerte anzugeben. Diese Richtwerte sind der Literatur zu entnehmen oder werden durch Expertenaussagen festgelegt. Der Anwender kann diese beliebig verändern und somit ein individuelles System definieren.

Aufbauend auf dieser Unterteilung ist es möglich, mittels weniger individuellern Eingabewerte und in Abhängigkeit eines vorgeschlagenen Satzes an Standardeingabewerten schnell und einfach erste Ausgabewerte zu berechnen. Durch eine gezielte Veränderung der Standardeingabewerte können weiterführend eine Vielzahl unterschiedlicher Ausprägungen eines Lager- und Kommissioniersystems und somit eine Vielzahl an unterschiedlichen Lösungen für eine Aufgabe erzeugt sowie untersucht werden.

Innerhalb der Modelle werden gezielt Zwischenergebnisse bestimmt, wie z. B. Anzahl und Länge der Gangmodule, Weglänge für einen Entnahmerundgang bzw. Einlagerungsrundgang. Diese erhöhen zusätzlich die Transparenz der Modelle. In Abbildung 5.2 wird diese Struktur der Modelle an einem Beispiel aufgezeigt.

5.1.3. Annahmen

Alle Modelle sind deterministische Modelle, bei der lediglich Mittelwerte oder Spitzenwerte verwendet werden. Die Modelle beschreiben somit einen idealen, statischen, eingeschwungenen Zustand, der Warteprozesse, ungleiche Auslastungen über den Tag, Störungen und Ausfallzeiten vernachlässigt.

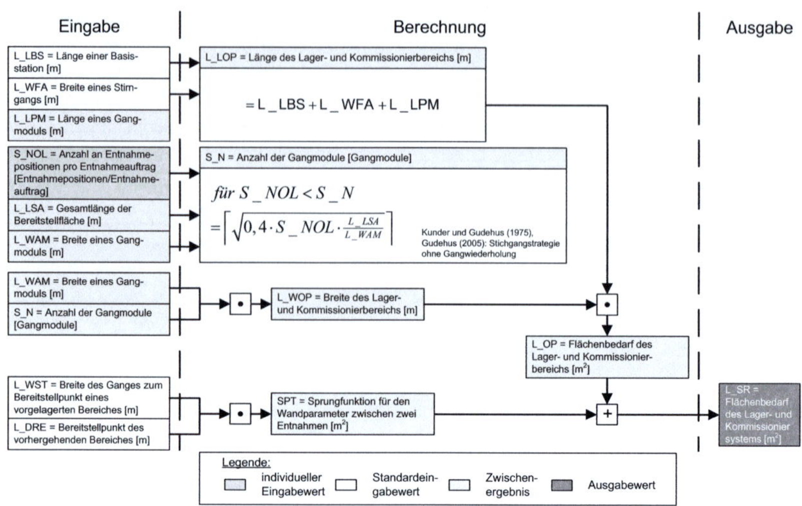

$$\text{für } S\_NOL < S\_N$$
$$= \left\lceil \sqrt{0{,}4 \cdot S\_NOL \cdot \tfrac{L\_LSA}{L\_WAM}} \right\rceil$$

Abbildung 5.2.: Beispielhafte Darstellung der Modellstruktur

Außerdem wird angenommen, dass weder eine Bestandsprüfung noch eine Bewertung der Bestände durchgeführt wird. Die ermittelten Gesamtkosten beinhalten nicht die Kosten für Bestände sowie für die zu tätigende Bestellungen. Es werden lediglich die Kosten für die Investitionen und den Betrieb des Systems ermittelt. Die Bestandshöhe wird dazu als individueller Eingabewert berücksichtigt, um den benötigten Flächenbedarf zu bestimmen. Darüber hinaus wird davon ausgegangen, dass immer ausreichend Bestand zur Verfügung steht, so dass keine Fehlmengen entstehen.

In den Modellen werden die Materialflussgrenzen durch den Prozess Lagern und Kommissionieren des DCRM definiert (siehe Abschnitt 2.2.2). Er beginnt mit der Bereitstellung der Waren beim vorgelagerten Bereich zur Einlagerung und endet mit der Bereitstellung der entnommenen Waren für den nachgelagerten Bereich. Alle notwendigen Tätigkeiten zum Bearbeiten der Waren zwischen diesen beiden Grenzen werden entsprechend der gestellten Aufgabe durch die Modelle abgebildet.

Der Informationsfluss der Lager- und Kommissionierbereiche unterstützt alle notwendigen Tätigkeiten des Materialflusses, wobei der Aufwand für die Durchführung nicht in die Modelle eingeht. Damit der Materialfluss ausgeführt werden kann, müssen verschiedene Annahmen bezüglich des Informationsflusses getroffen werden. Eine wichtige Annahme ist die zufällige Lagerplatzvergabe. Dies bedeutet, dass den Modellen eine Gleichverteilung der Waren bei der Einlagerung zugrunde liegt. Außerdem werden die Lagerplätze nur sortenrein belegt, d.h. auf einem Lagerplatz wird nur eine Warenart gelagert. Bei der Entnahme der Waren wird analog zur Einlagerung eine gleichverteilte Zugriffshäufigkeit der Waren unterstellt.

Eine weitere Tätigkeit des Informationsflusses betrifft die Bildung von Einlagerungs- und Entnahmeaufträgen, die in unterschiedlicher Art aus eingehenden Kundenaufträgen erzeugt werden können (siehe Abbildung 5.3). Die Modelle berücksichtigen diese Tätigkeit nicht, noch überprüfen sie diese. Vielmehr setzen sie voraus, dass die Bildung geeigneter Einlagerungs- und Entnahmeaufträge durch den Anwender durchgeführt wird. Es ist bei dieser Tätigkeit jedoch zu beachten, dass gewisse Eigenschaften der Systeme berücksichtigt werden müssen, wie z. B. die Kapazitäten der Fördermittel, die Reihenfolge der Bearbeitung entsprechend der Bewegungsstrategien oder die Zonierung des Lager- und Kommissionierbereichs durch den Anwender.

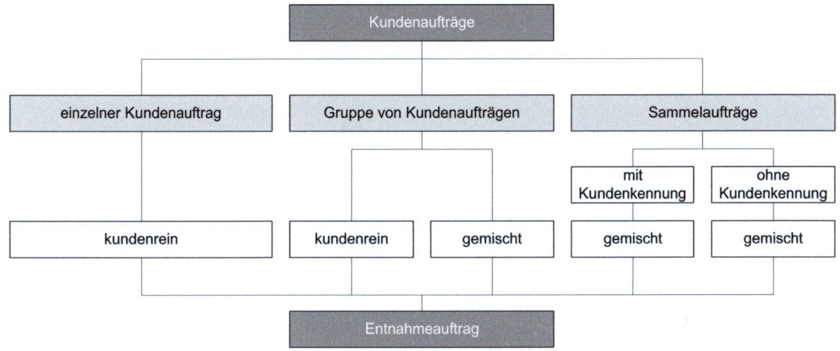

Abbildung 5.3.: Möglichkeiten zur Bildung von Entnahmeaufträgen aus Kundenaufträgen (Schulte (1996))

5.2. Mann zur Ware mit ein- bzw. zweidimensionaler Bewegung: Bodenblocklagerung (SP_A)

Das System Mann zur Ware mit ein- bzw. zweidimensionaler Bewegung des Kommissionierprozesses und einem Bodenblocklager ist eine einfache, manuell bediente technische Ausführung. Sie eignet sich für die Einlagerung von Großladungsträgern sowie einzelner Artikeln und die Entnahme von Großladungsträgern, Kleinladungsträgern/Packeinheiten sowie einzelner Artikel (siehe Tabelle 2.5). Aufgrund der Flexibilität des Systems ist es möglich, Artikel unterschiedlichster Struktur einzulagern bzw. zu entnehmen. Im DCRM besitzt dieses Modell die Notation SP_A.

5.2.1. Layout

Die technische Ausführung des Lager- und Kommissioniersystems geht von einem rechteckigen 1-Block-Lager-und-Kommissionierbereich aus. Die Lagerung erfolgt in Bodenlagerung, d.h. die Ladeeinheiten werden auf dem Boden bereitgestellt (siehe Abbildung

5.4 und Abbildung A.1). Das System besteht aus mehreren parallel zueinander verlaufenden Einlagerungs- und Entnahmegängen mit einer einheitlichen Breite und Länge. Innerhalb dieser Gänge bewegen sich die Mitarbeiter mit einem Fördermittel (z. B. Gabelstapler, Handhubwagen) zum Einlagern und Entnehmen der Ware. Parallel links und rechts entlang den Einlagerungs- und Entnahmegängen befinden sich mehrere Bereitstellungsspalten. Diese bestehen wiederum aus einem oder mehreren hintereinander sowie übereinander angeordneten Bereitstellungsplätzen, die auf dem Boden eingezeichnet sind. Diese Bereitstellungsplätze besitzen in Abhängigkeit der Stapelfähigkeit der Ladeeinheiten eine einheitliche Breite, Tiefe und Höhe.

An der vorderen Stirnseite des Bereitstellungsbereichs existiert ein Stirngang, der orthogonal zu den Einlagerungs- und Entnahmegängen verläuft. Die Einlagerungs- bzw. Entnahmegänge sind an der hinteren Stirnseite geschlossen, d.h. ein Einlagerungs- und Entnahmegang kann nur an der vorderen Stirnseite betreten und verlassen werden. Der Stirngang verbindet somit die Einlagerungs- bzw. Entnahmegänge und die Basisstation. Die Basisstation befindet sich in der Mitte der vorderen Stirnseite und besteht aus einem Puffer zum Bereitstellen der entnommenen Waren für den nachgelagerten Bereich. Von einem Bereitstellungspunkt eines vorgelagerten Bereichs führt ein Weg zum Eingang des Lager- und Kommissioniersystems. In gleicher Art und Weise besitzt das System einen Ausgang für den Abtransport der fertig bearbeiteten Waren.

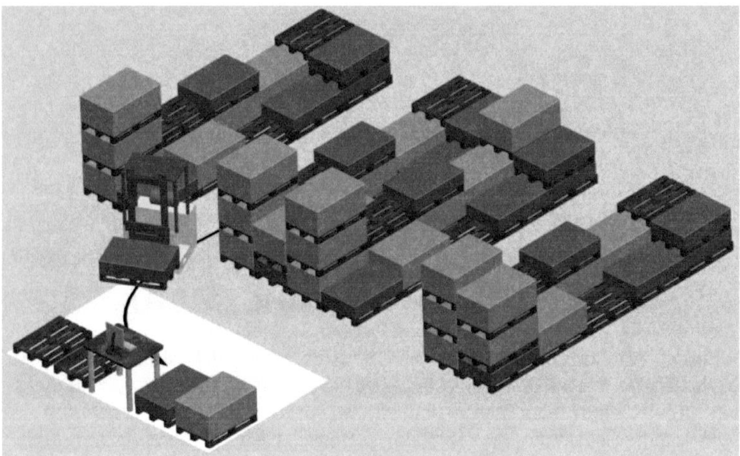

Abbildung 5.4.: Sicht auf das System SP_A

5.2.2. Material- und Informationsfluss

Der Material- und Informationsfluss des Lager- und Kommissionierbereichs beginnt mit kompletten, sortenreinen Ladeeinheiten, die am Bereitstellpunkt eines vorgelagerten Bereichs zur Verfügung stehen und der Übermittlung eines Einlagerungsauftrags durch ein Informationsmittel an einen Mitarbeiter. Daraufhin werden von diesem Mitarbeiter, gegebenenfalls mit einem Fördermittel, eine oder mehrere Ladeeinheiten vom Bereitstellungspunkt abgeholt und durch den Eingang in den Lager- und Kommissionierbereich gebracht. Zur Einlagerung der Ladeeinheiten im System folgt der Mitarbeiter der Bewegungsstrategie Stichgangsstrategie ohne Gangwiederholung. Dabei durchfährt der Mitarbeiter mit dem Fördermittel den Stirngang bis zu dem aus Sicht des Eingangs am weitesten entfernten Einlagerungs- bzw. Entnahmegang, in dem eine oder mehrere Ladeeinheiten gemäß Auftrag eingelagert werden müssen (Gudehus (2005), S. 604). Dort biegt er in den Einlagerungs- bzw. Entnahmegang ein, fährt zum ersten zugewiesen Bereitstellungsplatz vom Stirngang aus, nimmt gegebenenfalls den dort befindlichen Abfall bzw. Ladungsträger auf und setzt die entsprechende einzulagernde Ladeeinheit ab. Als nächstes transportiert der Mitarbeiter je nach der Anzahl an geladenen Ladeeinheiten auf dem Fördermittel weitere Ladeeinheiten zu weiteren Bereitstellungsplätzen in diesem Einlagerungs- bzw. Entnahmegang.

Falls alle Ladeeinheiten dieses Gangs eingelagert sind, wendet der Mitarbeiter und verlässt den Gang an der Stirnseite. Anschließend bewegt sich der Mitarbeiter über den Stirngang zum nächstgelegenen Einlagerungs- bzw. Entnahmegang, in dem laut Einlagerauftrag und Ladung des Fördermittels Ladeeinheiten eingelagert werden müssen. Dieser Vorgang wiederholt sich, bis keine weiteren Ladeeinheiten zum Einlagern auf dem Fördermittel vorhanden sind bzw. der Einlagerauftrag abgearbeitet worden ist. Dabei bewegt er sich vom am weitesten entfernten liegenden Einlagerungs- bzw. Entnahmegang in Richtung der eingangsnahen Gänge. Nach der Einlagerung verlässt der Mitarbeiter gegebenenfalls das System über den Stirngang durch den Eingang und fährt zurück zum Bereitstellungspunkt des vorhergehenden Bereichs. Dort gibt er den möglicherweise aufgenommenen Abfall sowie die nicht mehr im System benötigten Ladungsträger ab und nimmt den den nächsten Einlagerungsauftrag entgegen.

Die Entnahme der bereitgestellten Waren im Lager- und Kommissioniersystem beginnt und endet an der zentralen Basisstation mit dem Erhalt eines Entnahmeauftrags. Nach Entgegennahme eines Auftrags bewegt sich der Mitarbeiter mit einem Fördermittel (z. B. Gabelstapler, Handhubwagen) analog zur Einlagerung, gemäß der Stichgangsstrategie ohne Gangwiederholung von Bereitstellungsplatz zu Bereitstellungsplatz. Dort entnimmt er die entsprechenden Ladeeinheiten und kehrt abschließend zur Basisstation zurück. An der Basisstation werden die entnommenen Waren für den nächsten Bereich bereitgestellt und der nächste Entnahmeauftrag entgegengenommen. Die Einlagerung und die Entnahme der Ladeeinheiten erfolgt somit in den gleichen Gängen.

5.2.3. Mathematische Modellierung

Die mathematische Modellierung des Lager- und Kommissioniersystems SP_A wird im Anhang A.1 dargestellt. Sie beginn mit der Abbildung der Arbeitszeit. Aufbauend auf dieser Berechnung, wird in Abhängigkeit der minimalen Wegzeit die Anzahl an Einlager- und Entnahmegängen sowie weiterführend die benötigte Fläche bestimmt. Abschließend werden aus den Ergebnissen der Zeit- und Flächenberechnung die Gesamtkosten ermit-

telt. Im Folgenden werden die zentralen Berechnungsvorschriften dieses Modells dargestellt.

Zeit

Dem Material- und Informationsfluss des Lager- und Kommissioniersystems SP_A
folgend finden die bestimmenden Tätigkeiten der Arbeitszeit innerhalb von zwei
Rundgängen statt, dem Einlagerungs- und dem Entnahmerundgang. Der Einlagerungsrundgang startet und endet am Bereitstellpunkt eines vorgelagerten Bereichs. Er enthält
die Bewegung zum und die Einlagerung im Lager- und Kommissionierbereich sowie die
Bewegung zurück zum Bereitstellpunkt.

Die Berechnung der Arbeitszeit für das Einlagern (Notation im DCRM: T_RW) basiert
auf der Anzahl an nachzuschiebenden Ladeeinheiten (RL) und der Kapazität der Fördermittel zum Einlagern, die durch die Anzahl an Ladungsträgern pro Einlagerungsrundgang
(S_NR) abgebildet wird. Diese Eingabewerte ermöglichen es, die Anzahl an Einlagerungs-
rundgängen (RN) zu bestimmen. RN beschreibt somit die notwendigen Bewegungen um
RL Ladeeinheiten von einem Bereitstellpunkt eines vorgelagerten Bereichs in den Lager-
und Kommissionierbereich zu bringen. Es ist zu beachten, dass keine Teilbewegungen
durchgeführt werden können, weshalb RN stets auf die nächste ganze Zahl aufgerundet
wird.

Die Arbeitszeit beim Einlagern wird in Anlehnung an die in der Literatur angegebene Unterteilung der Kommissionierzeit in folgende Zeitanteile untergliedert (siehe Unterkapitel
4.2):

- Totzeit pro einzulagernder Ladeeinheit (T_RR),
- Greifzeit pro einzulagernder Ladeeinheit (T_GTR),
- Basiszeit pro Einlagerungsrundgang (T_RBT) und
- Wegzeit pro Einlagerungsrundgang (T_TR).

Dies ist darin begründet, dass die Einlagerung als inverse Tätigkeit der Entnahme verstanden wird. Aufgrund dieser Unterteilung und inklusive der Berücksichtigung der Pro-
duktivität eines Mitarbeiters (S_PRO) im Lager- und Kommissionierbereich berechnet
sich die Arbeitszeit für das Einlagern(T_RW) aus

$$T\_RW = \frac{(T\_RR + T\_GTR) \cdot RL + (T\_RBT + T\_TR) \cdot RN}{S\_PRO}. \tag{5.1}$$

Die Wegezeit T_TR ist aufgrund ihres hohen prozentualen Anteils von 40 bis 60% die
dominierende Einflussgröße auf T_RW (siehe Abbildung 4.3). Unter Berücksichtigung
der genannten Modellannahmen können grundsätzlich die Wegzeitmodelle von Gudehus
(2005), Hwang et al. (2004) und Schulte (1996) zur Bestimmung von T_RW verwendet
werden (siehe Abschnitt 4.2.1). Aufgrund der Annahmen sind Anpassungen notwendig,
die die Struktur der einzelnen Modelle nicht verändern. Die Auswahl des geeigneten
Wegzeitmodells erfolgt während der Bewertung des Modells SP_A (siehe Abschnitt 5.10).

Der Entnahmerundgang beginnt und endet gemäß des Informations- und Materialflusses
des Lager- und Kommissioniersystems SP_A an der zentralen Basisstation. Er beschreibt

nach der Einlagerung den zweiten Rundgang im Material- und Informationsfluss. Dieser Rundgang beinhaltet die Bewegungen zu den Entnahmefächern, die Entnahme der Waren, die Bewegung zurück zur Basisstation und die Abgabe der Waren. Die Modellierung des Entnahmerundgangs erfolgt in Anlehnung an die mathematische Beschreibung des Einlagerungsrundganges. Die Arbeitszeit für die Entnahme (T_WTO), wird durch die

- Anzahl an Entnahmeaufträgen (S_NO) und
- Anzahl an Entnahmepositionen pro Entnahmeauftrag (S_NOL)

bestimmt. Diese Größen beschreiben die zu erbringende Leistung. Die anfallende Zeit zum Bearbeiten der Entnahmeaufträge wird unterteilt in

- Totzeit pro Entnahmeposition (T_RTL),
- Greifzeit pro Entnahmeposition (T_GTI),
- Basiszeit pro Entnahmeauftrag (T_BT) und
- Wegzeit pro Entnahmeauftrag (T_TOP).

Anhand dieser Gliederung berechnet sich die Arbeitszeit für die Entnahme (T_WTO) wie folgt:

$$T\_WTO = \frac{(T\_RTL + T\_GTI) \cdot (S\_NO \cdot S\_NOL) + (T\_BT + T\_TOP) \cdot S\_NO}{S\_PRO}. \quad (5.2)$$

Hierbei wird zur Bestimmung der Wegzeit T_TOP wiederum das geeignetste Wegzeitmodelle aus der Literatur verwendet, das in Kapitel 5.10 ermittelt wird.

Die gesamte Arbeitszeit (T_TW) berechnet sich somit aus den jeweiligen Arbeitszeiten der Rundgänge gemäß:

$$T\_TW = T\_RW + T\_WTO. \qquad\qquad (5.3)$$

Fläche

Die Modellierung des Flächenbedarfs des Lager- und Kommissioniersystems SP_A beruht auf der Annahme, dass die kleinste eindeutig definierte Bereitstellfläche einen Bereitstellplatz darstellt, auf dem eine oder mehrere Ladeeinheiten aufbewahrt werden (siehe Abbildung A.1). Bei der Bodenlagerung werden damit die auf dem Boden eingezeichneten Bereitstellplätze und bei Stapelung der Ladeeinheiten zusätzlich die übereinander angeordneten Bereitstellplätze beschrieben. Die Stapelhöhe wird dabei von den Eigenschaften der Ladeeinheiten bestimmt.

Neben der Möglichkeit, Ladeeinheiten in der Höhe anzuordnen (A), wird die Anzahl der in der Tiefe eingelagerten Ladeeinheiten (S_NUS) einer Bereitstellspalte berücksichtigt. Zur Bestimmung von S_NUS kann z.B. das Modell von Appelt und Krampe (1985), S. 337 ff. verwendet werden. Es ist jedoch zu beachten, dass bei der Bodenlagerung in einer Bereitstellspalte die Bearbeitungsstrategie Last In First Out (LIFO) realisiert wird. Um bei dieser Bearbeitungsstrategie den Handhabungsaufwand beim Entnehmen möglichst niedrig zu halten, sollten sowohl in der Höhe als auch in der Tiefe nur Lagereinheiten einer Warenart bereitgestellt werden.

Aus der Auslastung der Bereitstellfläche für eine Ladeeinheit (S_UR) und der Länge einer Ladeeinheit (L_LU) wird durch die Angabe des individuellen Eingabewertes die Anzahl an gelagerten Ladeeinheiten (S_NLUS), die Gesamtlänge der Bereitstellfläche (L_LSA) wie folgt berechnet:

$$L\_LSA = \frac{S\_NLUS}{S\_NUS \cdot A} \cdot L\_LU \cdot \sqrt{\frac{100}{S\_UR}}. \tag{5.4}$$

Im nächsten Schritt ist zu klären, wie viele Gänge mit den dazugehörigen Bereitstellflächen (auch als Gangmodule bezeichnet) in einem rechteckigen 1-Block Lager- und Kommissionierbereich bei gegebenen L_LSA notwendig sind. Dazu wird die Anzahl an Gangmodulen (S_N) und daraus folgend die Länge eines Gangmoduls (L_LPM) so gewählt, dass die gesamte Arbeitszeit (T_TW) minimiert wird. Bei genauerer Betrachtung von T_TW stellt man fest, dass ausschließlich die Zeitanteile T_TR und T_TOP von S_N und L_LPM abhängig sind. Darüber hinaus ist der Zeitanteil T_TOP innerhalb eines Lager- und Kommissionierbereichs stets größer/gleich T_TR, da die Entnahmemenge immer kleiner/gleich der Einlagermenge an einem Bereitstellplatz ist. Dies führt dazu, dass ein Bereitstellplatz bei der Entnahme häufiger bzw. mindestens genauso häufig angefahren werden muss wie beim Einlagern. Die Zwischenergebnisse S_N und L_LPM werden aus diesem Grund in Abhängigkeit des minimalen Wertes von T_TOP bestimmt.

Aufbauend auf dem Zwischenergebnis der Länge eines Gangmoduls (L_LPM) sowie den Standardeingabewerten Breite eines Stirngangs (L_WFA) und Breite einer Basisstation (L_WBS) berechnet sich die Länge des Lager- und Kommissionierbereichs (L_LOP). Die Breite des Lager- und Kommissionierbereichs (L_WOP) setzt sich aus der Tiefe der Bereitstellspalten und der Breite eines Gangs (L_WOA) zusammen.

Mit Hilfe von L_LOP und L_WOP wird der benötigte Flächenbedarf des Lager- und Kommissionierbereichs (L_OP) wie folgt ermittelt:

$$L\_OP = L\_LOP \cdot L\_WOP. \tag{5.5}$$

Um schließlich den gesamten Flächenbedarf (L_SR) zu bestimmen, muss gemäß den beschriebenen Systemgrenzen neben L_OP noch der Flächenbedarf zum Bereitstellpunkt eines vorgelagerten Bereichs (SPT) berücksichtigt werden. Damit berechnet sich L_SR aus

$$L\_SR = L\_OP + SPT. \tag{5.6}$$

Kosten

Die Gesamtkosten zum Betrieb des Lager- und Kommissioniersystems (C_C) werden aufgeteilt in die fixen Kosten für die Fläche und das Gebäude (C_SC), die fixen Kosten für die innerbetriebliche Ausstattung (C_TIW) und in die variablen Kosten des Lager- und Kommissioniersystems (C_TOW).

Die fixen Kosten eines Lager- und Kommissioniersystems beschreiben die Kostenarten, die unabhängig von der zu erbringenden Leistung für einen gewissen Zeitraum anfallen (Schierenbeck (1999), S. 211). Zur Bestimmung der fixen Kosten C_SC und C_TIW wird eine Dreiteilung der Berechnung verwendet. Zunächst werden aus den Berechnungen der Zeit und der Fläche die Mengenangaben der benötigten technischen Elemente des Lager- und Kommissioniersystems entnommen bzw. ermittelt. Diese werden im zweiten Teil mit den jeweiligen Investitionen pro Mengeneinheit verrechnet und somit die notwendigen Gesamtinvestitionen für den jeweiligen technischen Baustein ermittelt. Abschließend werden die anfallenden jährlichen Abschreibungen bestimmt, indem die lineare Abschreibungsmethode verwendet wird. Diese Abschreibungsmethode verteilt die Gesamtinvestitionen auf die Nutzungsdauer bzw. Abschreibungsdauer in gleichbleibende Jahresbeträge (Afa-Tabelle (2000)). Die lineare Abschreibung wird aufgrund ihrer Einfachheit und Transparenz in der Praxis überwiegend verwendet (Schierenbeck (1999), S. 639).

Für den Lagerbau als grundlegendes Element eines Lager- und Kommissioniersystems, berechnen sich somit die fixen Kosten aus den drei Bestandteilen

- Flächenbedarf des Lager- und Kommissioniersystems (L_SR),
- Investitionen für die Fläche und das Gebäude (C_IGB) und
- Abschreibungsdauer für die Fläche und das Gebäude (C_DBG).

C_IGB beschreibt dabei alle Investitionen, zum Erwerb der benötigten Fläche sowie zum Aufbau der notwendigen Infrastruktur, wie z. B. Boden, Wände, Dächer, Heizung, Beleuchtung Energieversorgung, Entsorgungssysteme, Kommunikationssysteme und Sicherheitssysteme. Die Berechnung erfolgt gemäß:

$$C\_SC = \frac{C\_IGB \cdot L\_SR}{C\_DBG}. \tag{5.7}$$

Die fixen Kosten für die innerbetriebliche Ausstattung des Lager- und Kommissioniersystems SP_A (C_TIW) setzen sich entsprechend den Beschreibungen des Abschnitts 5.2.1 zusammen aus den

- Abschreibungen für die Basisstationen (BS), beinhaltet z. B. Tische, Computer, Drucker, Bildschirme,
- Abschreibungen für die Fördermittel zum Einlagern der Ware (MTR),
- Abschreibungen für die Fördermittel zum Entnehmen der Ware (MTO) und
- Abschreibungen für die gelagerten Ladungsträger (SLU), die sich durchschnittlich im System befinden.

Aus der Summe der Abschreibungen für die innerbetriebliche Ausstattung des Lager- und Kommissioniersystems SP_A berechnet sich C_TIW wie folgt:

$$C\_TIW = BS + MTR + MTO + SLU. \tag{5.8}$$

Alle Kostenarten, die in Abhängigkeit der erbrachten Leistung eines Lager- und Kommissioniersystems entstehen, werden als variable Kosten bezeichnet (Schierenbeck (1999), S. 211). Sie beinhalten infolgedessen die Personalkosten (PC) und die Kosten für Wartung, Instandhaltung und Energie (MC).

Die Berechnung der Personalkosten (PC) basiert auf der gesamten Arbeitszeit (T_TW) und den Lohnkosten (C_PC). Die Lohnkosten umfassen neben dem Lohn für die menschliche Arbeitsleistung alle zusätzlichen Lohnnebenkosten die aufgrund von Gesetzen, Tarifverträgen, Betriebsvereinbarungen und freiwilligen Zahlungen entstehen.

Die Kosten für Wartung, Instandhaltung und Energie (MC) werden aufgrund ihrer Heterogenität und den Anforderungen an die Modellierung mittels eines prozentualen Faktors berechnet. Dieser prozentuale Faktor für Wartung, Instandhaltung und Energie (C_MC) bezieht sich auf die fixen Kosten C_SC und C_TIW, die den wertmäßigen Einsatz der zu versorgenden technischen Bausteine darstellt (Whitestone Research (1996)).

Die variablen Kosten des Lager- und Kommissioniersystems errechnen sich somit durch die Aufsummierung der Personal- und Wartungskosten:

$$C\_TOW = PC + MC. \tag{5.9}$$

Abschließend werden die Gesamtkosten zum Erstellen und Betreiben des Lager- und Kommissioniersystems (C_C) berechnet, indem die fixen und variablen Kosten wie folgt verrechnet werden:

$$C\_C = C\_SC + C\_TIW + C\_TOW. \tag{5.10}$$

5.3. Mann zur Ware mit ein- bzw. zweidimensionaler Bewegung: Regallagerung (SP_B)

Ein weiteres manuelles Lager- und Kommissioniersystem, mit der Notation SP_B, ist die Ausführung als Mann zur Ware mit ein- bzw. zweidimensionaler Bewegung und Regallagerung. Aufgrund seiner Flexibilität bietet es die Möglichkeit, sowohl Großladungs- als auch Kleinladungsträger und Artikel zu einzulagern sowie auszulagern. Am weitesten verbreitet ist diese Art von System als Fachbodenlager zum Einlagern und Entnehmen von Kleinladungsträgern sowie einzelnen Artikeln. Dies ist begründet durch den erhöhten Wegstreckenanteil, der bei der Handhabung von Großladungsträger anfällt.

5.3.1. Layout

Das Lager- und Kommissioniersystem des Modells SP_B besteht aus einem rechteckigen 1-Block Lager- und Kommissionierbereich, der eine gerade Anzahl parallel zueinander verlaufende Einlagerungs- bzw. Entnahmegänge besitzt (siehe Abbildung 5.5). Alle Einlagerungs- bzw. Entnahmegänge haben eine einheitliche Breite und Länge. Entlang der Einlagerungs- bzw. Entnahmegänge sind zwei gegenüberliegende baugleiche Regale angeordnet, die eine beidseitige Entnahme von Artikeln ermöglichen. Ein Regal wiederum ist aus mehreren nebeneinander angeordneten, baugleichen Regalspalten aufgebaut, die ein oder mehrere übereinander angeordnete, baugleiche Regalfächer besitzen. Alle Regalfächer haben die gleiche Tiefe, Höhe und Breite.

Sowohl auf der Vorderseite als auch auf der Rückseite des Lager- und Kommissionierbereichs existieren Stirngänge. In den Stirngängen sind keine Lagerplätze verfügbar, da sie lediglich zum Gangwechsel dienen. An der vorderen Stirnseite befindet sich in der Mitte eine Basisstation. Die Basisstation besteht aus einem Puffer zum Bereitstellen von Entnahmehilfsmitteln wie z. B. Behälter, Entnahmewagen, und einem Puffer zum Bereitstellen von entnommenen Waren für den nachgelagerten Bereich. Der Lager- und Kommissionierbereich besitzt einen Eingang sowie einen Weg von einem Bereitstellungspunkt eines vorgelagerten Bereichs zum Entnahme- und Einlagerungsbereich der Waren (siehe Abbildung A.6).

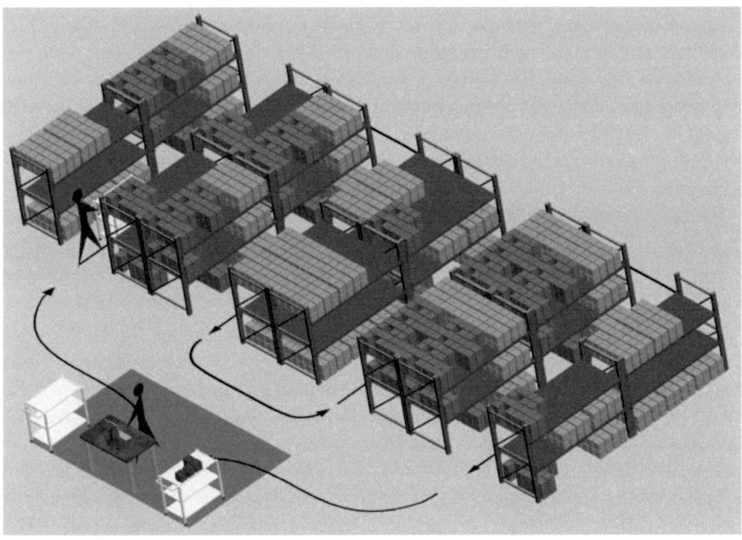

Abbildung 5.5.: Sicht auf das System SP_B

5.3.2. Material- und Informationsfluss

Der Material- und Informationsfluss startet mit den zur Verfügung stehenden Waren am Bereitstellpunkt des vorhergehenden Bereichs. Die Waren werden gemäß eines Einlagerungsauftrags vom Bereitstellpunkt durch einen Mitarbeiter, gegebenenfalls unter Zuhilfenahme eines Fördermittels (z. B. Gabelstapler, Handhubwagen) abgeholt und zum Lager- und Kommissionierbereich gebracht. Zur Einlagerung der Waren folgt der Mitarbeiter einer Durchlaufstrategie mit Gangauslassung. Bei dieser Strategie durchfährt der Mitarbeiter mit dem Fördermittel den vorderen Stirngang bis zum am weitesten entfernten Einlagerungs- und Entnahmegang aus Sicht des Eingangs, in dem Waren laut Auftrag einlagert werden müssen. Dort biegt er in den Gang ein und bewegt sich in Richtung des hinteren Stirngangs. Währenddessen lagert der Mitarbeiter die Waren gemäß Auftrag in die Fächer der entsprechenden Regale ein. Außerdem nimmt er den Abfall bzw. die nicht benötigten Ladungsträger auf, um sie nach Beendigung des Rundgangs an dem Bereitstellpunkt des vorgelagerten Bereichs zu entsorgen.

Am Ende des Einlagerungs- und Entnahmegangs angekommen, wechselt der Mitarbeiter in den hinteren Stirngang und folgt diesem bis zum nächsten Einlagerungs- und Entnahmegang, in diesem Waren einlagert werden müssen. Diesen Gang durchfährt er in Richtung vorderer Stirngang und lagert wiederum die Ware ein. Gelangt der Mitarbeiter ans Ende des Gangs, so wechselt er über den vorderen Stirngang in den nächsten Einlagerungs- und Entnahmegang, in diesem Waren eingelagert werden müssen. Dieser Vorgang wiederholt sich solange, bis der Einlagerungsauftrag bzw. die Waren auf dem Fördermittel abgearbeitet worden sind. Dabei bewegt sich der Mitarbeiter vom am weitesten entfernt liegenden Einlagerungs- und Entnahmegang in Richtung des Eingangs. Zu beachten ist, dass der Vorgang in der hinteren Stirnseite enden kann. Dies hat zur Folge, dass der Mitarbeiter eine zusätzliche Strecke durch den nächstgelegenen eingangsnahen Einlagerungs- und Entnahmegang zurücklegen muss, um zum vorderen Stirngang zu gelangen.

Nach der Einlagerung aller Waren des Einlagerungsauftrags verlässt der Mitarbeiter das System über den vorderen Stirngang durch den Eingang bzw. Ausgang und fährt zurück zum Bereitstellpunkt des vorgelagerten Bereichs, um erneut Waren zur Einlagerung abzuholen.

Die Entnahme startet mit der Annahme eines Entnahmeauftrags durch den Mitarbeiter an der Basisstation und der Entgegennahme von einem oder mehreren Entnahmebehältern. Im Anschluss bewegt sich der Mitarbeiter, gegebenenfalls mit einem Fördermittel (z. B. Gabelstapler, Handhubwagen), entsprechend der Durchlaufstrategie mit Gangauslassung durch den Lager- und Kommissionierbereich. Dabei entnimmt er laut Entnahmeauftrag die notwendigen Waren. Er bewegt sich hierbei vom linken äußeren Gang zum rechten äußeren Gang aus Sicht der Basisstation. Hat der Mitarbeiter alle zu besuchenden Gänge vollständig durchquert, kehrt er zur Basisstation zurück. Dort gibt er die Entnahmebehälter mit den Waren ab, meldet den Entnahmeauftrag als bearbeitet zurück und startet einen neuen Entnahmeauftrag.

5.3.3. Mathematische Modellierung

Die Erstellung des mathematischen Modells folgt der in Abschnitt 5.2.3 vorgestellten Vorgehensweise zur Modellierung von SP_A und ist im Anhang A.2 dargestellt. Zunächst werden wiederum die Arbeitszeit, dann der benötigte Flächenbedarf und darauf aufbauend die Gesamtkosten bestimmt.

Zeit

Die Berechnung der gesamten Arbeitszeit (T_TW), die im Lager- und Kommissioniersystem SP_B anfällt, entspricht fast ausschließlich der dargestellten Modellierung des Lager- und Kommissioniersystems SP_A. Aus diesem Grund wird an dieser Stelle auf die Erläuterungen in Abschnitt 5.2.3 verwiesen.

Unterschiede bei der Berechnung von T_TW ergeben sich lediglich bei der Ermittlung der jeweiligen Wegzeit zum Einlagern und Entnehmen der Waren. Im Gegensatz zum Modell SP_A, das eine Stichgangsstrategie verwendet, wird bei SP_B eine Durchlaufstrategie benutzt. Aus diesem Grund müssen zur Berechnung der Wegzeit pro Einlagerungsrundgang (T_TR) und der Wegzeit pro Entnahmeauftrag (T_TOP) andere Weglängen- bzw. Wegzeitmodelle herangezogen werden.

Aus der Literatur geht hervor, dass sechs Weglängen- bzw. Wegzeitmodelle den Annahmen des Modells SP_B gerecht werden können (siehe Abschnitt 4.2.1). Diese Modelle sind in den Arbeiten von Gudehus (2005), Hall (1993), Hwang et al. (2004), Jarvis und McDowell (1991), Roodbergen und Vis (2006) und Schulte (1996) zu finden. In Abschnitt 5.10 wird das geeignete Wegzeitmodell für das Modell SP_B ermittelt.

Fläche

Zur Ermittlung des benötigten Flächenbedarfs wird ebenfalls auf die Vorgehensweise zur Flächenberechnung des Lager- und Kommissioniersystems SP_A zurückgegriffen (siehe Abschnitt 5.2.3).

Zunächst wird aufbauend auf der Höhe eines Regalfachs (L_HRC) und der Höhe eines Regals (L_HR) die maximale Anzahl an übereinander angeordneten Regalfächern (A) berechnet bzw. die Anzahl an Regalfächern pro Regalspalte (siehe Abbildung A.6). Weiterführend wird mit der Anzahl an gelagerten Ladeeinheiten (S_NLUS) die Gesamtlänge der Bereitstellfläche (L_LSA) wie folgt berechnet:

$$L\_LSA = \frac{S\_NLUS}{S\_NRC \cdot A} \cdot L\_LRC. \tag{5.11}$$

Dazu werden als Standardeingabewerte die Länge eines Regalfachs (L_LRC) und die Anzahl an bereitgestellten Ladeeinheiten pro Regalfach (S_NRC) verwendet. Bei der Angabe von S_NRC ist zu beachten, dass gemäß den Annahmen des Modells innerhalb eines Regalfachs Waren nur sortenrein bereitgestellt werden.

Aus der Gesamtlänge der Bereitstellfläche (L_LSA) wird die Anzahl an Gangmodulen (S_N) in Abhängigkeit der minimalen Wegzeit T_TOP bestimmt (siehe Abschnitt 5.2.3).

Darauf aufbauend wird zunächst der benötigte Flächenbedarf des Lager- und Kommissionierbereichs (L_OP) und abschließend der Flächenbedarf des Lager- und Kommissioniersystems (L_SR) bestimmt.

Kosten

Die mathematische Modellierung der entstehenden Gesamtkosten zum Erstellen und Betreiben eines Lager- und Kommissioniersystems SP_B (C_C) erfolgt ebenfalls in Anlehnung an die in Abschnitt 5.2.3 dargestellten Beschreibungen für das Lager- und Kommissioniersystem SP_A.

Der einzige Unterschied zwischen den Berechnungsvorschriften für das System SP_A und SP_B entsteht aufgrund der Tatsache, dass das Lager- und Kommissioniersystem SP_B Regale zur Bereitstellung der Waren verwendet. Deshalb muss die Berechnung der fixen Kosten für die innerbetriebliche Ausstattung des Lager- und Kommissioniersystems (C_TIW) um die Abschreibungen für die Regale (RC) ergänzt werden. Somit wird C_TIW für das Modell SP_B wie folgt bestimmt:

$$C\_TIW = BS + MTR + MTO + SLU + RC. \tag{5.12}$$

5.4. Mann zur Ware mit ein- bzw. zweidimensionaler Bewegung: Durchlaufregallagerung (SP_C)

Das Lager- und Kommissioniersystem SP_C beschreibt eine manuelle Ausführung, bei der eine zweidimensionale Bewegung beim Einlagern und Entnehmen der Ware durchgeführt wird. Dazu werden die Waren auf Großladungsträgern, in Kleinladungsträgern oder als Artikel in Durchlaufregalen bereitgestellt. Innerhalb der Durchlaufregale erfolgt zwar eine Bewegung der Ware während der Bereitstellung, diese ist im Verhältnis zur Bewegung bei der Einlagerung bzw. Entnahme verschwindend klein. Aus diesem Grund ist das System durch eine statische Bereitstellung gekennzeichnet.

5.4.1. Layout

Das Layout der technischen Ausführung besteht aus einem rechteckigen 1-Block-Lager- und Kommissionierbereich. Dieser Bereich ist aufgeteilt in parallel zueinander verlaufende Einlagerungsgänge, Bereitstellungsflächen, Förderflächen und Entnahmegänge, die jeweils eine einheitliche Breite und Länge besitzen. Die Förderflächen, die links und rechts entlang der Entnahmegänge verlaufen, dienen zum Aufbau eines Stetigfördermittels wie z. B. eines Bandförderers (siehe Abbildung 5.6 und Abbildung A.10).

Auf den Bereitstellflächen wird die Lagerungsart Regallagerung mittels Durchlaufregalen verwirklicht. Die Durchlaufregale sind aus mehreren Regalspalten und diese wiederum aus übereinanderliegenden Kanälen mit gleichmäßigen Breiten, Höhen und Tiefen aufgebaut. Innerhalb eines Kanals werden die Waren auf Rollen bereitgestellt, die aufgrund einer Neigung von üblicherweise 3 bis 8 Grad und der Schwerkraft selbständig durch den Kanal laufen (Martin (2002), S. 317) Ein Kanal besteht aus mehreren hintereinander angeordneten Bereitstellungsplätzen.

Entlang der hinteren Stirnseite verläuft ein Quergang, der senkrecht zu den Einlagerungsgängen angeordnet ist. Dieser Quergang verbindet durch einen Eingang den Bereitstellungspunkt eines vorgelagerten Bereichs mit den Einlagerungsgängen des Lager- und Kommissionierbereichs. An der vorderen Stirnseite verläuft ein Stetigfördermittel, das sich entlang der Entnahmegänge bis zum Ausgang des Lager- und Kommissioniersystems erstreckt und für den Abtransport der Waren zuständig ist.

5.4.2. Material- und Informationsfluss

Mit der Bereitstellung der Waren an einem definierten Punkt eines vorgelagerten Bereichs startet der Informations- und Materialfluss des Systems SP_C. Ein Mitarbeiter

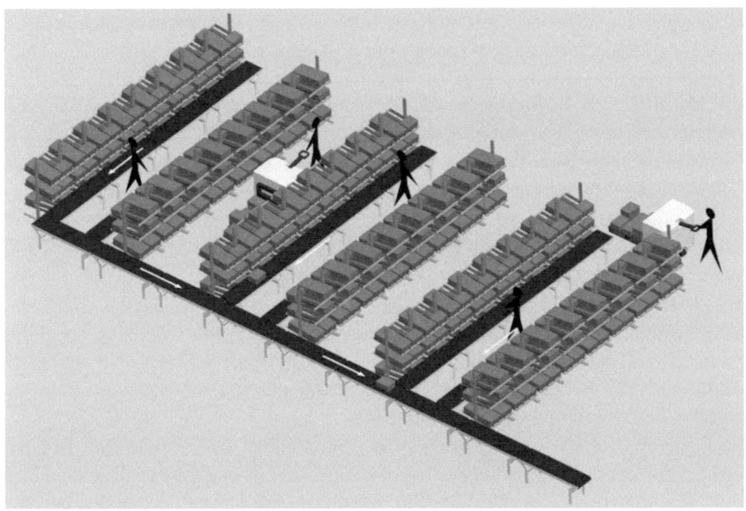

Abbildung 5.6.: Sicht auf das System SP_C

erhält daraufhin einen Einlagerungsauftrag, der ihm anzeigt, welche Waren vom Bereitstellpunkt abzuholen und einzulagern sind. Anhand des Einlagerungsauftrags nimmt der Mitarbeiter gegebenenfalls unterstützt durch ein Fördermittel eine oder mehrere Ladeeinheiten am Bereitstellungspunkt auf. Diese Ladeeinheiten werden entlang eines Gangs durch den Eingang in den Lager- und Kommissionierbereich gebracht.

Im Lager- und Kommissionierbereich verteilt der Mitarbeiter die Waren entsprechend des Einlagerungsauftrags gleichmäßig auf die Kanäle der Durchlaufregale. Dazu bewegt er sich laut einer Stichgangsstrategie über den Quergang an der hinteren Stirnseite von Einlagerungsgang zu Einlagerungsgang, in denen Waren gemäß Auftrag nachgeschoben werden müssen (siehe Abschnitt 5.2.2). Er beginnt mit dem zum Eingang nächstliegenden Einlagerungsgang. Sobald der Einlagerungsauftrag abgearbeitet ist, kehrt der Mitarbeiter über den Quergang durch den Eingang zurück zum Bereitstellpunkt des vorgelagerten Bereichs. Dort nimmt er den nächsten Einlagerungsauftrag entgegen.

Durch die Verwendung von Durchlaufregalen zur Bereitstellung der Waren wird eine getrennte Einlagerung und Entnahme ermöglicht. D.h. die Waren, die im Einlagerungsgang an der Rückseite des Durchlaufregals eingelagert werden, gelangen in einem Kanal durch die Schwerkraft zur Front des Durchlaufregals im Entnahmegang. Innerhalb eines jeden Kanals befindet sich ausschließlich eine Warenart, wodurch ein direkter Zugriff auf jeden Artikel ermöglicht wird.

Die Entnahme der Waren erfolgt parallel in mehreren eigenständigen Zonen des Lager- und Kommissionierbereichs. Dabei entspricht eine Zone einem Entnahmegang, in dem sich nur ein Mitarbeiter bewegt. Dieser Mitarbeiter erhält visuell (pick-by-light) oder akustisch (pick-by voice) die notwendigen Informationen zur Entnahme einer Auftragsposition übermittelt (Föller (2005)). Daraufhin bewegt er sich zum entsprechenden Kanal des Durchlaufregals, entnimmt dort die Waren laut Entnahmeposition und legt sie auf das Stetigfördermittel ab. Insbesondere bei der Entnahme einzelner Artikel ist zu beachten, dass die entnommene Ware förderfähig ist.

Das Fördermittel transportiert die Waren aus dem Entnahmegang bzw. dem Lager- und Kommissionierbereich ab. Nachdem die Entnahmeposition bearbeitet ist, meldet der Mitarbeiter dies zurück und erhält daraufhin eine neue Informationen zur Entnahme einer weiteren Position. Wiederum geht der Mitarbeiter zum entsprechenden Kanal, entnimmt dort die Waren und setzt sie auf das Stetigfördermittel ab.

Solange Aufträge vorhanden sind, führt der Mitarbeiter diese Tätigkeiten innerhalb eines Entnahmegangs fortwährend aus und bewegt sich dabei mit zufälligen, wechselnden, gleichverteilten Bewegungsrichtungen im Entnahmegang. Dabei bedient er beide Fronten der Durchlaufregal im Entnahmegang. In den anderen Entnahmegängen üben weitere Mitarbeiter parallel dieselben Tätigkeiten aus.

Während der Entnahme wird zusätzlich die Entsorgung des entstehenden Abfalls bzw. der nicht mehr benötigten Ladungsträger durchgeführt. Diese werden über eine Rutsche, die eine Steigung entgegengesetzt den Einlagerungs- bzw. Entnahmekanälen besitzt, vom Entnahmegang zum Einlagerungsgang abtransportiert. Bei der Einlagerung der Waren entnimmt der entsprechende Mitarbeiter den Abfall bzw. die Ladungsträger im Einlagerungsgang und bringt sie zum Bereitstellpunkt des vorgelagerten Bereichs.

5.4.3. Mathematische Modellierung

Zur mathematischen Modellierung des Lager- und Kommissioniersystems SP_C wird auf die in Abschnitt 5.2.3 vorgestellte Vorgehensweise zurückgegriffen. Aus diesem Grund werden im Folgenden lediglich die wichtigsten Berechnungen des Modells SP_C aufgezeigt, die sich vom Modell SP_A unterscheiden. Das gesamte Modell SP_C wird im Anhang A.3 dargestellt.

Im Gegensatz zu den bisher vorgestellten Modellierungen der Systeme SP_A und SP_B wird beim System SP_C die Arbeitszeit sowie die Fläche innerhalb einer Iteration berechnet. Die Kosten werden abschließend aus den Ergebnissen dieser Iteration ermittelt. Trotz dieser strukturellen Unterschiede wird der Aufbau zur Beschreibung der Modellierung beibehalten.

Zeit

Die Abbildung der gesamten Arbeitszeit (T_TW) des Systems SP_C besteht wiederum aus zwei Bestandteilen. Die erste Komponente umfasst alle Tätigkeiten, die während eines Einlagerungsrundgangs durchgeführt werden, während die zweite Komponente alle Tätigkeiten zum Entnehmen der Waren beinhaltet.

Die Tätigkeiten zum Einlagern der Ware orientieren sich sehr stark an den Tätigkeiten zum Einlagern im System SP_A. Aus diesem Grund wird an dieser Stelle auf die Beschreibungen zur Bestimmung der Arbeitszeit für das Einlagern (T_RW) in Abschnitt

5.2.3 Bezug genommen. Weiterhin stehen die in Abschnitt 5.2.3 aufgeführten Weglängen- bzw. Wegzeitmodelle zur Verfügung.

Bei der Berechnung der Arbeitszeit für die Entnahme (T_WTO) werden die Waren parallel in mehreren eigenständigen Entnahmegängen bzw. Kommissionierzonen entnommen. In den Kommissionierzonen befindet sich somit jeweils nur ein Mitarbeiter zur Entnahme. Auf Grund dessen wird die anfallende Arbeitszeit einer Kommissionierzone auf die täglich zur Verfügung stehende Arbeitszeit eines Mitarbeiters (bzw. mehrerer Mitarbeiter bei der Durchführung von Schichtarbeit) abgestimmt. Diese Abstimmung erfolgt über die Größe der Kommissionierzone. Die Größe der Kommissionierzone wird somit solange verändert, bis die anfallende Arbeitszeit einer Kommissionierzone auf die täglich zur Verfügung stehende Arbeitszeit eines bzw. mehrerer Mitarbeiter angepasst ist. Aus diesem Grund wird die Arbeitszeit für die Entnahme (T_WTO) innerhalb einer Iteration bestimmt, die im Folgenden vorgestellt wird.

Als Ausgangspunkt der Iteration wird zunächst die minimal und maximal mögliche Anzahl an Kommissionierzonen (S_NPZ) bestimmt, die das Start- sowie das spätere Abbruchkriterium der Iteration darstellen. Die minimale Anzahl an Kommissionierzonen ist dadurch gegeben, dass es innerhalb des Lager- und Kommissionierbereichs nur eine Kommissionierzone gibt, d.h. alle Entnahmen werden von einem Mitarbeiter in einer Zone durchgeführt. Aufgrund der Tatsache, dass die kleinste Einheit zum Entnehmen von Waren ein Kanal ist, besteht die kleinstmögliche Zone aus zwei gegenüberliegenden Regalspalten. Diese Überlegung ermöglicht die Berechnung der maximalen Anzahl an Zonen.

Zur Bestimmung der maximalen Anzahl an Kommissionierzonen (S_NPZ_{max}) wird zunächst die maximale Anzahl an übereinander angeordneten Kanälen (A) bestimmt. Dazu wird zum einen die Höhe eines Regalfachs (L_HRC) benötigt und die zur Verfügung stehende maximale Höhe dieses Regals zur Entnahme. Diese Höhe setzt sich zusammen aus der maximalen Höhe eines Regals (L_HR) und der Höhe des Stetigförderers (L_HCS). L_HCS trennt somit die Regalspalte in zwei Bereiche. Der Bereich oberhalb des Stetigfördermittels dient zur Entnahme der Waren und unterhalb zum Entsorgen des anfallenden Abfalls (siehe 5.4.2).

Darauf aufbauend wird unter Zuhilfenahme der Gleichung 5.11, die Gesamtlänge der Bereitstellfläche berechnet (L_LSA). Dies ermöglicht es, S_NPZ_{max}, mit der Länge eines Regalfachs (L_LRC) gemäß

$$S\_NPZ_{max} = max\{\lfloor \frac{L\_LSA}{2 \cdot L\_LRC} \rfloor, 1\}. \tag{5.13}$$

zu ermitteln.

Mit Hilfe der minimalen Anzahl an Kommissionierzonen wird nun die Iteration gestartet. Dazu wird zunächst die Wegzeit zum Entnehmen pro Kommissionierzone (T_ZONE) berechnet. Hierzu steht in der Literatur das Modell von Arnold und Furmans (2007) zur Verfügung. Weiterführend wird die Wegzeit pro Tag (T_TOD) und die Arbeitszeit für die Entnahme (T_WTO) ermittelt.

Um nun festzustellen, ob die anfallende Arbeitszeit einer Kommissionierzone innerhalb der täglich zur Verfügung stehenden Arbeitszeit eines bzw. mehrerer Mitarbeiter geleistet werden kann, wird die Arbeitszeit eines Tages (EWT) mit der anfallenden Arbeitszeit pro Kommissionierzone mit Hilfe folgender Entscheidungsregel verglichen:

$$\frac{T\_WTO}{S\_NPZ} \leq EWT. \tag{5.14}$$

Ist diese Regel nicht erfüllt, so wird S_NPZ um eins erhöht und die Berechnung von T_WTO erneut durchgeführt. Durch die Erhöhung von S_NPZ verringert sich die Größe der Kommissionierzonen und somit ebenfalls die anfallende Arbeitszeit pro Kommissionierzone. Diese Vorgehensweise wiederholt sich, bis die Entscheidungsregel 5.14 erfüllt wird und somit S_NPZ feststeht. Ebenso ist damit die im System benötigte Arbeitszeit für die Entnahme (T_WTO) bekannt. Als weiteres Abbruchkriterium der Iteration dient S_NPZ_{max}. Falls die Entscheidungsregel 5.14 bis S_NPZ_{max} nicht erfüllt werden kann, bricht die Iteration ab, da keine zulässige Lösung existiert.

Abschließend wird die gesamte Arbeitszeit (T_TW) aus den beiden Komponenten T_RW und T_WTO laut Gleichung 5.3 ermittelt.

Fläche

Die Flächenbedarfsermittlung des Lager- und Kommissioniersystems SP_C (L_SR) beruht auf dem in Abschnitt 5.4.1 dargestellten Aufbau. Außerdem wird auf die in Abschnitt 5.4.3 ermittelten Werte der Länge eines Gangmoduls (L_LPM) und die Anzahl der Kommissionierzonen (S_NPZ) zurückgegriffen (siehe Abbildung A.10).

Zur Bestimmung der Länge des Lager- und Kommissionierbereichs (L_LOP) werden somit die Breite eines Stetigfördermittels (L_WCS), das entlang der hinteren Stirnseite verläuft, die Länge eines Gangmoduls (L_LPM) und die Breite eines Stirngangs (L_WFA), der entlang der vorderen Stirnseite verläuft, verwendet.

Die Breite des Lager- und Kommissionierbereichs (L_WOP) setzt sich zusammen aus den einzelnen Komponenten, die zur Einlagerung, Bereitstellung und Entnahme der Waren verwendet werden. Diese sind die Einlagerungsgänge mit einer einheitlichen Breite (L_WRE). Für die Bereitstellung der Waren die Durchlaufregale mit einer Standardbreite (L_DRN). Außerdem die Entnahmegänge mit einer festen Breite (L_WOA) und die Stetigfördermittel mit der Breite (L_WCS), zur Entnahme der Waren.

Aufbauend auf den beiden Zwischenergebnissen L_LOP und L_WOP berechnet sich L_SR gemäß der in Abschnitt 5.2.3 dargestellten Vorgehensweise.

Kosten

Zur Abbildung der entstehenden Gesamtkosten zum Erstellen und Betreiben eines Lager- und Kommissioniersystems SP_C (C_C) wird auf die in Abschnitt 5.2.3 dargestellte Vorgehensweise für das System SP_A verwiesen. Insbesondere gilt dies für die Bestimmung der Kosten für Fläche und Gebäude (C_SC) und die variablen Kosten des Lager- und Kommissioniersystems (C_TOW) sowie für die abschließende Ermittlung von C_C. Aufgrund des Aufbaus des Sysstem SP_C ergeben sich lediglich Änderungen bei der Berechnung der fixen Kosten für die innerbetriebliche Ausstattung des Lager- und Kommissioniersystems (C_TIW).

Im Gegensatz zum Lager- und Kommissioniersystem SP_A besitzt das System SP_C keine Basisstation, da die Abgabe der Waren dezentral auf einem Stetigfördermittel erfolgt. Der hierfür anfallende Kostenanteil wird aus diesem Grund nicht berücksichtigt. Das Stetigfördermittel dient zum Abtransport der Waren und ersetzt somit das Unstetigfördermittel des Systems SP_A. Die Abschreibungen für diese Stetigfördermittel (CS) berücksichtigen dabei alle notwendigen technischen Elemente und die notwendige Software zur Steuerung. Darüber hinaus werden die Abschreibungen für die benötigten Verzweigungs- und Zusammenführungselemente des Stetigfördermittels (BE) bestimmt.

Aufgrund diese Unterschiede zwischen dem Aufbau der Systeme SP_A und SP_C verändert sich die Gleichung 5.8 entsprechend zu:

$$C\_TIW = CS + BE + MTR + RC + SLU. \tag{5.15}$$

5.5. Mann zur Ware mit zwei- bzw. dreidimensionaler Bewegung: Regallagerung mit Stapler (SP_D)

Zum Einlagern und Entnehmen von Großladungsträgern stellt das DCRM weiterhin das Lager- und Kommissioniersystem SP_D zur Verfügung. Dieses System ist durch eine statische Bereitstellung der Waren in Hochregalen und der damit verbundenen dreidimensionalen Bewegung zum Einlagern bzw. zur Entnahme der Waren mit einem Stapler gekennzeichnet.

5.5.1. Layout

Der Lager- und Kommissionierbereich SP_D besitzt parallel zueinander verlaufende Einlagerungs- bzw. Entnahmegänge, die durch eine einheitliche Länge und Breite gekennzeichnet sind. Links und rechts entlang der Gänge befinden sich baugleiche Regale, die aus mehreren nebeneinander stehenden Regalspalten aufgebaut sind. Die Regalspalten bestehen aus mehreren übereinander angeordneten Regalfächern, die eine einheitliche Länge, Höhe und Tiefe besitzen. Die Regaltiefe ist auf ein Regalfach begrenzt, weshalb von einer einfachtiefen Bereitstellung der Waren gesprochen wird (siehe Abbildung A.15).

Die Einlagerungs- bzw. Entnahmegänge sind an der Rückseite des Lager- und Kommissionierbereichs geschlossen. An der Vorderseite verläuft ein Stirngang, der ein Einfahren in die Einlagerungs- bzw. Entnahmegänge ermöglicht. In der Mitte dieses Stirngangs befindet sich eine Basisstation, d.h. ein Puffer zum Bereitstellen entnommener Waren für den nachgelagerten Bereich. Der Lager- und Kommissionierbereich besitzt einen Weg von einem Bereitstellungspunkt eines vorgelagerten Bereichs zum Entnahme- und Einlagerungsbereich der Waren (siehe Abbildung 5.7).

5.5.2. Material- und Informationsfluss

Zwischen den Grenzen der Bereitstellung von sortenreinen Ladeeinheiten zur Einlagerung am Bereitstellpunkt eines vorgelagerten Bereichs und der Bereitstellung von entnomme-

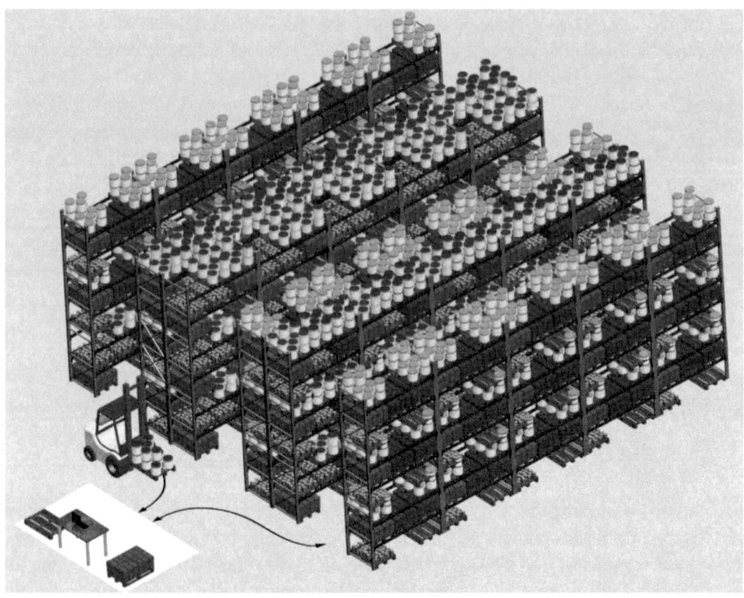

Abbildung 5.7.: Sicht auf das System SP_D

nen sortenreinen Ladeeinheiten für den nachgelagerten Bereich findet der Material- und Informationsfluss des Systems SP_D statt.

Dieser beginnt mit der Übermittlung eines Einlagerungsauftrags, der durch ein Informationsmittel bereitgestellt wird. Anhand dieses Auftrags nimmt der Mitarbeiter die entsprechende Ladeeinheit am Bereitstellpunkt des vorgelagerten Bereichs auf und transportiert sie mit einem Fördermittel zum Lager- und Kommissionierbereich. Dort angekommen folgt der Mitarbeiter dem vorderen Stirngang, betritt entsprechend dem Einlagerungsauftrag den jeweiligen Einlagerungs- bzw. Entnahmegang und setzt die Ladeeinheit in das vorbestimmte Regalfach ab.

Nach der Einlagerung der Ladeeinheit bestätigt der Mitarbeiter dies mit Hilfe eines Identifikationsmittels und erhält einen Entnahmeauftrag. Dieser Auftrag beschreibt die zu entnehmende Ladeeinheit und deren Ort bzw. die Koordinate, an dem sie im Lager- und Kommissionierbereich zu finden ist. Von dem Einlagerungsfach aus bewegt sich der Mitarbeiter mit einem Fördermittel entlang des Einlagerungs- bzw. Entnahmegangs zum Regalfach des Entnahmeauftrags. Dort entnimmt er aus dem Regalfach die angeforderte Ladeeinheit und bewegt sich über den Einlagerungs- bzw. Entnahmegang sowie den vorderen Stirngang zurück zur Basisstation. An dieser angekommen, wird die Ladeeinheit in den zur Verfügung gestellten Puffer bzw. Bereitstellpunkt für den nachgelagerten Bereich abgestellt. Darüber hinaus wird der Abschluss des Entnahmeauftrags mit Hilfe eines

Identifikationsmittels bestätigt. Anschließend kehrt der Mitarbeiter zum Bereitstellpunkt des vorgelagerten Bereichs zurück und erhält einen neuen Einlagerungsauftrag zur Bearbeitung. In dieser Art, werden alle angeforderten Ladeeinheiten nacheinander eingelagert bzw. entnommen.

5.5.3. Mathematische Modellierung

Bei der mathematischen Modellierung des Lager- und Kommissioniersystems SP_D wird auf bestehende Berechnungen der bereits dargestellten Modellen zurückgegriffen. Es ist zu beachten, dass Änderungen bezüglich der Bestimmung der Anzahl an Gangmodulen (S_NG) und der Arbeitszeit für die Entnahme (T_WTO) sowie der Arbeitszeit für das Einlagern (T_RW) erforderlich sind. Im Anhang A.4 ist das komplette Modell SP_D dargestellt.

Zeit

Zur Modellierung der gesamten Arbeitszeit (T_TW) des Systems SP_D wird auf die Beschreibung in Abschnitt 5.2.3 zurückgegriffen. Dies hat zur Folge, dass sich T_TW wiederum aus der Arbeitszeit für die Entnahme (T_WTO) sowie der Arbeitszeit für das Einlagern (T_RW) zusammensetzt und sich gemäß Gleichung 5.3 berechnet. Bei der Bestimmung von T_WTO und T_RW muss berücksichtigt werden, dass pro Einlagerungs- bzw. Entnahmerundgang nur zwei Ladeeinheiten (eine einzulagernde und eine zu entnehmende Ladeeinheit) bearbeitet werden bzw. ein Auftrag lediglich aus zwei Positionen (einer Einlagerungs- und einer Entnahmeposition) besteht (siehe Abschnitt 5.5.2).

Im Gegensatz zum Modell SP_A ist es notwendig, andere Wegzeitmodelle aus der Literatur zu verwenden (siehe Abschnitt 4.2.2). Aufgrund der Annahmen des Modells SP_D eignen sich hierfür grundsätzlich die Doppelspielzeitmodelle für ein Unstetigfördermittel von Bruns (1990), Borcherdt (1994) und Weidlich (1995). Die Wahl des geeigneten Wegzeitmodells erfolgt während der Bewertung des Modells SP_D (siehe Abschnitt 5.10).

Unter Berücksichtigung dieser Sachverhalte wird abschließend entsprechend der Gleichung 5.3 die benötigte Arbeitszeit (T_TW) des Modells SP_D bestimmt.

Fläche

Bei der mathematischen Modellierung des Flächenbedarfs (L_SR) wird auf die Ausführungen zu den Systemen SP_A (siehe Abschnitt 5.2.3) und SP_B (siehe Abschnitt 5.3.3) zurückgegriffen.

Ausgangspunkt der Berechnung ist die Bestimmung der maximalen Anzahl an übereinander angeordneten Regalfächern (A). Anschließend wird die Gesamtlänge der Bereitstellfläche (L_LSA) und die Länge eines Gangmoduls (L_LPM) ermittelt (siehe Abbildung A.15). Es ist zu beachten, dass sich die Struktur zur Bestimmung der Anzahl von Gangmodulen (S_NG) verändert.

Dies ist darin begründet, dass der Aufbau der vorhandenen Wegzeitformeln keine Minimierung der Wegzeit in Abhängigkeit von S_NG ermöglicht, sondern sich ausschließlich auf die Berechnung der Wegzeit innerhalb eines Gangmoduls konzentriert (siehe Abschnitt 5.2.3 und 5.3.3).

Weiterhin ermöglicht das Lager- und Kommissioniersystem mehreren Mitarbeitern, sich in einer Gasse bzw. im gesamten Lager- und Kommissionierbereich zu bewegen. Dies führt dazu, dass S_NG nicht über eine Iteration bezüglich der Arbeitszeit pro Gasse und der maximal möglichen Arbeitszeit an einem Tag bestimmt werden kann (siehe Abschnitt 5.4.3).

S_NG mittels eines Wandparameters zu berechnen, stellt ebenfalls eine Möglichkeit zur Dimensionierung dar (siehe Abschnitt 5.7.3 und 5.8.3). Der Wandparameter setzt bei einer dreidimensionalen Bewegung die Fahrgeschwindigkeiten in Verhältnis zu den Abmessungen eines Regals (Arnold und Furmans (2007), S. 199). Da aber die eingesetzten Fördermittel im System SP_D keine unbegrenzte Diagonalfahrt ausführen können, ist eine Dimensionierung mit Hilfe des Wandparameter nicht sinnvoll.

Auf Grund dessen die Anzahl an Gangmodulen (S_NG) für das System SP_D mit einer mathematische Beschreibung nicht zu bestimmen. S_NG wird für dieses Lager- und Kommissioniersystem dementsprechend als individueller Eingabewert definiert.

Die Berechnung des Flächenbedarfs (L_SR) erfolgt abschließend aus der Berechnung des Flächenbedarfs für den Lager- und Kommissionierbereich (L_OP) und den Flächenbedarf zum Bereitstellpunkt eines vorgelagerten Bereichs (SPT).

Kosten

Zur Ermittlung der Gesamtkosten zum Erstellen und Betreiben eines Lager- und Kommissioniersystems (C_C) SP_D wird auf die Ausführungen zum System SP_B verwiesen (siehe Abschnitt 5.3.3). Die dort dargestellte Vorgehensweise kann für das System SP_D fast unverändert übernommen werden.

Lediglich die Bestimmung der anfallenden Abschreibungen für die Regale (RC) muss aufgrund der stark variierenden Höhen, die beim System SP_D möglich sind, angepasst werden. Dies erfolgt, indem zur Berechnung nicht die Länge eines Regals, sondern die Anzahl an Regalfächern im System herangezogen wird.

5.6. Mann zur Ware mit zwei- bzw. dreidimensionaler Bewegung: Regallagerung mit Regalbediengerät (SP_E)

Das Lager- und Kommissioniersystem SP_E ist durch eine dreidimensionale Bewegung und eine statische Bereitstellung gekennzeichnet. Es eignet sich in erster Linie für das Einlagern und Entnehmen von Kleinladungsträgern sowie einzelnen Artikeln. Die technische Ausführung des Systems ist durch ein Hochregal mit einem personengeführten Regalbediengerät charakterisiert.

5.6.1. Layout

Die kleinste Einheit zum Einlagern von Waren im System SP_E ist ein Bereitstellungsplatz. Ein bzw. mehrere hintereinander liegende Bereitstellungsplätze bilden ein Regalfach (siehe Abbildung 5.8 und Abbildung A.19). Mehrere übereinander angeordnete Regalfächer, die alle eine einheitliche Länge, Höhe und Tiefe besitzen, bilden eine Regalspalte und mehrere nebeneinander angeordnete Regalspalten ein Regal. Der Lager- und Kommissionierbereich SP_E besitzt parallel zueinander verlaufende, baugleiche Regale, die links und rechts entlang der Einlagerungs- bzw. Entnahmegänge zu finden sind. Die Einlagerungs- bzw. Entnahmegänge besitzen eine einheitliche Länge und Breite, in denen jeweils ein personengeführtes Regalbediengerät installiert ist. Die Gänge werden am Anfang und Ende über die Regallänge hinaus genutzt. Dies ist notwendig, um den geometrischen Eigenschaften der Regalbediengeräte Rechnung zu tragen.

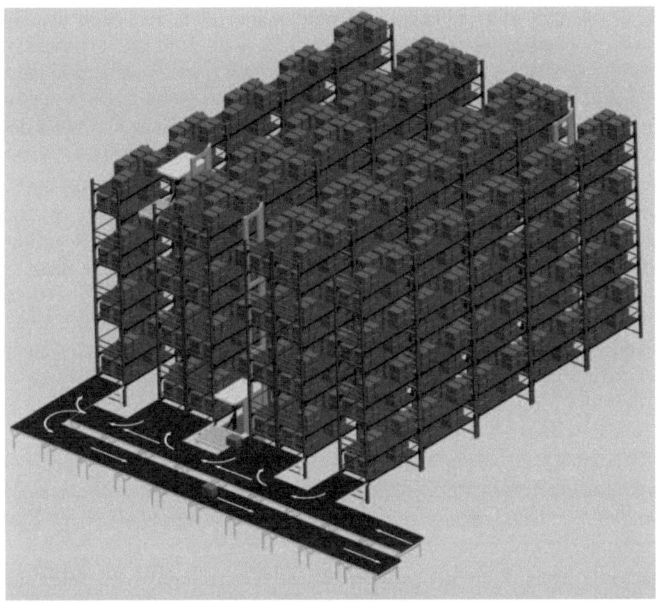

Abbildung 5.8.: Sicht auf das System SP_E

Die Einlagerungs- bzw. Entnahmegänge sind an der Rückseite des Lager- und Kommissionierbereichs geschlossen. An der Vorderseite dagegen verläuft ein Stetigfördermittel. Dieses Fördermittel verbindet das System SP_E sowohl mit dem vorgelagerten als auch mit dem nachgelagerten Bereich. Zur Anbindung der Regale bzw. der Regalbediengeräte an das Stetigfördermittel sind an der Vorderseite der Regale Pufferplätze angebracht. Dies führt dazu, das vor dem linken Regal einer Gasse Pufferplätze zur Einlagerung und vor dem rechten Regal einer Gasse Pufferplätze zur Entnahme zu finden. Diese Plätze stellen den Ein-/Auslagerungspunkt (E/A-Punkt) einer Gasse dar. Bedient werden die Pufferplätze über Verzweigungs- und Zusammenführungselemente des Stetigfördermittels. Für den weiteren Transport ist das Fördermittel in Form eines U's aufgebaut, das an allen Gängen entlang verläuft und weiterführend den Bereich verlässt.

5.6.2. Material- und Informationsfluss

Der Information- und Materialfluss des Systems SP_E beginnt mit den verfügbaren Waren am Bereitstellpunkt des vorgelagerten Bereichs. Von dort werden die Waren über das Stetigfördermittel zum Lager- und Kommissionierbereich transportiert. Innerhalb des Bereichs werden die Waren vor den Verzweigungselementen identifiziert und gemäß dem Einlagerungsauftrag auf die Einlagerungspufferplätze verschoben. Auf den Pufferplätzen eines Gangs werden alle Waren eines Einlagerungsauftrags gesammelt. Nachdem die Waren des Auftrages vollständig im Puffer eingetroffen sind, wird dem Mitarbeiter über ein Informationsmittel ein Einlagerungsauftrag übermittelt. Daraufhin entnimmt der Mitarbeiter die Waren aus den Pufferplätzen und verteilt sie gemäß den Angaben des Auftrags auf die entsprechenden Bereitstellplätze. Währenddessen nimmt er den Abfall und die nicht mehr benötigten Ladeeinheiten auf, die er nach Abschluss des Auftrags auf den Entnahmepuffer zur Entsorgung abstellt.

Um bei der Einlagerung die Fahrzeiten möglichst klein zu gestalten, wird als Bewegungsstrategie die 2-Streifenstrategie verwendet, die nach Gudehus (2005), S. 520 f. bereits sehr gute Ergebnisse liefert. Bei dieser Bewegungsstrategie wird die Regalwand in zwei horizontale Streifen eingeteilt. Der Mitarbeiter bewegt sich mit dem Regalbediengerät vom E/A-Punkt aus schlangenförmig innerhalb eines Streifens von Bereitstellplatz zu Bereitstellplatz, in denen die Waren eingelagert werden. Am Ende des Gangs angekommen, wechselt er in den höher gelegenen Streifen, bearbeitet die dort anzufahrenden Plätze und kehrt daraufhin zum E/A-Punkt zurück. Die Breite der Gänge ist dabei so gestaltet, dass der Mitarbeiter beide Regale links und rechts entlang eines Gangs direkt aus dem Regalbediengerät heraus bedienen kann.

Bei der Bildung der Einlagerungsaufträge sowie der Entnahmeaufträge muss beim System SP_E beachtet werden, dass für die Aufträge eine geeignete Größe in Bezug auf Anzahl der Positionen für einen Rundgang gewählt wird und nur Waren des jeweiligen Einlagerungsbzw. Entnahmegangs berücksichtigt werden.

Neben der Einlagerung führt der jeweilige Mitarbeiter ebenfalls die Entnahme der Waren durch. Hierzu erhält der Mitarbeiter über ein Informationsmittel einen Entnahmeauftrag und über das Stetigfördermittel die Entnahmebehälter. Diese Entnahmebehälter werden auf den Pufferplätzen zur Einlagerung bereitgestellt. Der Mitarbeiter entnimmt zunächst die Entnahmebehälter aus dem Einlagerungspuffer und startet vom E/A-Punkt aus den Entnahmerundgang. Während dieses Rundgangs bewegt er sich gemäß der 2-Streifenstrategie entlang der Regalwände und entnimmt die entsprechenden Waren. Der Rundgang endet wiederum am E/A-Punkt. Dort setzt der Mitarbeiter die Entnahmebehälter mit den entnommen Waren im Entnahmepuffer ab und bestätigt die Bearbeitung des Auftrags. Das Stetigfördermittel transportiert daraufhin die Entnahmebehälter aus dem Entnahmepuffer über das jeweilige Zusammenführungselement aus dem Lager- und Kommissionierbereich heraus.

5.6.3. Mathematische Modellierung

Die mathematische Modellierung des Material- und Informationsflusses des Systems SP_E ist geprägt durch zwei Iterationen. In der ersten Iteration wird zunächst die Anzahl an Regalen (S_RC) bestimmt, so dass die Lagerfüllung bzw. die Investitionen einen angemessenen Wert annehmen. Diese Iteration ist eingebettet in eine zweite Iteration, die aufbauend auf S_RC die gesamte Arbeitszeit (T_TW) berechnet und auf die täglich zur Verfügung stehende Arbeitszeit eines Tages (EWT) abstimmt.

Obwohl bei diesen beiden Iterationsstufen die Zeit- und Flächenberechnung eng miteinander verflochten sind, wird gemäß der bisher dargestellten Struktur zur Beschreibung der mathematischen Modellierung, zunächst auf die Zeit und darauf aufbauend auf die Fläche eingegangen. Während dieser Darstellungen werden die Verknüpfungen der beiden Berechnungen durch die Iterationen verdeutlicht (siehe Anhang A.5).

Zeit

Zur Berechnung der gesamten Arbeitszeit (T_TW) werden die Waren parallel in mehreren eigenständigen Einlagerungs- bzw. Entnahmezonen bearbeitet. Diese Bearbeitung wird innerhalb einer Zone durch einen Mitarbeiter mit Hilfe eines Regalbediengerätes durchgeführt. Aus diesem Grund wird die anfallende Arbeitszeit einer Einlagerungs- bzw. Entnahmezone auf die täglich zur Verfügung stehende Arbeitszeit eines Mitarbeiters (bzw. mehrerer Mitarbeiter bei der Durchführung von Schichtarbeit) abgestimmt (siehe Abschnitt 5.4.3). Hierzu wird gemäß den Ausführungen zum System SP_C die Größe der Einlagerungs- bzw. Entnahmezonen entsprechend verändert und somit ebenfalls T_TW.

Der Ausgangspunkt der Berechnung ist die Bestimmung der maximalen Anzahl übereinander angeordneter Regalfächer bei der Bedienung mit einem Regalbediengerät (S_X_{max}). Dies erfolgt in Abhängigkeit der maximalen Höhe eines Regals (L_HMAX) und der Höhe eines Regalfachs (L_HRC). Durch die Angaben eines unteren Platzbedarfs (L_LSR) und oberen Platzbedarfs (L_USR) werden die baulichen Eigenschaften des Regalbediengerätes berücksichtigt sowie der Zugriff auf alle Regalfächer sichergestellt.

Aufbauend auf S_X_{max} beginnt die Berechnung von T_TW durch die Iterationsstufen, wobei S_X_{max} deren veränderliche Variable darstellt. In der ersten Iterationsstufe wird die Dimensionierung der Regale in Abhängigkeit der Lagerfüllung durchgeführt. Diese Iteration startet mit der Berechnung der Länge eines Regals (L_LR). Dazu werden die Fahrgeschwindigkeiten der dreidimensionalen Bewegung ins Verhältnis zu den Abmessungen eines Regals gesetzt (Arnold und Furmans (2007), S. 199). Dabei wird Wandparameter so gewählt, dass die Fahrgerade des Regalbediengerätes die Regalwand in der rechten oberen Ecke schneidet und einen Wert von eins besitzt.

Durch die Umformung der mathematischen Darstellung des Wandparameters (Arnold und Furmans (2007), S. 199), berechnet sich L_LR wie folgt:

$$L\_LR = \frac{S\_VX \cdot S\_X \cdot L\_HRC}{S\_VY}. \tag{5.16}$$

Hierzu werden die Fahrgeschwindigkeit in Längsrichtung (S_VX), die Fahrgeschwindigkeit in Hubrichtung (S_VY), die Höhe eines Regalfachs (L_HRC) und die Anzahl übereinander angeordneter Regalfächer bei der Bedienung mit einem Regalbediengerät (S_X) herangezogen. Zum Start der Iteration wird S_X auf den Wert von S_X_{max} gesetzt.

Weiterhin werden die Gesamtlänge der Bereitstellfläche (L_LSA) und die Anzahl an Regalen (S_RC) berechnet. Als untere Grenze für S_RC wird der Wert zwei angegeben, wodurch festgelegt wird, dass mindestens zwei Regale im Lager- und Kommissioniersystem existieren. Dies entspricht zwei gegenüberliegenden Regalen bzw. einer Einlagerungs- und Entnahmezone. Aufgrund des Aufbaus des Lager- und Kommissionierbereichs wird nur eine ganzzahlige Anzahl an Einlagerungs- bzw. Entnahmezonen mit einheitlichen Abmessungen zugelassen, was einer geraden Anzahl an Regalen entspricht (siehe Abschnitt 5.6.1). Um diesen Gesichtspunkten gerecht zu werden und eine angemessene Lagerfüllung bzw. möglichst geringe Investitionen zu gewährleisten, wird eine Fallunterscheidung eingeführt. Handelt es sich im ersten Fall bei dem Ergebnis von S_RC um einen ungeraden ganzzahligen Wert, so wird der Wert von S_X um eins reduziert und L_LR, L_LSA sowie S_RC erneut berechnet. Dadurch wird verhindert, dass mehr als ein Regal aufgrund der Ganzzahligkeit der Anzahl an Einlagerungs- bzw. Entnahmezonen im Lager- und Kommissionierbereich nicht benutzt wird. Diese Iteration wird solange durchlaufen, bis S_RC einen geraden, ganzzahligen Wert annimmt.

Bei einem geraden, ganzzahligen Wert von S_RC wird die erste Iterationsstufe verlassen und zunächst die Anzahl an Einlagerungs- bzw. Entnahmezonen (S_NZ) und die tatsächliche Höhe des Regals (L_AHR) bestimmt.

Aufbauend auf diesen Berechnungen wird die gesamte Arbeitszeit (T_TW) für das System SP_E ermittelt. Für die dazugehörige Beschreibung der Berechnung wird auf die Darstellungen zum Lager- und Kommissioniersystem SP_A verwiesen (siehe Abschnitt 5.2.3). Die dort vorgestellte grundsätzliche Logik der beiden Komponenten von T_TW, Arbeitszeit für das Einlagern (T_RW) (siehe Gleichung 5.1) sowie Arbeitszeit für die Entnahme (T_WTO) (siehe Gleichung 5.2) wird übernommen. Es ist jedoch zu beachten, dass beim System SP_E die Waren eine zweidimensionale Bewegung mittels einer 2-Streifenstrategie innerhalb einer Einlagerungs- bzw. Entnahmezone durchlaufen. Aus diesem Grund wird zur Bestimmung von T_TW das entsprechende Modell aus der Literatur herangezogen (siehe Abschnitt 4.2.2). In diesem Fall existiert hierzu lediglich das Modell von Gudehus (2005) für eine 2-Streifenstrategie.

In Folge des dargestellten Material- und Informationsflusses muss die anfallende Arbeitszeit innerhalb einer Einlagerungs- bzw. Entnahmezone auf die zur Verfügung stehende Arbeitszeit eines Tages (EWT) abgestimmt werden. Dazu wird die Fallunterscheidung der zweiten Iterationsstufe berücksichtigt, die sich wie folgt darstellt:

$$\frac{T\_TW}{S\_NZ} < EWT. \tag{5.17}$$

Falls diese Ungleichung nicht erfüllt wird, sind die Arbeitsinhalte bzw. die Abmessungen der Einlagerungs- und Entnahmezonen zu groß. Dies führt dazu, dass in der ersten Iterationsstufe die Anzahl übereinander angeordneter Regalfächer (S_X) um eins verringert wird und die komplette Iteration mit der Berechnung der Länge eines Regals (L_LR) erneut gestartet wird. Wenn die Ungleichung hingegen zutrifft, stellt T_TW das Ergebnis der Zeitberechnung dar.

Fläche

Der Flächenbedarf des Lager- und Kommissioniersystems SP_E (L_SR) wird aufbauend auf den Ergebnissen der durchgeführten Iteration ermittelt. Für die Berechnung der Länge eines Gangmoduls (L_LPM) wird zunächst die Länge eines Regals (L_LR) herangezogen, die aus der Iteration hervorgeht (siehe Abbildung A.19). Weiterhin werden die Eigenschaften des Regalbediengerätes berücksichtigt (siehe Abschnitt 5.6.1), indem nach dem Regal ein hinterer Pufferbereich (L_BSR) und vor dem Regal ein vorderer Pufferbereich (L_FSR) abgebildet werden. L_FSR beinhaltet ebenfalls die Länge der Pufferstrecke, auf der die Waren zum Einlagern bzw. nach der Entnahme kurzzeitig aufbewahrt werden. Aus diesem Grund müssen bei der Angabe von L_FSR die Eigenschaften des Regalbediengerätes bzw. die Länge der Pufferstrecke berücksichtigt werden.

Außerdem wird zur Berechnung der Länge des Lager- und Kommissionierbereichs (L_LOP) das vor den Gangmodulen liegende Fördermittel durch die Breite des Stetigfördermittels (L_WCS) berücksichtigt. Zwischen den beiden Stetigfördermitteln befindet sich ein Freiraum der Breite des Fördermittels zum Umsetzen der Waren, Durchführen von Wartungsarbeiten usw..

Die Breite des Lager- und Kommissionierbereichs (L_WOP) folgt aus der Breite eines Gangs (L_WOA), der Tiefe eines Regals (L_DRC) und der Anzahl an Einlagerungs- bzw. Entnahmezonen (S_NZ).

Darauf aufbauend wird der benötigte Flächenbedarf des Lager- und Kommissionierbereichs (L_OP) und weiterführend des Systems (L_SR) ermittelt (siehe Abschnitt 5.3.3).

Kosten

Die Gesamtkosten zum Erstellen und Betreiben eines Lager- und Kommissioniersystems (C_C) SP_E werden gemäß der in Abschnitt 5.3.3) vorgestellten Modellierung ermittelt. Lediglich die Bestimmung der fixen Kosten für die innerbetriebliche Ausstattung des Lager- und Kommissioniersystems (C_TIW) wird wiederum an das Lager- und Kommissioniersystem SP_E angepasst. Aus diesem Grund werden hierbei die

- Abschreibungen für das Stetigfördermittel(CS),
- Abschreibungen für die Verzweigungs- und Zusammenführungselemente (BE) und
- Abschreibungen für die Regalbediengeräte (SRS)

berücksichtigt.

Zusammenfassend erhält man die fixen Kosten für die innerbetriebliche Ausstattung des Lager- und Kommissioniersystems (C_TIW) des Systems SP_E gemäß:

$$C\_TIW = CS + BE + SRS + SLU + RC. \tag{5.18}$$

5.7. Ware zum Mann mit zwei- bzw. dreidimensionaler Bewegung: einfachtiefe Regallagerung (SP_F)

Dieses Lager- und Kommissioniersystem ermöglicht es, Groß- und Kleinladungsträger einzulagern und sowohl Groß- und Kleinladungsträger als auch einzelne Artikel zu entnehmen. SP_F besteht dabei aus einem automatisierten System mit einer dynamischen Bereitstellung und einer zwei- bzw. dreidimensionalen Bewegung der Waren.

5.7.1. Layout

Die kleinste Einheit des Systems SP_F ist ein Bereitstellplatz, der einem Regalfach entspricht. Er wird charakterisiert durch eine einheitliche Länge, Höhe und Tiefe (siehe Abbildung 5.9 und Abbildung A.24). Aufbauend darauf bilden mehrere übereinander angeordnete Regalfächer eine Regalspalte und mehrere nebeneinander angeordnete Regalspalten ein Regal. Weiterhin besitzt das System parallel zueinander verlaufende, baugleiche Regale, die links und rechts entlang der Einlagerungs- bzw. Entnahmegänge zu finden sind. Die Gänge besitzen eine einheitliche Länge und Breite. Sie werden am Anfang und Ende weiter geführt als die Regale, um den geometrischen Eigenschaften der installierten Regalbediengeräte Rechnung zu tragen.

Die Einlagerungs- bzw. Entnahmegänge sind an der Rückseite des Lager- und Kommissionierbereichs geschlossen. An der Vorderseite dagegen verläuft ein Stetigfördermittel. Dieses Fördermittel verbindet den vorgelagerten Bereich mit dem System SP_F und das Regalsystem mit den Entnahmeplätzen. Zur Anbindung an das Regalsystem sind an der Vorderseite der Regale Pufferplätze angebracht. Die Pufferplätze vor dem linken Regal einer Gasse dienen zur Einlagerung und vor dem rechten Regal einer Gasse zur Entnahme. Dies Plätze werde über Verzweigungs- und Zusammenführungselemente im Stetigfördermittel bedient. Weitere Verzweigungs- und Zusammenführungselemente versorgen die Stetigfördermittel der Entnahmeplätze. Die Pufferplätze vor dem Regalsystem und die Förderstrecke der Entnahmeplätze werden durch eine Förderstrecke in U-Form miteinander verbunden.

Die Entnahmeplätze sind parallel zur Stirnseite des Regalsystems angebracht. Sie bestehen aus einem separaten Pufferplatz des Stetigfördermittels und aus einer Basisstation. Diese besteht aus einem Puffer zum Bereitstellen von Entnahmehilfsmitteln und einem Puffer zum Bereitstellen von entnommenen Waren für den nachgelagerten Bereich. An der Basisstation ist ein Terminal zur Informationsbereitstellung angebracht.

5.7.2. Material- und Informationsfluss

Der Material- und Informationsfluss des System SP_F beginnt mit den verfügbaren Waren am Bereitstellpunkt des vorgelagerten Bereichs und den entsprechenden Einlagerungsaufträgen. Von dort werden die sortenreinen Ladeeinheiten über das Stetigfördermittel zum Lager- und Kommissionierbereich transportiert. Innerhalb des Bereichs werden die Ladeeinheiten vor den Verzweigungselementen identifiziert und gemäß dem Einlagerungsauftrag auf die Regale verteilt. Von dort werden die Ladeeinheiten über das Stetigförder-

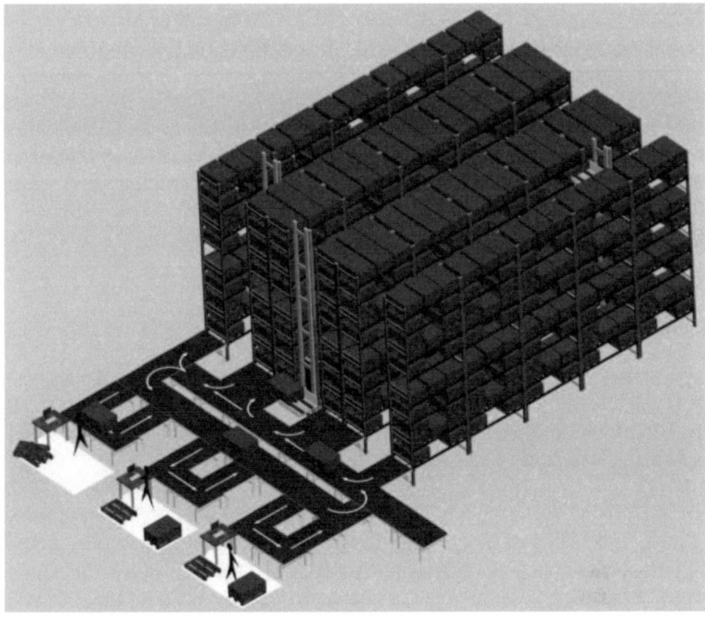

Abbildung 5.9.: Sicht auf das System SP_F

mittel und die Einlagerungspufferplätze des E/A-Punkts transportiert. Das Regalbediengerät nimmt dort eine Ladeeinheit auf und lagert sie gemäß dem Einlagerungsauftrag an einem entsprechenden Bereitstellungsplatz des Regals ein. Nach Abschluss der Einlagerung fährt das Regalbediengerät zum nächsten Bereitstellungsplatz, aus dem eine Ladeeinheit zu entnehmen ist und nimmt diese gemäß dem Entnahmeauftrag auf. Abschließend fährt es zurück zum E/A-Punkt, verschiebt die entnommene Ladeeinheit auf den Entnahmepufferplatz und nimmt vom Einlagerungsplatz die nächste Ladeeinheit auf. Diese Bewegungsstrategie wird als Doppelspiel bezeichnet. Sie wird vom Regalbediengerät vollautomatisch durchgeführt (Arnold und Furmans (2007), S. 197).

Weiterführend werden die entnommenen Ladeeinheiten vom Entnahmepufferplatz über die Zusammenführungselemente und die Verbindungsstrecke zu den Entnahmeplätzen transportiert. Vor den Verzweigungselementen zu den Entnahmeplätzen werden die Ladeeinheiten identifiziert und gemäß Entnahmeauftrag auf die Förderstrecke zur Entnahme ausgeschleust, gepuffert bzw. direkt auf den Entnahmeplatz verschoben. Anschließend erhält der dortige Mitarbeiter über ein Informationsmittel den Entnahmeauftrag angezeigt. Daraufhin entnimmt er die angeforderten Waren einer Entnahmeposition und setzt sie in den Puffer zum Bereitstellen der entnommenen Waren für den nachgelagerten Bereich. Nachdem der Mitarbeiter alle benötigten Waren einer Ladeeinheit entnommen hat, bestätigt er dies durch ein Identifikationsmittel.

Falls die Ladeeinheit nach der Entnahme keine Waren mehr beinhaltet, wird der Ladungsträger sowie gegebenenfalls existierender Abfall vom Fördermittel durch den Mitarbeiter herunter genommen und in den Puffer zum Bereitstellen von Entnahmehilfsmitteln abgestellt. Wenn sich noch Waren auf dem Ladungsträger befinden, wird die Ladeeinheit über die Förderstrecke in einen Puffer bzw. direkt von einem Zusammenführungselement auf die Verbindungsstrecke zurückverschoben. Die Ladeeinheit wird somit nach der Entnahme gemäß dem Einlagerungsauftrag wieder zur Einlagerung bereitgestellt. Die Bearbeitung der Einlagerungs- und Entnahmeaufträge des Regalbediengerätes und die Entnahme durch den Mitarbeiter erfolgen parallel.

5.7.3. Mathematische Modellierung

Ein Vergleich des Layouts sowie des Informations- und Materialflusses der Systeme SP_E und SP_F zeigt, dass diese beiden Systeme einige Gemeinsamkeiten besitzen. Dementsprechend baut die mathematische Abbildung des Lager- und Kommissioniersystems SP_F auf den in Abschnitt 5.6.3 dargestellten Ausführungen auf.

Dies bedeutet u.a., dass die mathematische Beschreibung von SP_F ebenfalls zwei Iterationen durchläuft. Die erste Iteration gewährleistet, dass die Lagerfüllung bzw. die Investitionen einen angemessenen Wert annehmen. In der zweiten Iteration wird die anfallende Arbeitszeit zur Durchführung der Doppelspiele mit einem Regalbediengerät (T_TDC) auf die täglich zur Verfügung stehende Arbeitszeit eines Tages (EWT) abgestimmt. Das gesamte Modell SP_F wird im Anhang A.6 dargestellt.

Zeit

Bei der Bestimmung der gesamten Arbeitszeit (T_TW) wird zunächst den Ausführungen zum System SP_E gefolgt (siehe Abschnitt 5.6.3). Lediglich die Ermittlung der Gesamtlänge der Bereitstellfläche (L_LSA) wird in der ersten Iterationsstufe verändert, da beim System SP_F stets in einem Regalfach nur eine Ladeeinheit bereitgestellt wird.

Fortgeführt wird die Berechnung in einer zweiten Iterationsstufe, die die anfallende Arbeitszeit zur Durchführung der Doppelspiele mit einem Regalbediengerät (T_TDC) bestimmt. Diese Spielzeit wird gemäß Gudehus (1972b) in die bei jedem Spiel konstante Verweilzeit und die variable wegabhängige Fahrzeit unterteilt.

Bei der Verweilzeit werden zunächst die Spielzeit des Lastaufnahmemittels (TY) berechnet, mit Hilfe der Geschwindigkeit eines Lastaufnahmemittels (S_VZ), der Tiefe eines Regals (L_DRC) und die anfallende wegunabhängige Zeit für ein Doppelspiel (T_DPT). T_DPT beinhaltet die Mastausschwingzeiten sowie Totzeit mit dessen Zeitanteilen Reagieren, Schalten, Kontrollieren usw. (Lippolt (2003), S. 55 f.).

Unter den Annahmen des Systems SP_F, wie z. B. ein Wandparameter von eins und die Positionierung des E/A-Punkt in der unteren Ecke des Regals, können die Modelle von Graves et al. (1977), Gudehus (1972a) und Vössner (1994) zur Bestimmung der Fahrzeit für ein Doppelspiel (T_ETS) verwendet werden. Das geeignete Spielzeitmodell für das Modell SP_F wird in Abschnitt 5.10 bestimmt.

Weiterführend wird gemäß des darstellten Material- und Informationsflusses davon ausgegangen, dass für jede Entnahmeposition ein Doppelspiel ausgeführt wird. Aus diesem Grund berechnet sich die Arbeitszeit zur Durchführung der Doppelspiele mit einem Regalbediengerät (T_TDC) mittels der Anzahl an Entnahmeaufträgen (S_NO) und der Anzahl an Entnahmepositionen pro Entnahmeauftrag (S_NOL).

Darüber hinaus versorgen die Regalbediengeräte die Entnahmeplätze mit den benötigten Ladeeinheiten (siehe Abschnitt 5.7.2). Daher muss die anfallende Arbeitszeit innerhalb einer Einlagerungs- bzw. Entnahmezone auf die zur Verfügung stehende Arbeitszeit eines Tages (EWT) abgestimmt werden. Hiermit wird gewährleistet, dass die von den Mitarbeitern zu entnehmenden Waren während EWT von den Regalbediengeräten bereitgestellt werden können. Diese Überlegungen werden durch die Fallunterscheidung der zweiten Iterationsstufe sichergestellt:

$$\frac{T\_TDC}{S\_NZ} < EWT. \tag{5.19}$$

Die Schlussfolgerungen für diese Entscheidung entsprechen denjenigen der Gleichung 5.17. Die Iteration startet erneut, falls die Ungleichung nicht erfüllt ist. Sie bricht ab hingegen ab, wenn die Ungleichung zutrifft, so dass T_TDC bestimmt ist.

Neben der Arbeitszeit zur Durchführung der Doppelspiele mit einem Regalbediengerät (T_TDC) fällt die Arbeitszeit für die Entnahme an den Entnahmeplätzen durch die Mitarbeiter an (T_WTO). Zur Berechnung dieser Arbeitszeit wird zunächst auf die Ausführungen in Abschnitt 5.2.3 verwiesen, in dem die anfallenden Zeitanteile beschrieben werden. In Anlehnung an die dort dargestellte Gleichung 5.2, berechnet sich T_WTO wie folgt:

$$T\_WTO = \frac{(T\_RTL + T\_GTI + T\_BT) \cdot (S\_NO \cdot S\_NOL) + T\_TOP \cdot S\_NO}{S\_PRO}. \tag{5.20}$$

Eine Änderung ergibt sich lediglich bezüglich der Basiszeit pro Entnahmeauftrag (T_BT), die aufgrund des Informations- und Materialflusses bei jeder Entnahmeposition anfällt.

Eine noch zu bestimmende Größe ist in diesem Zusammenhang die Wegzeit pro Entnahmeauftrag (T_TOP), die durch die Breite einer Basisstation (L_WBS) und die Geschwindigkeit eines Mitarbeiters beim Entnehmen (T_VOP) bestimmt wird. Aufgrund der kleinen Wegzeitenanteilen sowie des vorliegenden Pendelverkehrs zwischen dem Entnahmeplatz und dem Puffer zum Bereitstellen der entnommenen Waren für den nachgelagerten Bereich wird T_TOP wie folgt bestimmt:

$$T\_TOP = \frac{L\_WBS}{T\_VOP} \cdot S\_NOL. \tag{5.21}$$

Auf Grund dessen, dass die Bearbeitung der Einlagerungs- und Entnahmeaufträge durch das Regalbediengerät und die Entnahme durch den Mitarbeiter parallel erfolgen, berechnet sich die gesamte Arbeitszeit (T_TW) wie folgt:

$$T\_TW = max(T\_TDC; T\_WTO). \tag{5.22}$$

Fläche

Zur Berechnung des Flächenbedarfs des Lager- und Kommissioniersystems (L_SR) SP_F wird auf Abschnitt 5.6.3 verwiesen. Die dort dargestellten Ausführungen gelten ebenfalls für das System SP_F. Lediglich die Berechnung der Länge des Lager- und Kommissionierbereichs (L_LOP) wird um den anfallenden Flächenbedarf für die Entnahmeplätze und die Basisstationen erweitert (siehe Abbildung A.24).

Kosten

Die im Abschnitt 5.6.3 aufgeführten Berechnungen zum Systems SP_E gelten grundsätzlich ebenso für das System SP_F. Änderungen ergeben sich wiederum nur bei der Bestimmung der fixen Kosten für die innerbetriebliche Ausstattung des Lager- und Kommissioniersystems (C_TIW), da Entnahmeplätze und Basisstationen berücksichtigt werden müssen.

Zur Bestimmung der Abschreibungen für die Basisstationen (BS) wird angenommen, dass an einem Entnahmeplatz ein Mitarbeiter arbeitet und pro Mitarbeiter eine Basisstation benötigt wird. Außerdem wird die Berechnung um die Abschreibungen für ein Stetigfördermittel (CS) des Systems SP_E erweitert. Dies bedeutet, dass die Förderstrecke zur Rückführung der Ladeeinheiten zum Einlagern und die Förderstrecken der Entnahmeplätze berücksichtigt werden. Für die Breite eines Entnahmeplatzes wird angenommen, dass drei Ladeeinheiten nebeneinander gestellt werden können. Dies berücksichtigt, dass eine Ladeeinheit auf die Entnahme der Waren wartet, aus einer Ladeeinheit Waren entnommen werden und eine Ladeeinheit auf den Rücktransport zur Einlagerung wartet.

Die fixen Kosten für die innerbetriebliche Ausstattung des Lager- und Kommissioniersystems (C_TIW) SP_F werden somit bestimmt gemäß:

$$C\_TIW = BS + CS + BE + SRS + RC + SLU. \tag{5.23}$$

5.8. Ware zum Mann mit zwei- bzw. dreidimensionaler Bewegung: doppeltiefe Regallagerung (SP_G)

Eine dynamische Bereitstellung mit einer dreidimensionalen Bewegung wird ebenfalls durch das Lager- und Kommissioniersystem SP_G verkörpert. Der Unterschied zum System SP_F liegt in der Art der Bereitstellung der Waren, d.h. im System SP_G werden Groß- und Kleinladungsträger doppeltief eingelagert. In diesem Fall stehen zwei Ladeeinheiten in einem Regalfach hintereinander, so dass ein Regalbediengerät einer Einlagerungs- bzw. Entnahmezone zwei gangnahe und zwei gangferne Regalwände bedienen kann. Das System steigert durch den Wegfall von Gängen den Raumnutzungsgrad und senkt durch die Einsparung von Regalbediengeräten die Investitionen im Vergleich zum System SP_F.

Der weitere Aufbau und Ablauf des Systems sowie dessen Modellierung sind stark an das System SP_F angelehnt, so dass ebenfalls Groß- und Kleinladungsträger sowie einzelne

Artikel entnommen werden können. Aufgrund dieses direkten Zusammenhangs werden im Folgenden nur die Unterschiede zum System SP_F vorgestellt. Ansonsten wird auf Abschnitt 5.7 sowie die komplette Darstellung des Modells im Anhang A.7 verwiesen.

5.8.1. Layout

Das Layout des Systems entspricht dem Layout des Lager- und Kommissioniersystems SP_F. Lediglich die Regale besitzen jeweils zwei hintereinander liegende Bereitstellplätze pro Regalfach (siehe Abbildung 5.10 und Abbildung A.28).

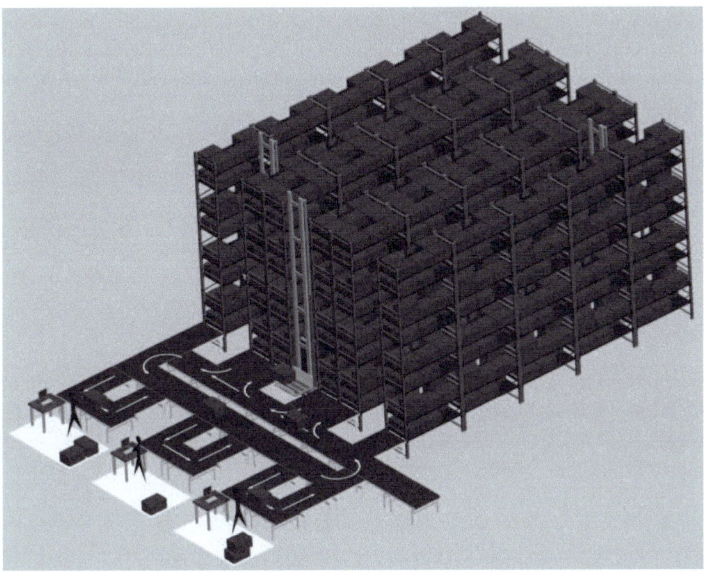

Abbildung 5.10.: Sicht auf das System SP_G

5.8.2. Material- und Informationsfluss

Der Material- und Informationsfluss weicht zum System SP_F bezüglich des Bewegungsablaufes des Regalbediengerätes ab. Aufgrund der hintereinander liegenden Bereitstellplätze ist ein direkter Zugriff auf die gangfernen Ladeeinheiten nicht immer möglich. Dies führt dazu, dass bei einem Doppelspiel gegebenenfalls zusätzlich eine Umlagerung erforderlich ist. Die Umlagerfachsuche erfolgt dabei streng nach dem Zufallsprinzip, so dass die Gleichverteilung der Zugriffe auf die Ladeeinheiten im Lager- und Kommissionierbereich erhalten bleibt (Lippolt (2003), S.124 ff.).

5.8.3. Mathematische Modellierung

Die mathematische Modellierung des System SP_G basiert auf den Beschreibungen zum System SP_F (siehe Abschnitt 5.7.3). Änderungen ergeben sich lediglich aufgrund der doppeltiefen Bereitstellung.

Zeit

Bei der Abbildung der gesamten Arbeitszeit (T_TW) ergeben sich aufgrund der doppeltiefen Bereitstellung und der dadurch anfallenden Umlagerungen geringe Veränderungen zu den in Abschnitt 5.7.3 vorgestellten Ausführungen. Diese Veränderungen betreffen die verwendeten Spielzeitmodelle, die Lagerfüllung, die pro Regalfach hintereinander stehenden Ladeeinheiten und die Abmessungen eines Regalfachs. Aufgrund dessen wird die Berechnung von L_LSA um die Lagerfüllung zur Initialisierung (S_DFSI), d.h. den angestrebten Lagerfüllungsgrad, wie folgt erweitert:

$$L\_LSA = \lceil \frac{S\_NLUS \cdot 100}{2 \cdot S\_X \cdot S\_DFSI} \rceil \cdot L\_LRC. \tag{5.24}$$

Nach Abschluss der ersten Iterationsstufe wird der tatsächliche Lagerfüllungsgrad (S_DFS) gemäß Gleichung 5.25 berechnet.

$$S\_DFS = \frac{S\_NLUS \cdot L\_LRC \cdot 100}{S\_X \cdot S\_RC \cdot L\_LR}. \tag{5.25}$$

S_DFS repräsentiert die aufgrund der Berechnung erzielte tatsächliche Lagerfüllung, die maßgebend in die Berechnung der Spielzeiten einfließt.

Zur Berechnung der Spielzeiten wird durch die Literatur lediglich das Spielzeitmodell von Lippolt (2003) zur Verfügung gestellt.

Fläche

Der Flächenbedarf des Lager- und Kommissioniersystems SP_G (L_SR) ergibt sich gemäß den Ausführungen in Abschnitt 5.7.3 und A.28.

Kosten

Die Berechnung der Kosten entspricht der in Abschnitt 5.7.3 dargestellten Modellierung.

5.9. Ware zum Mann mit zwei- bzw. dreidimensionaler Bewegung: Karusselllager (SP_H)

Das System Ware zum Mann mit zwei- bzw. dreidimensionaler Bewegung bei der ein Karusselllager verwendet wird, stellt eine weitere automatisierte Alternative dar, um Kleinladungsträger bzw. Artikel dynamisch bereitzustellen.

5.9.1. Layout

Das Layout des Systems SP_H besteht aus einem automatischen Karussellregal und einem halb-automatischen Entnahmebereich. Hierbei baut das Karussellregal auf Bereitstellplätze bzw. Regalfächer mit einer einheitlichen Länge, Breite und Tiefe (siehe Abbildung 5.11 und Abbildung A.33) auf. Diese bilden übereinander angeordnet eine zusammenhängende Einheit, die als Regalspalte bezeichnet wird. Die Regalspalten hängen an Laufrädern in einer Schiene. Oftmals werden zusätzliche Räder angebracht, die durch eine auf dem Boden verlaufende Schiene geführt werden und die Regalspalten vom Boden aus stützen (Klinger (1994), S. 8).

Ein Karussellregal besitzt mehrere nebeneinander hängende Regalspalten, die nach dem Prinzip eines Kreisförderers mit lediglich einem Antrieb bewegt werden. Im Lager- und Kommissionierbereich SP_H werden wiederum mehrere parallel verlaufende, baugleiche Regale nebeneinander angeordnet, ohne dass Gangflächen zwischen den Regalen berücksichtigt werden.

An der Vorderseite eines Karussellregals ist ein Liftsystem zu finden, das zwei Ladeeinheiten gleichzeitig aufnehmen kann und somit die Schnittstelle zwischen dem Regal und einem Stetigfördermittel bildet. Dieses Fördermittel verbindet den vorgelagerten Bereich mit dem System SP_H und das Regalsystem mit den Entnahmeplätzen. Zur Anbindung an das Liftsystem sind an der Vorderseite der Regale Pufferplätze angebracht. Das Layout des folgenden halb-automatischen Entnahmebereichs des Systems SP_H ist baugleich mit dem des Systems SP_F. Aus diesem Grund wird an dieser Stelle auf Abschnitt 5.7.1 verwiesen.

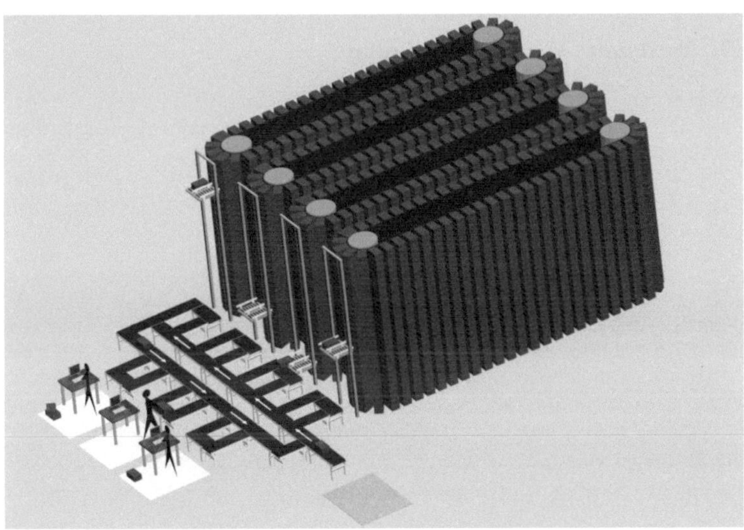

Abbildung 5.11.: Sicht auf das System SP_H

5.9.2. Material- und Informationsfluss

Der Fluss des Systems SP_H startet mit den verfügbaren sortenreinen Ladeeinheiten am Bereitstellpunkt des vorgelagerten Bereichs. Diese werden zunächst mit dem Stetigfördermittel zum Lager- und Kommissionierbereich transportiert. Innerhalb des Bereichs werden die Ladeinheiten vor den Verzweigungselementen identifiziert und gemäß eines Auftrags verteilt. Von dort werden die Ladeinheiten über das Stetigfördermittel über die Einlagerungspufferplätze zum E/A-Punkt transportiert. Im Anschluss wird eine Ladeeinheit vom Liftsystem aufgenommen und in die entsprechende Ebene des Karussellregals gehoben. Währenddessen bewegt sich das Karussellregal, so dass die Regalspalte an der Position des Liftes stehen bleibt, in die eine Ladeeinheit laut Auftrag entnommen werden soll. Danach entnimmt das Liftsystem die entsprechende Ladeeinheit aus dem Bereitstellplatz und setzt die einzulagernde Ladeeinheit in den gleichen Bereitstellplatz ab. Danach bewegt sich das Liftsystem zurück zum Stetigfördermittel, setzt die mitgeführte Ladeeinheit auf den Entnahmepufferplatz ab und nimmt vom Einlagerungsplatz die nächste Ladeeinheit auf. Das Karussellregal führt währenddessen die nächste Positionierung der entsprechenden Regalspalte durch. Das Liftsystem führt somit vollautomatisch Doppelspiele durch und das Karussellregal vollautomatisch die Bewegungsstrategie der Nearest-Item Heuristic Bei dieser Bewegungsstrategie fährt das Karussellregal immer von seiner aktuellen Position zum nächstgelegenen, anzusteuernden Bereitstellungsplatz eines Auftrags sowohl im als auch entgegengesetzt zum Uhrzeigersinn. (Litvak et al. (2001)).

Der weitere Material- und Informationsfluss des halb-automatischen Entnahmebereichs folgt den Darstellungen zum System SP_F in Abschnitt 5.7.2.

5.9.3. Mathematische Modellierung

Aufgrund der engen Verwandtschaft der Systeme SP_F und SP_H ist es bei der Modellierung von SP_H möglich, auf bestehende Berechnungen des Modells SP_F zurückzugreifen (siehe Abschnitt 5.7.3). Die folgenden Erläuterungen konzentrieren sich daher auf die Besonderheiten des Modells SP_H. Weitere Darstellungen zum Modell SP_H sind dem Anhang A.8 zu entnehmen.

Zeit

Die gesamte Arbeitszeit (T_TW) wird innerhalb einer Iteration berechnet. Diese Iteration variiert die Anzahl an übereinander angeordneten Regalfächern (S_X) des Karussellregals, ausgehend von der maximalen Anzahl an übereinander angeordneten Regalfächern (S_X_{max}) und die Anzahl an Karussellregalen (S_NC), ausgehend vom Eingabewert bis hin zur größtmöglichen Anzahl an Regalen. Auf diese Art und Weise müssen drei grundlegende Bedingungen erfüllt werden.

Zu Beginn der Iteration wird zunächst in Abhängigkeit von S_NC die Anzahl an Regalspalten (S_CAR) eines Karussellregals bestimmt. S_NC ist hierbei ein individueller Eingabewert, da die Anzahl an Karussellregalen nicht in Abhängigkeit eines geometrischen Zusammenhangs festgelegt werden kann, wie z. B. eines Wandparameters, oder durch die Minimierung der Arbeitszeit.

Aufbauend auf S_CAR folgt die Prüfung der ersten beiden Bedingungen der Iteration. Dabei wird kontrolliert, ob S_CAR eine gerade Anzahl und größer als acht ist. Auf diese Weise wird die Konstruktion eines Karussellregals mit drei Regalspalten in der Drehbewegung an den jeweiligen Enden des Regals und jeweils eine Regalspalte in der Längsbewegung gewährleistet (siehe Abbildung A.33). Die Folge dieser beiden Bedingungen ist, dass S_CAR zunächst auf eine gerade Anzahl aufgerundet wird. Darauf aufbauend wird die zweite Bedingung überprüft. Falls diese nicht erfüllt wird, startet die Iteration mit einem reduzierten S_X erneut.

Mit Hilfe der bestimmten Anzahl an Regalspalten wird im Folgenden die Länge des Regals (L_LR) berechnet. Hierzu werden die Standardeingabewerte Länge eines Regalfachs (L_LRC), Tiefe eines Regalfachs (L_DRC) und Platzbedarf in der Länge zwischen zwei Regalfächern (L_SRR) verwendet.

Weiterführend wird die Spielzeit der Karussellsysteme ermittelt. Aufgrund der verwendeten Gleichverteilung beim Einlagern und Entnehmen der Waren wird zunächst die Anzahl an bearbeiteten Positionen pro Karussellregal (S_COL) innerhalb eines Zeitintervalls ermittelt. Dies entspricht gleichzeitig der Anzahl an Regalfächern die in einem Zeitintervall angefahren werden müssen. Durch das Sammeln der Entnahmeaufträge innerhalb eines Zeitintervalls wird es ermöglicht, die Bewegung des Regals durch die Nearest-Item Heuristic zu steuern. Unter Zuhilfenahme des Spielzeitmodells von Litvak und Adan (2001) oder Wan und Wolff (2004) ist es möglich, die Anzahl an Rotationen pro Zeitscheibe (S_RBS) zu bestimmen. Die Auswahl des geeigneten Spielzeitmodells erfolgt während der Bewertung des Modells SP_H (siehe Abschnitt 5.10).

Aufbauend auf S_RBS und dem Umfang des Karussellregals werden anschließend der Abstand pro Zeitintervall (L_DBS), der Abstand pro Entnahmeposition (L_DOL) sowie die Wegzeit pro Entnahmeposition der Horizontalbewegung des Karussellsystems (T_HOL) bestimmt. Bei der Berechnung von T_HOL werden dreieckige oder trapezförmige Geschwindigkeitsprofile berücksichtigt.

Parallel zur Bewegung eines Karussellregals erfolgt das Senken, Absetzen, Aufnehmen und Heben der Waren mittels des Liftes. Die benötigte Wegzeit pro Entnahmeposition der Vertikalbewegung des Karussellsystems (T_VOL) bzw. des Liftes berechnet sich wiederum in Abhängigkeit eines dreieckigen oder trapezförmigen Geschwindigkeitsprofils, der Annahme der Gleichverteilung und der Spielzeit des Lastaufnahmemittels (TY).

Weiterführend wird der benötigte Zeitbedarf für die parallel verlaufenden Bewegungen des automatischen Systems, Fahrzeit für ein Doppelspiel (T_ETC), aus dem Maximum von T_VOL und T_HOL ermittelt. Unter Einbeziehung von TY wird dann, die Arbeitszeit zur Durchführung aller Doppelspiele (T_TDC) berechnet.

Die beschriebene Iteration wird abgeschlossen mit der Erfüllung der dritten Bedingung, d.h. die anfallende Arbeitszeit innerhalb einer Einlagerungs- bzw. Entnahmezone wird auf die zur Verfügung stehende Arbeitszeit eines Tages (EWT) abgestimmt (siehe Gleichung 5.19). Falls diese Ungleichung nicht erfüllt ist, wird der bestimmende Zeitanteil für das automatische System ermittelt. Dementsprechend wird der zurückzulegende Weg des Liftes durch die Reduzierung von S_X oder des Karussells durch Erhöhung von S_NC verringert, und die Iteration erneut gestartet. Die weitere Vorgehensweise zur Berechnung der gesamten Arbeitszeit (T_TW) folgt den Darstellungen zum Modell SP_F.

Fläche

Die Berechnung des Flächenbedarfs des Lager- und Kommissioniersystems (L_SR) SP_H basiert auf dem Modell des Systems SP_F (siehe Abschnitt 5.7.3). Lediglich die Bestimmung der Breite des Lager- und Kommissionierbereichs (L_WOP) wird aufgrund der beschriebene Konstruktion eines Karussellregals angepasst (siehe Abschnitt 5.9.3 und Abbildung A.33).

Kosten

Aufbauend auf dem Modell des Systems SP_F werden die Kosten des Systems SP_H bestimmt. In Ergänzung zu den Berechnungen für das System SP_H werden zusätzlich die Abschreibungen für die Lifte (LIF) und die Abschreibungen für die Karussellanlage (CAR) berücksichtigt. Damit berechnen sich die fixen Kosten für die innerbetriebliche Ausstattung des Lager- und Kommissioniersystems (C_TIW) gemäß:

$$C\_TIW = BS + CS + BE + LIF + RC + SLU. \tag{5.26}$$

5.10. Bestimmung der Standardeingabewerte und Bewertung der Modelle

Die Modellierung der ausgewählten Lager- und Kommissioniersysteme schließt mit der Bestimmung der Standardeingabewerte und Bewertung der entwickelten statischen Berechnungsmodelle. Es wird überprüft, welches Wegzeit- bzw. Spielzeitmodelle für die jeweiligen Modelle geeignete sind und ob die Modelle ein genügend genaues Abbild der Realität darstellen (siehe Unterkapitel 3.4).

Im DCRM existieren sechs Aufgaben und acht Ausführungen. Dies entspricht 48 Kombinationen, die durch die Modelle abgebildet und dementsprechend untersucht werden können. Jedoch sind aus wirtschaftlichen und technischen Restriktionen nicht alle Kombinationen sinnvoll. Beispielsweise benötigen die automatischen Systeme SP_F, SP_G und SP_H zur Handhabung von Waren einen standardisierten Ladungsträger, so dass die Aufgabe SP_6 bisher nicht realisierbar erscheint.

Aus diesem Grund werden - basierend auf einer Literaturrecherche, Befragungen von Betreibern und dem Forschungsprojekt „Warehouse Excellence"- auf der Ausführungsebene 30 Kombinationen für sinnvoll erachtet, untersucht und bereitgestellt. Diese sind in Tabelle 5.1 grau hinterlegt dargestellt. Darüber hinaus beschreiben die Zahlen in den grauen Felder die Anzahl der während der Warehouse Excellence Studie erhobenen Datensätze. Die Struktur der Modelle erlaubt es, weitere Kombinationen bei Bedarf hinzuzufügen.

In dieser Arbeit wird darauf verzichtet, die Bestimmung der Standardeingabewerte und die Bewertung für alle bereitgestellten Modelle zu beschreiben. Vielmehr wird im Folgenden die für jede Kombination durchlaufende Vorgehensweise beschrieben und anhand eines Beispiel verdeutlicht.

Tabelle 5.1.: Kombinationsmöglichkeiten von Aufgaben und Ausführungen des Prozesses Lagern und Kommissionieren sowie die Anzahl der während der Warehouse Excellence Studie erhobenen Datensätze

Lagern/ Kommissionieren	Aufgaben						Σ
	SP1: Einlagern und Entnahme von kompletten Großladungsträgern	SP2: Einlagern von Großladungsträgern und Entnahme von ganzen Kleinladungsträgern/ Packeinheiten	SP3: Einlagern von Großladungsträ-gern und Entnahme von einzelnen Artikeln	SP4: Einlagern und Entnahme von ganzen Kleinladungsträgern / Pack-einheiten	SP5: Einlagern von Kleinladungsträ-gern / Packeinheiten und Entnahme von einzelnen Artikeln	SP6: Einlagern und Entnahme von einzelnen Artikeln	
SP_A: Mann zur Ware mit ein- bzw. zweidimensionaler Bewegung: Bodenblocklagerung	12	2	1			1	16
SP_B: Mann zur Ware mit ein- bzw. zweidimensionaler Bewegung: Regallagerung		5	10	9	15	14	53
SP_C: Mann zur Ware mit ein- bzw. zweidimensionaler Bewegung: Durchlaufregallagerung			1		1	1	3
SP_D: Mann zur Ware mit zwei- bzw. dreidimensionaler Bewegung: Regallagerung mit Stapler	6						6
SP_E: Mann zur Ware mit zwei- bzw. dreidimensionaler Bewegung: Regallagerung mit Regalbediengerät				2	2	2	6
SP_F: Ware zum Mann mit zwei- bzw. dreidimensionaler Bewegung: einfachtiefe Regallagerung	1	1	1				3
SP_G: Ware zum Mann mit zwei- bzw. dreidimensionaler Bewegung: doppeltiefe Regallagerung	1						1
SP_H: Ware zum Mann mit zwei- bzw. dreidimensionaler Bewegung: Karusselllager					1		1
Σ	20	8	13	11	19	18	89

5.10.1. Vorgehensweise

Die vorgestellten Modelle sind unter der Zielsetzung entstanden, ein theoretisches Benchmarking zu ermöglichen, d.h. eine transparente, neutrale und objektive Referenz zu liefern, so dass eine Bewertung von realen Systemen ermöglicht wird. Sie streben nicht danach, reale Systeme exakt abzubilden. Vielmehr beabsichtigten die Modelle, ausgewählte Systeme in einem Idealzustand darzustellen. Diese Zustände sind in der Realität nicht anzutreffen bzw. nur sehr schwer zu erreichen, wie z. B. gleichmäßige Belastung des Systems, standardisierte, störungsfreie und fehlerfreie Durchführung aller Tätigkeiten sowie hundertprozentige Warenverfügbarkeit, aber erstrebenswert - ein sogenannter Nordstern.

Es existiert eine unüberschaubare Anzahl an unterschiedlichen realisierten Lager- und Kommissioniersystemen. Letztendlich ist sogar jedes reale System einzigartig, aufgrund seiner Eigenschaften und Anforderungen. Diese Vielfalt führt dazu, das die Vergleichbarkeit oft in Frage gestellt wird, was die Durchführung eines Benchmarking zum Entdecken von Leistungslücken ist erschwert.

Das Ziel der Bestimmung der Standardeingabewerte und Bewertung der Modelle ist es, theoretische Referenzpunkte für unterschiedliche Systeme zu bestimmen, die eine höhere Akzeptanz für ein Benchmark gewährleisten. Hierzu ist ein signifikanter Zusammenhang zwischen dem Verhalten der Modelle und den Systemen der Praxis nachzuweisen.

Die Literatur bietet für die Bewertung von Modellen eine Fülle an Verfahren an (Banks (1998), Law (2007)). Viele dieser Verfahren sind entweder grundsätzlich nicht für die Bewertung von statischen Berechnungsmodellen geeignet oder vergleichen, inwieweit Modelldaten mit Realdaten übereinstimmen bzw. ein Modell mit einem realem System.

Zur Bestimmung der Standardeingabewerte und Bewertung der Modelle ist die in Abbildung 5.12 dargestellte Vorgehensweise entwickelt worden, die im Folgenden erläutert wird.

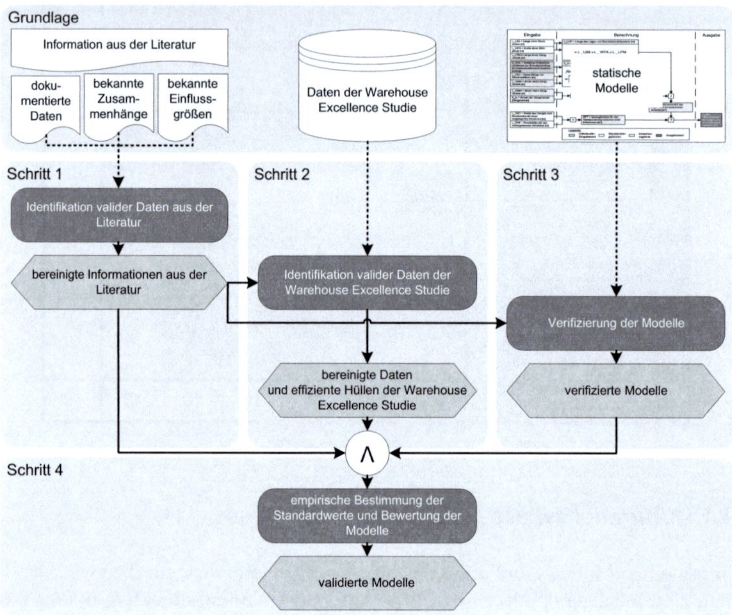

Abbildung 5.12.: Vorgehensweise zur Bestimmung der Standardeingabewerte und Bewertung der statischen Berechnungsmodelle

Schritt 1: Identifikation valider Daten aus der Literatur

Die grundlegenden Informationen zur Bestimmung der Standardeingabewerte und Bewertung der Modelle entstammen zunächst der einschlägigen Literatur zum Thema Lagern und Kommissionieren sowie den Angaben von Herstellern solcher Systeme. Dies sind

- bekannte Einflussfaktoren auf die Leistung, wie z. B. Anzahl zu bearbeiteter Positionen, Anzahl an gelagerten Waren,

- dokumentierte Daten der Standardeingabewerte, wie z. B. Angaben zu Bearbeitungszeiten, Abschreibungsdauern, Abmessungen,

- dokumentierte Daten zum Ressourcenbedarf und zur Leistungsfähigkeit, wie z. B. Angaben zu Entnahmeleistungen und Flächenbedarfe von Systemen bei verschiedensten Randbedienungen und

- bekannte Zusammenhänge zwischen Inputgrößen und Outputgrößen, wie z. B. der Zusammenhang zwischen Entnahmeleistung und der Anzahl an Entnahmen pro Auftrag.

Diese Informationen dienen als Grundlage zur Verifizierung der Modelle und Identifikation der validen Daten der Warehouse Excellence Studie. Sie stehen ebenfalls der empirischen Bestimmung der Standardeingabewerte und Bewertung der Modelle zur Verfügung (siehe Abbildung 5.12). Bevor dies möglich ist, müssen die Bedeutungen und Aussagen der Informationen auf die der Modelle übertragen werden.

Beispielsweise sind die Begriffe Picks pro Auftrag und Pickleistung im Bereich des Kommissionierens zu finden. Diese Begriffe werden jedoch in den Modellen nicht verwendet, da die tatsächlich entnommene Menge pro Greifvorgang eines Mitarbeiters in der Realität nur schwer bestimmbar ist. Sie ist stark abhängig von den persönlichen Präferenzen der Mitarbeiter und wird aufgrund ihrer geringen Bedeutung in Lager- und Kommissioniersystemen nicht ermittelt. Die Anzahl der Greifvorgänge pro Entnahmeposition bzw. der Entnahmemenge pro Greifvorgang werden darüber hinaus weiterhin aufgrund ihrer geringen Bedeutung nicht erfasst. Aus diesem Grund ist es erforderlich, die Angaben auf die Modelle zu übertragen.

Für Picks pro Auftrag wird somit der Begriff Anzahl an Positionen pro Auftrag (S_NOL) benutzt und die Einlagerung- und Entnahmeleistung lässt sich wie folgt ermitteln:

$$\text{Einlagerung- und Entnahmeleistung} = \frac{S\_NO \cdot S\_NOL}{T\_TW}. \qquad (5.27)$$

Bei dieser Kennzahl ist jedoch zu beachten, dass die gesamte Arbeitszeit (T_TW) sowohl das Einlagern als auch Entnehmen beinhaltet. In der Literatur wird lediglich die Entnahmeleistung bestimmt, die sich auf die Zeit für das Entnehmen bezieht.

Schritt 2: Identifikation valider Daten der Warehouse Excellence Studie

Neben den Informationen aus der Literatur stehen der Bestimmung der Standardeingabewerte und Bewertung der Modelle die Daten aus der Warehouse Excellence Studie zur Verfügung. Beispielsweise:

- Anzahl an gelagerten Ladeeinheiten (S_NLUS),

- Anzahl an Entnahmeaufträgen (S_NO),

- Anzahl an Entnahmepositionen pro Entnahmeauftrag (S_NOL),

- Verweilzeit der Waren (S_TOR),

- Anzahl an Kommissionierzonen (S_NPZ),

- gesamte Arbeitszeit (T_TW),

- Flächenbedarf des Lager- und Kommissioniersystems (L_SR) und

- Gesamtkosten zum Erstellen und Betreiben eines Lager- und Kommissioniersystems (C_C).

Die Erhebung dieser Daten ist in der Praxis teilweise schwierig, da oftmals kein Prozess- bzw. Aufgabendenken vorhandenen ist und die für ein Benchmarking notwendige Standardisierung der Prozessgrenzen sowie der Dateninhalte nicht vorliegt. Dies führt dazu, dass die Daten unter Umständen fehlerhaft, unvollständig, inkonsistent oder unangemessen aggregiert bzw. disaggregiert sind und es somit notwendig ist, eine Vollständigkeits- sowie Plausibilitätsprüfung durchzuführen.

Bei der Plausibilitätsprüfung werden zunächst Kennzahlen gebildet, indem die Daten der Warehouse Excellence Studie untereinander ins Verhältnis gesetzten werden. Dies gewährleistet die Vergleichbarkeit der Daten, da die vorliegenden absoluten Daten auf eine einheitliche Bezugsgröße normiert werden. Folgende Kennzahlen werden gebildet:

- die Entnahmepositionen pro gesamter Arbeitszeit ($= \frac{S\_NO \cdot S\_NOL}{T\_TW}$),

- der Flächenbedarf pro durchschnittliche Anzahl an gelagerten Ladeeinheiten ($= \frac{L\_SR}{S\_NLUS}$)

- die Gesamtkosten pro Entnahmeposition ($= \frac{C\_C}{S\_NO \cdot S\_NOL \cdot 250}$; durchschnittliche jährliche Betriebstage eines Bereichs $= 250$ Tage)

Im Weiteren werden für diese Kennzahlen mit den validen Informationen aus der Literatur großzügige Unter- und Obergrenzen hergeleitet. Darauf aufbauend erfolgt eine Bewertung der realen Daten, so dass ungültige Datensätze herausgefiltert werden und eine valide Datengrundlage für die empirische Bestimmung der Standardeingabewerte sowie Bewertung der Modelle bereitgestellt wird.

Darüber hinaus werden die Kennzahlen bewertet, indem die effizienten Hüllen identifiziert werden. Hierzu werden die bestmöglichen erreichbaren Kennzahlen errechnet, basierend auf der zur Verfügung stehenden Daten der Warehouse Excellence Studie. Diese effizienten Hüllen ermöglichen es, die Kennzahlen der einzelnen Datensätze an das Niveau der Besten anzupassen. Darauf aufbauend ist eine bessere Interpretation der Abweichungen zwischen den Datensätze der Warehouse Excellence Studie und den Modellergebnissen möglich. Um die hierzu notwendigen effizienten Hüllen zu errechnen, wird der Mittelwert aus dem besten Quartil der validen Kennzahlen gebildet. Anschließend werden die Abweichung dieses Mittelwertes von der Kennzahl des jeweiligen Systems mittels eines Faktors ausgedrückt und die jeweiligen Kennzahlen mit diesem Faktor gewichtet.

Schritt 3: Verifizierung der Modelle

Bei der Verifizierung der Modelle wird geprüft, ob die Modelle die wesentlichen Zusammenhänge und Eigenschaften realer Lager- und Kommissioniersysteme wiedergeben. Sie beginnt bereits mit der Entwicklung der Modelle und folgt einer iterativen Vorgehensweise. Dabei werden die Modelle bewertet, mögliche Verbesserungspotentiale identifiziert, die Modelle entsprechend angepasst und wiederum bewertet. In dieser Iteration sind Bewertung und Anpassung der Modelle eng miteinander verknüpft. Beendet wird die Iteration, falls die Modelle die entsprechenden Zusammenhänge sowie Eigenschaften der Realität aufweisen und somit die Basis für die empirische Untersuchung gelegt ist.

Schritt 4: Empirische Bestimmung der Standardeingabewerte und Bewertung der Modelle

Während der empirischen Untersuchung werden die Ergebnisse der Modelle mit den validen Daten der Warehouse Excellence Studie bzw. den Informationen aus der Literatur, die im Folgenden als Systemdaten bezeichnet werden, verglichen. Dabei wird festgestellt, ob sie genügend genau übereinstimmen und damit die Modelle die Realität in ausreichendem Maße abbilden.

Die empirische Untersuchung beginnt mit der Ermittlung von geeigneten Standardeingabewerten, die die jeweiligen Modelle parametrisieren. Danach folgt eine Sensitivitätsanalyse. Sie misst zunächst den Einfluss der individuellen Eingabe- bzw. Standardeingabewerte auf die Ausgabewerte der Modelle, indem jeweils ein Parameter systematisch verändert wird. Diese Form der Analyse ermöglicht es, die Wirkbeziehungen und deren Ausprägungen zu identifizieren.

Aufbauend auf diesen Ergebnissen wird eine Iteration gestartet. Innerhalb dieser Iteration werden zunächst aus den Systemdaten die entsprechenden Eingabewerte für die Modelle abgeleitet. Für diese Eingabewerte werden die Ausgabewerte der Modelle erzeugt, die den entsprechenden Systemdaten gegenübergestellt werden.

Anschließend wird eine Regressionsanalyse durchgeführt, die den vermuteten linearen Zusammenhang zwischen den Modellergebnissen und Systemdaten untersucht (Mosler und Schmid (2006), S.293 ff.). Dabei wird eine Ausgleichsgerade für die Modellergebnisse bzw. die Systemdaten ermittelt, so dass die quadrierten Abweichungen der Ergebnisse bzw. Systemdaten zur Ausgleichsgeraden minimal sind. Diese Methode wird als Methode der kleinsten Quadrate bezeichnet.

Danach findet eine Korrelationsanalyse statt, die die Abhängigkeiten zwischen den Modellergebnissen und Systemdaten quantifiziert. Der dabei zu berechnende Korrelationskoeffizient misst die Stärke der Abhängigkeit und liegt im Wertebereich von minus 1 bis plus 1. Dabei zeigt ein Betrag nahe minus oder plus 1 einen hohen und ein Betrag nahe 0 einen niedrigen Zusammenhang auf (Law (2007), S. 225). Da der Korrelationskoeffizient stark auf Ausreißer reagiert und bei normalverteilten Merkmalen der Daten die beste Güte erreicht, werden die vorliegenden Daten zu Beginn der Analyse diesbezüglich untersucht. Tabelle 5.2 zeigt die übliche Interpretation des Korrelationskoeffizienten.

Aufbauend auf den Ergebnissen der Regressions- und Korrelationsanalyse werden die Güte der Modelle und die dazugehörigen Standardeingabewerte beurteilt. Ist deren Güte nicht ausreichend, so werden die geeigneten Standardeingabewerte justiert. Diese erfolgt, indem zunächst der Standardeingabewert mit dem größten Einfluss auf die Ergebnisse der Modelle innerhalb seinen realistischen Grenzen verändert wird. Diese Grenzen werden anhand den validen Informationen aus der Literatur bestimmt. Beispielsweise liegen die realistischen Grenzen des Standardeingabewertes Geschwindigkeit eines Mitarbeiters beim Entnehmen (T_VOP) mit einem Fördermittel bei $1,3\frac{m}{s}$ und $2,5\frac{m}{s}$ (Gudehus (2005), S. 578). Im Anschluss an eine Justierung startet die Iteration erneut.

Die Vorgehensweise wird solange wiederholt, bis die Modelle zufriedenstellende Ergebnisse erzielen oder die entsprechende realistische Grenze des Standardeingabewertes erreicht ist. In diesem Fall werden die entsprechenden Standardeingabewerte in absteigender Reihenfolge des Einflusses auf die Ergebnisse verändert. Die Iteration bricht ab, falls die

Tabelle 5.2.: Interpertation des Korrelationskoeffizienten (Brosius (2006), S. 519)

Korrelations-koeffizient	Interpretation
bis 0,2	sehr geringe Korrelation
bis 0,5	geringe Korrelation
bis 0,7	mittlere Korrelation
bis 0,9	hohe Korrelation
über 0,9	sehr hohe Korrelation

Ergebnisse der Modelle eine zufriedenstellende Güte erreichen oder über einen längeren Zeitraum keine Verbesserungen eintreten.

In Folge des modularen Aufbaus der Modelle bezüglich Zeit, Fläche und Kosten wird die empirische Bestimmung der Standardeingabewerte und Bewertung der Modelle stufenweise durchgeführt (siehe Abschnitt 5.1.2). Zunächst wird der Modellbaustein zur Berechnung der Zeit untersucht. Nachdem die entsprechende Güte hierfür erreicht ist, werden im Anschluss das darauf aufbauende Modul der Flächenberechnung und schließlich die Ermittlung der Kosten parametrisiert sowie bewertet.

Als Ergebnis stehen validierte Modelle mit ausreichender Abbildungsgenauigkeit zur Verfügung.

5.10.2. Beispiel

Die Ergebnisgüte der Vorgehensweise zur Bestimmung der Standardeingabewerte sowie Bewerten der Modelle wird durch die Anzahl und Güte der zur Verfügung stehenden Systemdaten bestimmt. Da in der Literatur hierfür nur wenige verwertbare Daten zu finden sind, stellen die realen Daten der Warehouse Excellence Studie die wichtigste Datengrundlage dar. Derzeit liegen 89 Datensätze vor, die sich gemäß Tabelle 5.1 auf die entsprechenden Aufgaben und Ausführungen verteilen.

Die Tabelle 5.1 zeigt, dass für eine fundierte Untersuchung aller Modelle die Datengrundlage noch zu gering ist. Es existieren einige Kombinationen von Ausführungen und Aufgaben, die bisher mit sehr wenigen bzw. keinen Datensätzen hinterlegt sind, wie z. B. SP_G/SP1 oder SP_G/SP4. Eine Parametrisierung kann bei diesen Kombinationen nur ermöglicht werden, wenn auf die begrenzte Anzahl an dokumentierten Daten aus der Literatur zurückgriffen wird bzw. Erkenntnisse von Untersuchungen anderer Kombinationen übertragen werden.

Eine weitere Herausforderung stellt die Bestimmung der Standardeingabewerte und Bewertung der Modelle für die Kostenberechnung dar. Während Distributionszentren leicht Angaben zu Zeit und Flächen geben können, ist die Ermittlung der Gesamtkosten und somit die monetäre Bewertung der System für sie schwierig. Es ist zu erkennen, dass im Gegensatz zu den Angaben bezüglich der Zeit und Fläche die Kostenangaben sehr stark streuen. Auch die Literatur beschäftigt sich fast ausschließlich mit den Themen Zeit und Fläche, da sie einfach objektiv vergleichbar sind. Die letztendlich entscheidenden Kennzahlen eines Lager- und Kommissioniersystems sind jedoch die Kosten.

Die dargestellte Vorgehensweise ist auf alle vorgestellten Modelle angewendet worden. Zur Verdeutlichung wird sie anhand der Analyse des Modells Mann zur Ware mit ein- bzw. zweidimensionaler Bewegung: Regallagerung (SP_B) exemplarisch erläutert. Begründet wird dies mit den insgesamt 53 Datensätze der Warehouse Excellence Studie, die für die Aufgaben SP2 bis SP6 zur Verfügung stehen (siehe Tabelle 5.1). Insbesondere wird auf die Aufgaben SP4 bis SP6 eingegangen, da sie zum einen ähnliche charakteristische Eigenschaften besitzen und zum anderen hierfür 38 Datensätze zur Verfügung stehen.

Schritt 1: Identifikation valider Daten aus der Literatur

Im ersten Schritt werden die Information aus der Literatur aufbereitet und in die Notation des DCRM überführt. So sind beispielsweise einige Quellen zu finden, die die erreichbaren Entnahmepositionen pro Zeiteinheit innerhalb eines Systems SP_B aufzeigen (Bito (2008) bzw. Koether (2001), S. 103)(siehe Abbildung 5.13). Sie schätzen die mögliche Anzahl an Entnahmepositionen einer technischen Ausführung SP_B für Kleinladungsträger (SP4, SP5 und gegebenenfalls SP6) auf 35 bis 80 Entnahmepositionen/Stunde. Für Großladungsträger (SP2 und SP3) wird aufgrund des höheren Flächenbedarfs für Großladungsträger und den damit verbundenen höheren Wegzeiten lediglich eine Leistung von 30 bis 50 Entnahmepositionen/Stunde angegeben. Die Spannweiten zwischen den minimalen und maximalen Entnahmepositionen pro Stunde resultieren aus dem Vielzahl an möglichen technischen und organisatorischen Varianten der Systeme.

Zur Abschätzung des Flächenbedarfs pro durchschnittlicher Anzahl an gelagerten Ladeeinheiten werden aus der Literatur die Abmessungen eines kleinen (Länge: 300mm, Breite: 200mm, Höhe: 147mm; VDA 3214) und eines großen (Länge: 600mm, Breite: 400mm, Höhe: 280mm; VDA 6428) Kleinladungsträgers sowie eines Großladungsträgers (Länge: 1200mm, Breite: 800mm, Höhe: 144) herangezogen (VDA-Empfehlung 4500 (2006), DIN 15 146 Teil 2 (1970)). Für die Gesamtkosten pro Entnahmeposition sind für das System SP_B in der Literatur keine Angaben zu finden, die eine Bewertung ermöglichen.

Wesselmann (2002), S. 116 ff. untersucht den Zusammenhang von Entnahmeleistung und der Anzahl der Entnahmepositionen pro Auftrag. Er zeigt den degressiv steigenden Zusammenhang zwischen beiden Größen und begründet dieses Phänomen dadurch, dass bei Aufträgen mit wenigen Positionen pro Auftrag prozentual höhere Zeitanteile für Rüstzeiten anfallen (Auftragsannahme, Vorbereitung von Kommissionierbehältern, Auftragsabgabe usw.)(siehe Abbildung 5.18). Umgerechnet auf die Wegezeiten pro Entnahmeposition fallen bei Aufträgen mit einer hohen Anzahl an Entnahmeposition weniger Wegezeiten pro Position an, so dass höhere Entnahmeleistungen möglich sind. Beson-

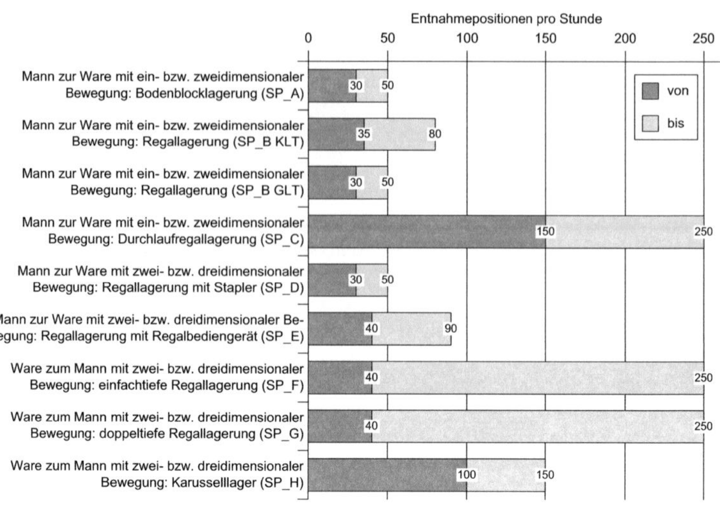

Abbildung 5.13.: Abschätzung der Entnahmeleistung für die modellierten Systeme (in Anlehnung an Bito (2008))

ders bei kleinen Aufträgen macht sich der Einfluss der Wegezeiten und der Rüstzeiten bemerkbar.

Miebach (1971), S. 63 stellt die Entnahmeleistung ins Verhältnis zum Flächenbedarf und der Anzahl der Entnahmepositionen pro Auftrag. Diesen Zusammenhang quantifiziert er anhand einer Simulation. Er identifiziert zwei Trends bezüglich der Entnahmeleistung: Zum einen, dass die Entnahmeleistung konstant bleibt, wenn bei steigendem Flächenbedarf die Entnahmepositionen pro Auftrag steigen. Zum Anderen, dass bei gleichbleibenden Entnahmepositionen pro Auftrag die Entnahmehäufigkeit um mehr als die Hälfte verringert werden muss, damit der zu bedienende Flächenbedarf verdoppelt werden kann.

Zusammenhänge in Verbindung mit den Gesamtkosten eines Lager- und Kommissioniersystems, wie z. B. Gesamtkosten in Abhängigkeit der Entnahmepositionen pro Auftrag, sind bisher in der Literatur nicht zu finden.

Geeignete Standardeingabewerte für die technische Ausführung SP_B und die damit zu erfüllenden Aufgaben sind mittels Literaturrecherchen sowie empirischen Untersuchungen definiert worden und sind in Tabelle A.2 dokumentiert.

Schritt 2: Identifikation valider Daten der Warehouse Excellence Studie

Zur Identifikation der validen Datensätze der Warehouse Excellence Studie werden die 53 Datensätze herangezogen, die eine Ähnlichkeit zur technischen Ausführung SP_B haben. Zunächst werden diese aufgeteilt in eine Gruppe mit technischen Ausführungen für Großladungsträger (15 Datensätze) und für Kleinladungsträger (38 Datensätze) (siehe

Tabelle 5.1). Die technischen Ausführungen der jeweiligen Gruppen besitzen ähnliche charakteristische Eigenschaften, so dass die Bestimmung der Standardeingabewerte und Bewertung des Modells SP_B einzeln für jede Gruppe durchgeführt wird. Im Folgenden wird die Vorgehensweise an der Gruppe für Kleinladungsträger verdeutlicht.

Für alle vollständig erfassten Datensätze beginnt die Plausibilitätsprüfung, indem für jeden Datensatz die Kennzahl Entnahmepositionen pro gesamte Arbeitszeit ($=\frac{S\_NO*S\_NOL}{T\_TW}$) gebildet wird (siehe Abbildung 5.14).

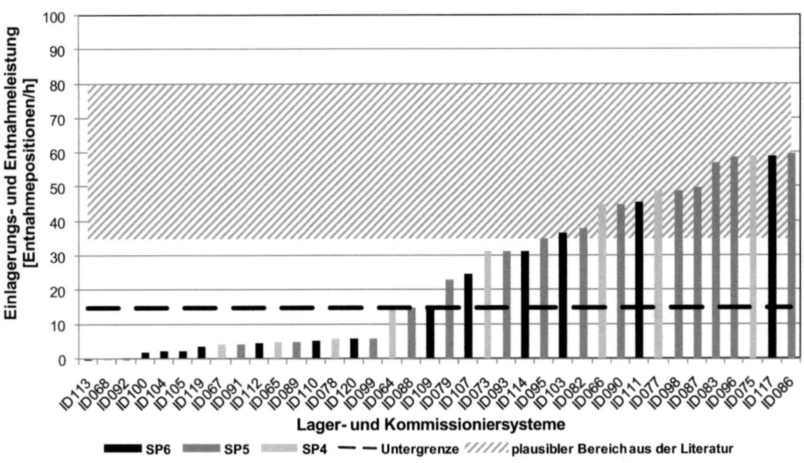

Abbildung 5.14.: Plausibilitätsprüfung bezüglich der Entnahmepositionen pro gesamte Arbeitszeit

Vergleichswerte aus der Literatur beschreiben nur die Entnahmeleistung (siehe Abbildung 5.13). Sie können lediglich zur Abschätzung einer Obergrenzen verwendet werden, da die Daten der Warehouse Excellence Studie neben der Entnahmeleistung auch die Einlagerungsleistung für die Beschickung berücksichtigen. Bei den Aufgabe SP4 oder SP6 ist daher nur die halbe Entnahmeleistung aus der Literatur realisierbar. Als Untergrenze wird daher die Hälfte der unteren Grenze aus der Literatur abzüglich einer Toleranz angenommen. In Abbildung 5.14 ist der plausible Bereich aus der Literatur grauschraffiert hinterlegt.

Es ist deutlich zu erkennen, dass die meisten Daten unterhalb der Angaben der Literatur liegen. Dies ist auf die Ungenauigkeit bei der Ermittlung der Daten und der Berechnung der Einlagerungs- und Entnahmeleistung zurückzuführen. Bei dieser Berechnung wird die Leistung aus drei Daten (Anzahl an Entnahmeaufträgen (S_NO), Anzahl an Positionen pro Auftrag (S_NOL), Arbeitszeit (T_TW)) bestimmt, wobei bereits eine geringe Abweichung bei einer der Daten zu einem großen Fehler führen kann (siehe Gleichung 5.27). Weiterhin ist zu beachten, dass reale Systeme aufgrund Ihrer manchmal geringen Durchsatzanforderungen die tatsächliche Einlagerungs- und Entnahmegrenzleistung nicht erreichen. Dies führt dazu, dass 40% der Daten die Untergrenze unterschreiten.

Anschließend wird die effiziente Hülle der gesamten Arbeitszeit (T_TW) berechnet, indem zunächst der Mittelwert des besten Quartils der Einlagerungs- und Entnahmeleistung bestimmt wird. Dieses Vorgehen identifiziert zum einen die besten Lager- und Kommissioniersysteme im Hinblick auf die Einlagerungs- und Entnahmeleistung und reduziert zum anderen die Bedeutung nicht plausibler Daten. Die effiziente Hülle stellt die theoretisch erreichbare Leistung dar. Wird der Mittelwert ins Verhältnis zur jeweiligen Entnahmeleistung der realen Systeme gesetzt, erhält man für jedes System einen Normierungsfaktor.

Mittels dieses Normierungsfaktors wird die gesamte Arbeitszeit eines Systems auf das Niveau der theoretisch erreichbaren Leistung angehoben, indem die gesamte Arbeitszeit eines Systems mit dem entsprechenden Normierungsfaktor multipliziert wird. Die entstehende effiziente Hülle der gesamten Arbeitszeit ist in Abbildung 5.15 dargestellt. Es ist zu erkennen, dass fast alle Systeme mit ihren Werten oberhalb der effizienten Hülle liegen. Lediglich die wenigen Systeme mit einen besseren Wert als der Mittelwert des besten Quartils, liegen unterhalb der effizienten Hülle.

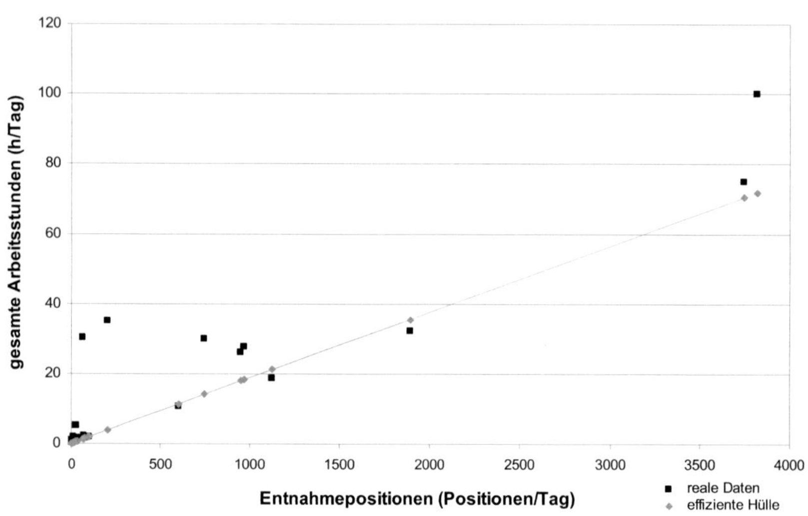

Abbildung 5.15.: Effiziente Hülle der gesamten Arbeitszeit

Die Daten des Flächenbedarfs pro durchschnittlicher Anzahl an gelagerten Ladeeinheiten bei den Kleinladungsträgern und einzelnen Artikeln zeigen größere Schwankungen, da die Ladeeinheiten keine einheitlichen Abmessungen besitzen. Daher ist es schwer, Unter- und Obergrenzen für einen plausiblen Raumbedarf pro Ladeeinheit abzuschätzen.

Um eine plausible Obergrenze abzuleiten, wird als Ladeeinheit ein Kleinladungsträger mit einem Volumen von $0{,}07m^3$ herangezogen, was einem großen Kleinladungsträger mit der Bezeichnung VDA 6428 entspricht. Weiterhin wird eine Gangbreite von 4m und entsprechend dem Greifmöglichkeiten eines Mitarbeiters eine Stapelhöhe von 2m angenommen. Dadurch können 4 Ladeeinheiten des VDA 6428 mit entsprechenden Greifräumen übereinander gestapelt werden. Der gesamte Flächenbedarf einer Ladeeinheit berechnet sich als Summe aus der Grundfläche einer Ladeeinheit und dem anteiligen Flächenbedarf des Gangs für eine Ladeeinheit. Zusätzlich wird bei der Berechnung ein Faktor für die Infrastruktur der Lagerung (z. B. für Regalstreben, Abstand zwischen zwei Kleinladungsträgern) eingeführt, der großzügig mit 1,8 angesetzt wird. Damit beträgt die Obergrenze:

$$\frac{0{,}6m \cdot 0{,}4m + 2m \cdot 0{,}6m}{4\ Ladeeinheiten} \cdot 1{,}8 = 0{,}64 \frac{m^2}{Ladeeinheit}. \tag{5.28}$$

Analog lässt sich eine Untergrenze bestimmen. Der kleine Kleinladungsträger VDA 3214 lässt sich bei einer Höhe von 2m zehnmal übereinander verstauen. Bei einer minimal möglichen Gangbreite von 1m bei diesem System und bei Vernachlässigung der Infrastruktur ergibt sich somit ein minimaler Flächenbedarf pro Ladeeinheit von

$$\frac{0{,}3m \cdot 0{,}2m + 0{,}5m \cdot 0{,}2m}{10\ Ladeeinheiten} = 0{,}016 \frac{m^2}{Ladeeinheit}. \tag{5.29}$$

In Abbildung 5.16 sind die Daten des Flächenbedarfs pro Ladeeinheit dargestellt. Die Daten der Systeme ID104, ID105 und ID083 übertreffen die Obergrenze bei weitem. Das System ID083 benötigt pro Ladeeinheit $5{,}7m^2$ und die Systeme ID104 bzw. ID105 $1{,}5m^2$ pro Ladeeinheit. Die Systeme ID086, ID078, ID099, ID120, ID067 und ID091 liegen unterhalb der Untergrenze.

Weiterführend wird die effiziente Hülle für den Flächenbedarf (L_SR) analog zur Bestimmung der effizienten Hülle für die gesamte Arbeitszeit (T_TW) ermittelt, wobei die Bewertung der Systeme anhand der Kennzahl Flächenbedarf pro durchschnittlicher Anzahl an gelagerten Ladeeinheiten erfolgt (siehe Abbildung 5.21).

Zur Aufbereitung der Gesamtkosten pro Entnahmepositionen können aufgrund des mangelnden Wissensstandes zum jetzigen Zeitpunkt keine plausiblen Unter- bzw. Obergrenzen angegeben werden. Jedoch ist in Abbildung 5.17 zu erkennen, dass einige Datensätze zweifelhaft sind. Die Datensätze ID113, ID068, ID92, ID104 und ID105 stellen in diesem Zusammenhang extreme Ausreißer nach oben dar. Sie liegen in einem Bereich zwischen 200 bis 800 Euro/Position und sind aus diesem Grund anzuzweifeln. Bei einer Vernachlässigung dieser fünf Datensätze verringert sich der Mittelwert der Daten erheblich von 51,25 Euro/Position auf 9,35. Außerdem besitzen die Datensätze eine hohe Varianz von 104,06. Die Identifizierung der validen Datensätze und darauf aufbauend die Bestimmung der Standardeingabewerte sowie die Bewertung des Modellbausteins Kosten sind anhand dieser Datensätze extrem schwierig.

Die entsprechende effiziente Hülle der Gesamtkosten ist in Abbildung 5.22 dargestellt, wobei im Gegensatz zu den bisher dargestellten Vorgehensweisen zur Bewertung der Systeme die Gesamtkosten pro Entnahmepositionen verwendet worden ist.

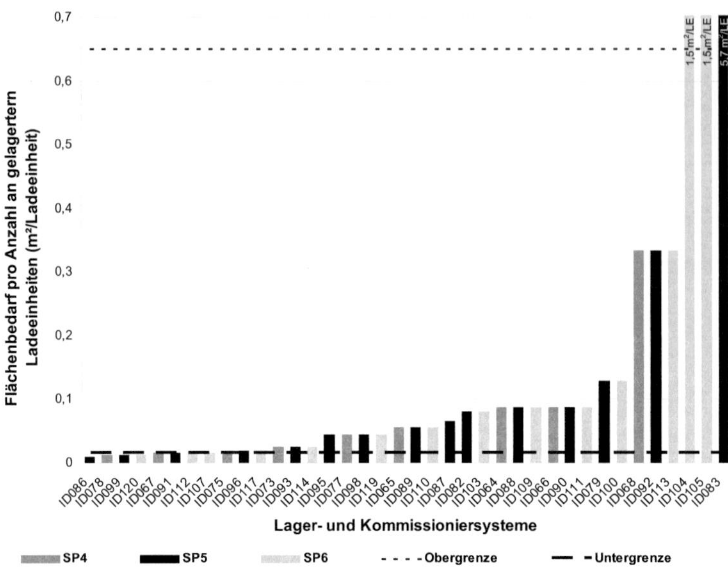

Abbildung 5.16.: Plausibilitätsprüfung bezüglich des Flächenbedarfs pro durchschnittlicher Anzahl an gelagerten Ladeeinheiten

Schritt 3: Verifizierung der Modelle

Bei der Verifizierung der Modelle wird überprüft, inwieweit die Modelle wesentliche Zusammenhänge und Eigenschaften der realen Lager- und Kommissioniersysteme wiedergeben. Dazu wird zunächst die Studie von Wesselmann (2002) herangezogen und der Einlagerungs- und Entnahmeleistung des Modells SP_B gegenübergestellt (siehe Abbildung 5.18). Es ist deutlich zu erkennen, dass die von Wesselmann (2002), S. 116 ff. beschriebene Tendenz der abnehmenden Steigung der Entnahmeleistung bei steigender Anzahl der Entnahmepositionen pro Entnahmeauftrag bestätigt wird.

Jedoch ist die anfängliche Steigung und die Höhe der Einlagerungs- und Entnahmeleistung des Modells SP_B geringer als bei Wesselmann (2002), S. 117. Dies ist darauf zurückzuführen, dass Wesselmann (2002), S. 116 ff. sich lediglich auf die Entnahme der Waren konzentriert. Das Modell SP_B aber die Entnahmeleistung anhand der gesamten Arbeitszeit (T_TW) ermittelt, d.h. es berücksichtigt sowohl das Einlagern als auch die Entnahme der Ware.

Zur Abschätzung der Leistung des Modells SP_B in Bezug auf die Entnahme der Ware wird Aufgabe SP4 verwendet. Bei dieser Aufgabe werden Kleinladungsträger/Packeinheiten eingelagert und entnommen. Dies hat zur Folge, dass T_TW zu gleichen Teilen aus der Zeit für das Einlagern und für die Entnahme besteht. Aufgrund dessen ist bei einer Ver-

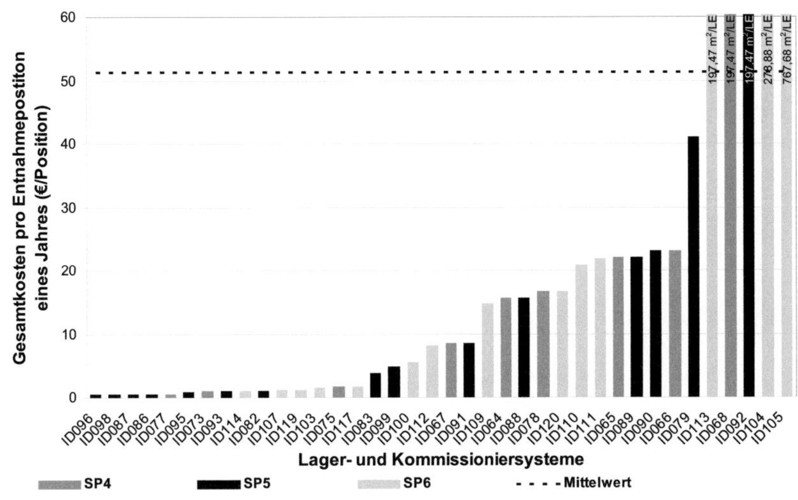

Abbildung 5.17.: Darstellung der Gesamtkosten pro Entnahmeposition

nachlässigung der Einlagerung während T_TW die doppelte Entnahmeleistung möglich. In Abbildung 5.18 ist zu erkennen, dass die Steigung und die Höhe der Entnahmeleistung von Wesselmann (2002) durch die Entnahmeleistung des Modells sehr gut wiedergegeben wird.

Weiterhin wird untersucht, inwieweit die Modelle den von Miebach (1971), S. 63 identifizierten Zusammenhang zwischen dem Flächenbedarf, den Entnahmepositionen pro Entnahmeauftrag und der Entnahmeleistung wiedergeben. Zur Durchführung einer Bewertung wurden zunächst die korrespondierenden Daten erzeugt. Dazu wurden die Anzahl der gelagerten Ladeeinheiten derart angepasst, dass die Grundfläche der von den Modellen errechneten Systeme den von Miebach (1971), S. 63 betrachteten Systemen entspricht. Die Anzahl der Auftragspositionen wurde entsprechend der Daten von Miebach (1971), S. 63 gewählt. Ebenso wurde, zur Bestimmung der Anzahl der Aufträge pro Tag, die von Miebach (1971), S. 63 prognostizierte Entnahmeleistung hinzugezogen und durch die Anzahl der Entnahmepositionen geteilt. Anschließend wurde die Entnahmeleistung oder auch Zugriffshäufigkeit nach Miebach (1971), S. 63 anhand der Anzahl an Entnahmeaufträgen (S_NO), Anzahl an Entnahmepositionen pro Entnahmeauftrag (S_NOL), der durchschnittlichen Arbeitszeit für die Entnahme (T_WTO) und des Flächenbedarfs (L_SR) wie folgt bestimmt:

$$\text{Entnahmeleistung nach Miebach (1971), S. 63} = \frac{S\_NO \cdot S\_NOL}{T\_WTO \cdot L\_SR}. \tag{5.30}$$

Auf diese Art ist der Zusammenhang bezüglich einer Fläche von 600, 1200 und 2400 Quadratmetern mit den Modellen erarbeitet und den Ergebnissen von Miebach (1971),

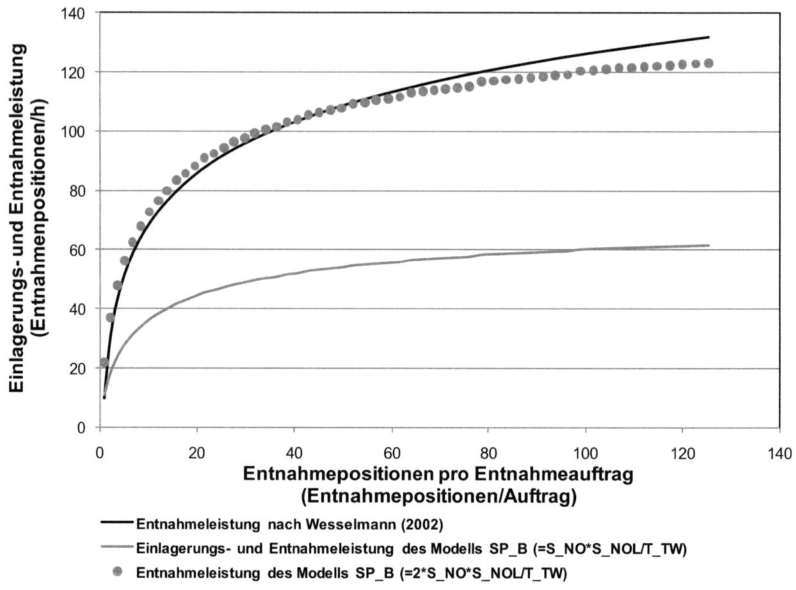

Abbildung 5.18.: Darstellung des Zusammenhangs zwischen Anzahl an Entnahmepositionen pro Auftrag sowie Einlagerungs- und Entnahmeleistung des Modells SP_B für die Aufgabe SP4 nach Wesselmann (2002), S. 117

S. 63 gegenübergestellt worden (siehe Abbildung 5.19). Dabei ist zu erkennen, dass die Modelle das von Miebach (1971), S. 63 dokumentierte Verhalten sehr gut abbilden.

Aufgrund der Tatsache, dass in der Literatur keine Zusammenhänge oder Eigenschaften bezüglich der entstehenden Gesamtkosten von Lager- und Kommissioniersystemen aufzufinden sind, kann an dieser Stelle keine Aussage getroffen werden.

Aufbauend auf der Verifizierung der Modelle können darüber hinaus erste Rückschlüsse zur Auswahl des geeigneten Wegzeitmodells für die technische Ausführung SP_B abgeleitet werden (siehe Abschnitt 5.3.3). Die qualitativen Experimente mit dem Modell SP_B und den unterschiedlichen Wegzeitmodellen zeigen, dass die Wegzeitmodelle Gudehus (2005), Hall (1993), Hwang et al. (2004), Jarvis und McDowell (1991) und Schulte (1996) ähnliche Ergebnisse für die Arbeitszeit T_TW liefern. Dies bestätigt u.a. die Standardabweichung der Ergebnisse, die maximal 4,7% des Mittelwertes beträgt. Lediglich das Wegzeitmodell von Roodbergen und Vis (2006) liefert stets höhere Ergebnisse als alle anderen Modelle. Außerdem erzeugt das Modell von Roodbergen und Vis (2006) für plausible Kombinationen an Eingabewerten negative Ergebnisse für T_TW. Aus diesen beiden Gründen ist dieses Wegzeitmodell für SP_B nicht geeignet.

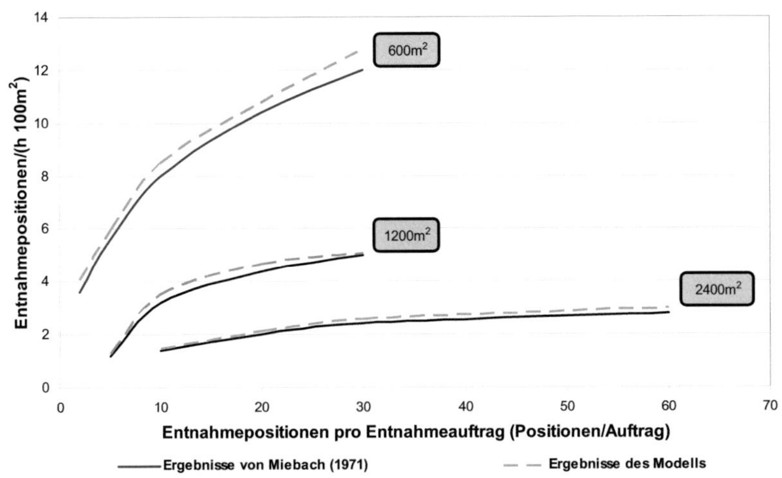

Abbildung 5.19.: Darstellung des Zusammenhangs zwischen Anzahl an Entnahmepositionen pro Auftrag und Flächendurchsatz des Modells SP_B nach Miebach (1971), S. 63

Das Wegzeitmodell von Hall (1993) wird ebenfalls nicht verwendet, da es einerseits sehr ähnliche Ergebnisse wie die anderen Modelle erzeugt und anderseits für weniger als 5 Entnahmepositionen pro Entnahmeaufträge keine Ergebnisse liefert. Bei den Modellen von Hwang et al. (2004) und Schulte (1996) steigt die Laufzeit des Modells für mehr als 5000 gelagerte Ladeeinheiten sehr stark an und umfasst mehrere Stunden. Da deren Ergebnisse eine sehr hohe Ähnlichkeit zu denen der anderen Modelle aufweisen, werden sie nicht weiter berücksichtigt. Es werden somit lediglich die Wegzeitmodelle von Gudehus (2005) und Jarvis und McDowell (1991) für das Modell SP_B als geeignet identifiziert und nachfolgenden detaillierter betrachtet.

Schritt 4: Empirische Bestimmung der Standardeingabewerte und Bewertung der Modelle

Die Bestimmung der Standardeingabewerte erfolgt aufgrund von Angaben aus der Literatur und von Herstellern. Sie bilden die Rahmenbedingungen der jeweiligen Modelle. Die Bewertung der Modelle erfolgt mittels empirischen Untersuchungen und Sensitivitätsanalysen. Hierbei wird jeweils ein individueller Eingabe- oder ein Standardeingabewert schrittweise verringert bzw. erhöht, während alle anderen Werte konstant gehalten werden. Anschließend werden die daraus folgenden Auswirkungen auf die Ausgabewerte bestimmt, indem der Mittelwert der Veränderungen berechnet wird (siehe Tabelle 5.3).

Das Ergebnis zeigt, wie weit die Eingabewerte die Ausgabewerte beeinflussen, z. B.

Tabelle 5.3.: Sensitivitätsanalyse des Modells SP_B

Code	Beschreibung	C_C — Gesamtkosten zum Erstellen und Betreiben eines Lager- und Kommissioniersystems	C_SC — fixe Kosten für die Fläche und das Gebäude	C_TIW — fixe Kosten für die innerbetriebliche Ausstattung des Lager- und Kommissioniersystems	C_TOW — variable Kosten des Lager- und Kommissioniersystems	L_SR — Flächenbedarf des Lager und Kommissioniersystems	T_TW — durchschnittliche gesamte Arbeitszeit	Einheit
individuelle Eingabewerte								
S_NLUS	Anzahl an gelagerten Ladeeinheiten	2,52	8,32	9,87	1,86	8,32	1,84	%
S_NO	Anzahl an Entnahmeaufträgen	8,94	0,00	0,08	9,82	0,00	9,85	%
S_NOL	Anzahl an Entnahmepositionen pro Entnahmeauftrag	7,09	1,70	0,15	7,71	1,70	7,72	%
S_TOR	Verweilzeit der Waren	-0,14	0,00	0,00	-0,16	0,00	-0,16	%
Standardeingabewerte								
C_BS	Investitionen für eine Basisstation	0,00	0,00	0,02	0,00	0,00	0,00	%
C_DBS	Abschreibungsdauer für eine Basisstation	0,00	0,00	-0,02	0,00	0,00	0,00	%
C_DGB	Abschreibungsdauer für eine Fläche und ein Gebäude	-0,39	-10,29	0,00	-0,01	0,00	0,00	%
C_DLU	Abschreibungsdauer für einen eingelagerten Ladungsträger	-0,45	0,00	-8,29	-0,01	0,00	0,00	%
C_DPM	Abschreibungsdauer für ein Regal	-0,10	0,00	-1,89	0,00	0,00	0,00	%
C_DTO	Abschreibungsdauer für ein Fördermittel zum Entnehmen	0,00	0,00	-0,09	0,00	0,00	0,00	%
C_DTR	Abschreibungsdauer für ein Fördermittel zum Einlagern bzw. Entnehmen	0,00	0,00	0,00	0,00	0,00	0,00	%
C_IGB	Investitionen für eine Fläche und ein Gebäude	0,38	10,00	0,00	0,01	0,00	0,00	%
C_MC	prozentualer Faktor für Wartung, Instandhaltung und Energie	0,02	0,00	0,00	0,02	0,00	0,00	%
C_MTO	Investitionen für ein Fördermittel zum Entnehmen	0,00	0,00	0,08	0,00	0,00	0,00	%
C_MTR	Investitionen für ein Fördermittel zum Einlagern	0,00	0,00	0,00	0,00	0,00	0,00	%
C_PC	Lohnkosten	9,08	0,00	0,00	9,98	0,00	0,00	%
C_RC	Investitionen pro Regal	0,10	0,00	1,84	0,00	0,00	0,00	%
C_SLU	Investitionen für einen eingelagerten Ladungsträger	0,44	0,00	8,06	0,01	0,00	0,00	%
L_DRC	Tiefe eines Regals	0,75	3,88	0,11	0,66	3,88	0,66	%
L_DRE	Bereitstellpunkt des vorhergehenden Bereichs	0,01	0,13	0,00	0,00	0,13	0,00	%
L_HR	Höhe eines Regals	-3,04	-13,61	-3,07	-2,61	-13,61	-2,60	%
L_HRC	Höhe eines Regalfachs	2,77	12,25	2,77	2,38	12,25	2,37	%
L_LBS	Länge einer Basisstation	0,00	0,00	0,00	0,00	0,00	0,00	%
L_LRC	Länge eines Regalfachs	2,09	8,93	1,97	1,81	8,93	1,81	%
L_WFA	Breite eines Stirngangs	0,06	1,68	0,00	0,00	1,68	0,00	%
L_WOA	Breite eines Gangs	1,06	5,51	0,09	0,94	5,51	0,94	%
L_WST	Breite des Ganges zum Bereitstellpunkt eines vorgelagerten Bereichs	0,00	0,13	0,00	0,00	0,13	0,00	%
S_NR	Anzahl an Ladungsträger pro Einlagerungsrundgang	-0,03	0,00	0,00	-0,03	0,00	-0,03	%
S_NRC	Anzahl an bereitgestellten Ladeeinheiten pro Regalfach	-2,09	-9,05	-1,99	-1,82	-9,05	-1,81	%
S_PRO	Produktivität eines Mitarbeiters	-9,35	0,00	-0,09	-10,26	0,00	-10,29	%
S_SW	Anzahl der Schichten pro Tag	0,00	0,00	-0,09	0,00	0,00	0,00	%
T_B	Beschleunigung eines Mitarbeiter	-0,54	0,00	-0,01	-0,59	0,00	-0,59	%
T_BT	Basiszeit pro Entnahmeauftrag	0,51	0,00	0,00	0,56	0,00	0,56	%
T_GTI	Greifzeit pro Entnahmeposition	2,17	0,00	0,02	2,38	0,00	2,39	%
T_GTR	Greifzeit pro einzulagernde Ladeeinheit	0,03	0,00	0,00	0,03	0,00	0,03	%
T_OP	Betriebstage des Lager- und Kommissionierbereichs pro Jahr	9,08	0,00	0,00	9,98	0,00	0,00	%
T_RA	Beschleunigung eines Mitarbeiters beim Einlagern	-0,04	0,00	0,00	-0,04	0,00	-0,04	%
T_RBT	Basiszeit pro Einlagerungsrundgang	0,01	0,00	0,00	0,01	0,00	0,01	%
T_RR	Totzeit pro einzulagernde Ladeeinheit	0,04	0,00	0,00	0,05	0,00	0,05	%
T_RTL	Totzeit pro Entnahmeposition	2,89	0,00	0,03	3,18	0,00	3,19	%
T_RV	Geschwindigkeit eines Mitarbeiters beim Einlagern	0,02	0,00	0,00	0,02	0,00	0,02	%
T_VOP	Geschwindigkeit eines Mitarbeiters beim Entnehmen	-2,40	0,00	-0,02	-2,64	0,00	-2,65	%
T_WOP	Arbeitszeit einer Schicht	0,00	0,00	-0,09	0,00	0,00	0,00	%

- eine Steigerung der Anzahl von Entnahmeaufträgen (S_NO) um 10% hat zur Folge, dass T_TW um durchschnittlich 9,85% ansteigt,

- eine Steigerung der Höhe eines Regalfachs (L_HRC) um 10% hat zur Folge, dass L_SR um durchschnittlich 13,61% sinkt oder

- eine Steigerung der Investitionen für eine Basisstation (C_BS) um 10% hat einen vernachlässigbar kleinen Einfluss auf C_C.

Durch die Überprüfung der Zusammenhänge zwischen den Eingabewerten sowie den Ausgabewerten der Modelle wird die Verifizierung der Modelle nochmals unterstützt. Die Ergebnisse der Sensitivitätsanalyse werden im Folgenden verwendet, um die Standardeingabewerte gezielt innerhalb ihrer realistischen Grenzen zu verändern, so dass die Ausgabewerte der Modelle eine möglichst hohe Güte erreichen.

Die Erarbeitung der geeigneten Standardeingabewerte erfolgt in einer iterativen Vorgehensweise. Hierbei werden, für die jeweilige Kombination an Aufgaben und technischen Ausführungen, die Standardeingabewerte systematisch angepasst sowie mittels einer Regressionsanalyse und Korrelationsanalyse bewertet. Die Iteration endet, wenn eine ausreichend genaue Übereinstimmung zwischen Modell und vorliegenden realen Daten aufgezeigt werden kann. Zur Verdeutlichung dieser Vorgehensweise, wird im Folgenden auf die Kombination SP5/SP_B eingegangen. Die Auswahl dieser Kombination wird mit der großen Menge an zur Verfügung stehenden realen Datensätzen begründet (siehe Tabelle 5.1).

Das Ergebnis der Regressionsanalyse für die Kombination SP5/SP_B sowie der jeweiligen Wegzeitmodelle von Gudehus (2005) und Jarvis und McDowell (1991) sind in den Abbildungen 5.20, 5.21 sowie 5.22 dargestellt, in den die realen Daten bzw. effizienten Hüllen den Modellergebnissen gegenübergestellt werden. Es ist somit zunächst zu erkennen, dass die Arbeitszeit durch die Modelle sehr gut abgeschätzt wird. Dies wird durch die Nähe der Regressionsgeraden zur Winkelhalbierenden verdeutlicht. Vor allem trifft dies für die Regressionsgeraden der Modelle zur effizienten Hülle zu. Insgesamt werden jedoch die realen Daten vom Modell leicht unterschätzt.

Der Flächenbedarf wird hingegen überschätzt, was an den Datenpunkten und den daraus resultierenden Regressionsgeraden zu erkennen ist, die oberhalb der Winkelhalbierenden liegen. Dies ist in erster Linie darauf zurückzuführen, dass das Modell SP5/SP_B einen Standardbehälter verwendet, der in dieser Art in der Praxis nicht allgemein benutzt wird. Aufgrund der Vielzahl an zur Verfügung stehenden Kleinladungsträgern sind die Standardeingabewerte entsprechend einem mittleren Behälter bestimmt worden, auf Basis dessen die Modelle den Flächenbedarf insgesamt gut widerspiegeln.

Die Gesamtkosten der Lager- und Kommissioniersysteme werden durch die Modelle ebenfalls überschätzt. Es ist wiederum die große Streuung der realen Daten zu erkennen, die die Bestimmung geeigneter Standardeingabewerte erschwert. Aus diesem Grund sind die Standardeingabewerte in Bezug auf ein mittleres System bestimmt worden. Dies ist an der Regressionsgeraden zu erkennen, die sich nahe an der Winkelhalbierenden befinden. Jedoch können aufgrund der großen Streuung der realen Daten die Standardeingabewerte der Kostenberechnung lediglich als Anhaltspunkte verstanden werden. Mit zunehmender Datenmenge sind vor allem diese Werte zu überprüfen.

Die Ergebnisse für das Modell SP_B bei der Verwendung der Wegzeitmodelle von Gude-

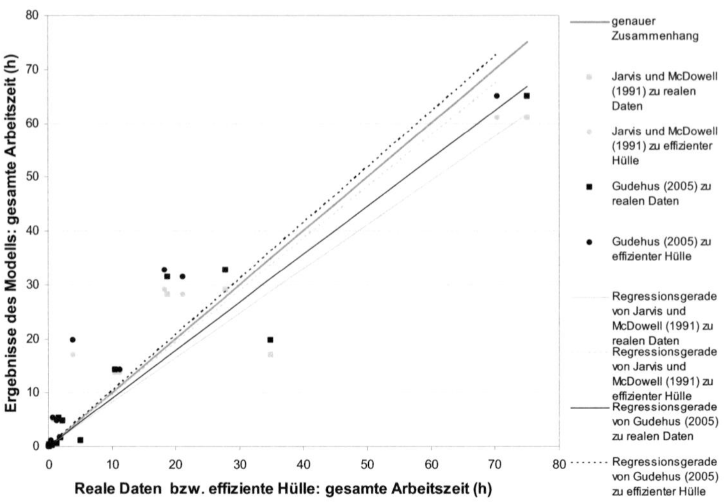

Abbildung 5.20.: Regressionsanalyse für SP5/SP_B bezüglich der gesamten Arbeitszeit (T_TW)

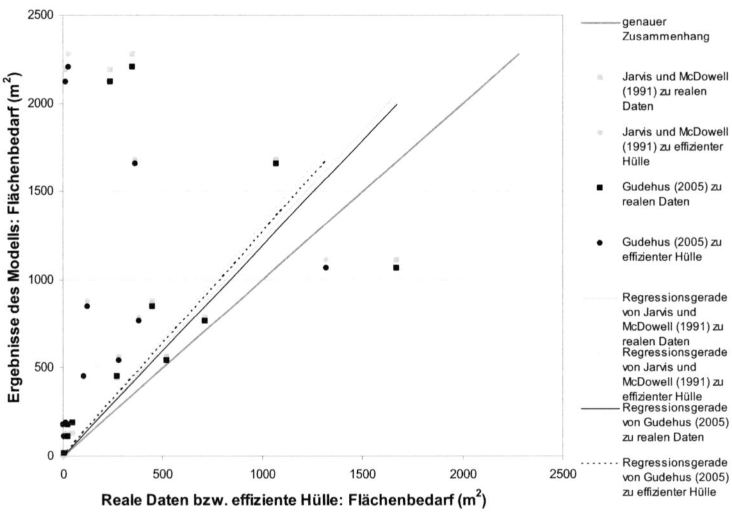

Abbildung 5.21.: Regressionsanalyse für SP5/SP_B bezüglich des Flächenbedarfs (L_SR)

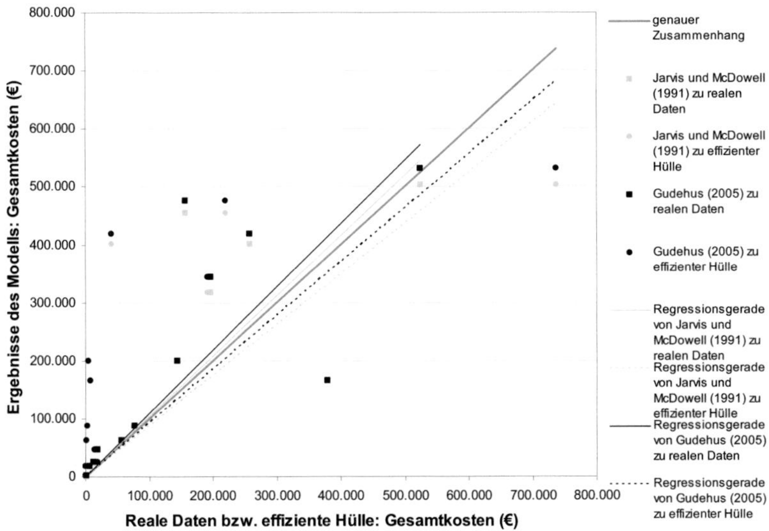

Abbildung 5.22.: Regressionsanalyse für SP5/SP_B bezüglich der Gesamtkosten (C_C)

hus (2005) und Jarvis und McDowell (1991) sind sehr ähnlich. Für eine genauere Bewertung der Modelle werden die Ergebnisse der Korrelationsanalyse herangezogen, die den Zusammenhang zwischen den realen Daten und den Ergebnissen der Modelle untersucht.

Bei der Durchführung der Korrelationsanalyse wird wiederum auf die 38 Datensätze des Modells SP_B für die Aufgaben SP4, SP5 und SP6 zurückgegriffen, da die Aussagefähigkeit der Analyse mit zunehmender Anzahl an Daten steigt. Die Zusammenfassung dieser drei Aufgaben und die eigenständige Untersuchung der Aufgaben SP2 und SP3 beruht auf den geringfügigen Unterschieden in den Standardeingabewerten für die Aufgaben SP4, SP5 und SP6.

Bei der Korrelationsanalyse sind zunächst die zugrunde liegenden realen Daten auf die Eigenschaft der Normalverteilung hin untersucht worden, da die Analyse bei normalverteilten Daten die aussagekräftigsten Ergebnisse liefert. Dazu sind zunächst die Daten logarithmiert worden, um die Bedeutung von Ausreißern zu verringern. Anschließend ist für alle Datensätze ein einfacher Test auf Normalverteilung anhand von Q-Q-Diagrammen durchgeführt worden (Brosius (2006), S. 399 f.). Als Beispiel werden in Abbildung 5.23 die Ergebnisse für die Gesamtkosten verdeutlicht. Die Abbildung zeigt, dass die realen Daten um eine Gerade streuen, wodurch der hinreichende Beweis auf Normalverteilung geführt worden ist. Die Analyse der anderen Ausgabewerte liefert ebenfalls positive Ergebnisse.

Die Ergebnisse der Korrelationsanalyse werden in Tabelle 5.4 dargestellt. Eine allgemeine Interpretation dieser Ergebnisse (siehe Tabelle 5.2) verdeutlicht, dass bei beinahe allen

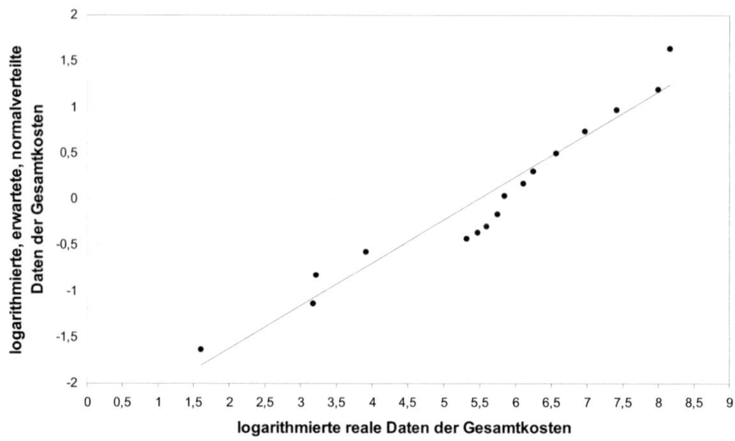

Abbildung 5.23.: Q-Q-Diagramm für die Daten der Gesamtkosten

Ausgabewerten zwischen den Modellergebnissen und den Systemdaten ein starker bis sehr starker Zusammenhang zu erkennen ist. Einzig bei der Bewertung der Investitionskosten kann nur von einer mittleren Korrelation gesprochen werden. Bei näherer Betrachtung der realen Daten fällt auf, dass diese stark streuen, wodurch u.a. die geringe Korrelation begründet ist.

Darüber hinaus wird anhand der Tabelle 5.4 deutlich, dass die Korrelation zwischen den realen Daten und den Ergebnissen des Modells SP_B in Verbindung mit dem Wegzeitmodell Gudehus (2005) bei allen Ausgabewerten größer ist als mit dem Wegzeitmodell von Jarvis und McDowell (1991). Aus diesem Grund ist das Wegzeitmodell von Gudehus (2005) für das Modell SP_B ausgewählt worden (siehe Anhang A.2).

5.10.3. Zusammenfassung

Die Ergebnisse der Bestimmung der Standardeingabewerte und Bewertung der Modelle sind in Tabelle 5.5 zusammengefasst, indem für die jeweiligen Modelle die geeigneten Weg- bzw. Spielzeitmodelle aufgezeigt werden. Außerdem wird ein Überblick vermittelt, an welcher Stelle im Anhang die entwickelten Modelle und deren Standardeingabewerte für die entsprechenden Aufgaben bereitgestellt werden.

Tabelle 5.4.: Ergebnisse der Korrelationsanalyse von SP5/SP_B

Code	Beschreibung	Korrelationskoeffizient	
		Gudehus (2005)	Jarvis und McDowell (1991)
C_C	Gesamtkosten zum Erstellen und Betreiben eines Lager- und Kommissioniersystems	0,8164	0,6894
C_SC	fixe Kosten für die Fläche und das Gebäude	0,6886	0,5024
C_TIW	fixe Kosten für die innerbetriebliche Ausstattung des Lager- und Kommissioniersystems	0,5770	0,3079
C_TOW	variable Kosten des Lager- und Kommissioniersystems	0,8639	0,8390
L_SR	Flächenbedarf des Lager und Kommissioniersystems	0,7103	0,5379
T_TW	durchschnittliche gesamte Arbeitszeit	0,8664	0,8367

Tabelle 5.5.: Zusammenfassung der Bestimmung der Standardeingabewerte und Bewertung der Modelle

Code	Beschreibung	geeignetes Weg- bzw. Spielzeitmodell	Modell	Standardwerte
SP_A	Mann zur Ware mit ein- bzw. zweidimensionaler Bewegung: Bodenblocklagerung	Gudehus (2005)	Abbildung A.2 bis A.5	Tabelle A.1
SP_B	Mann zur Ware mit ein- bzw. zweidimensionaler Bewegung: Regallagerung	Gudehus (2005)	Abbildung A.7 bis A.9	Tabelle A.2
SP_C	Mann zur Ware mit ein- bzw. zweidimensionaler Bewegung: Durchlaufregallagerung	Arnold und Furmans (2007)	Abbildung A.11 bis A.14	Tabelle A.3
SP_D	Mann zur Ware mit zwei- bzw. dreidimensionaler Bewegung: Regallagerung mit Stapler	Borcherdt (1994)	Abbildung A.16 bis A.18	Tabelle A.4
SP_E	Mann zur Ware mit zwei- bzw. dreidimensionaler Bewegung: Regallagerung mit Regalbediengerät	Gudehus (2005)	Abbildung A.20 bis A.23	Tabelle A.5
SP_F	Ware zum Mann mit zwei- bzw. dreidimensionaler Bewegung: einfachtiefe Regallagerung	Gudehus (1972b)	Abbildung A.25 bis A.27	Tabelle A.6
SP_G	Ware zum Mann mit zwei- bzw. dreidimensionaler Bewegung: doppeltiefe Regallagerung	Lippolt (2003)	Abbildung A.29 bis A.32	Tabelle A.7 und A.8
SP_H	Ware zum Mann mit zwei- bzw. dreidimensionaler Bewegung: Karussellager	Litvak und Adan (2001)	Abbildung A.34 bis A.37	Tabelle A.9

6. Zusammenfassung

> „... So eine Arbeit wird eigentlich nie fertig
> man muß sie für fertig erklären,
> wenn man nach Zeit und Umständen das Möglichste getan hat.“
> *Johann Wolfgang von Goethe, Schriftsteller und Naturwissenschaftler, 1749-1832*

Der Prozess Lagern und Kommissionieren stellt eine besondere Herausforderung innerhalb eines Distributionszentrums dar. Er ist zum einen fast in jedem Distributionszentrum der arbeitsintensivste sowie kostenintensivste Prozess und zum anderen auch der Prozess mit den komplexesten Abläufen. Aus diesem Grund ist es für die Wettbewerbsfähigkeit eines Distributionszentrums von entscheidender Bedeutung, dass bei Neu- oder Umplanungen die geeigneten technischen Ausführungen berücksichtigt werden bzw. dass eine kontinuierliche Bewertung, Analyse und Verbesserung bestehender Ausführungen durchgeführt wird.

Die vorgestellte standardisierte, systematische Vorgehensweise zum objektiven Analysieren, Vergleichen sowie Bewerten des Prozesses Lagern und Kommissionieren ermöglicht es, nach den besten industriellen Verfahren mit überdurchschnittlicher Leistungsfähigkeit zu suchen. Darüber hinaus können gezielt Leistungsabweichungen bei bestehenden Ausführungen aufgezeigt werden (Camp (1994), S. 31 ff.).

Im wissenschaftlichen und industriellen Umfeld existieren lediglich individuelle, technikorientierte oder Black-Box-Ansätze, die der angestrebten Vorgehensweise nur teilweise gerecht werden. Aus diesem Grund ist am Institut für Fördertechnik und Logistiksysteme das Distribution Center Reference Model (DCRM) entwickelt worden, das ein Benchmarking von Distributionszentren erlaubt. Das DCRM ist dabei gekennzeichnet durch eine standardisierte Sprache und eine eindeutig definierte Baukastenstruktur. Es handelt sich um ein aufgabenorientiertes Modell, das durch seinen hierarchischen Aufbau Untersuchungen auf den unterschiedlichen Detaillierungsebenen Top, Prozess und Aufgabe ermöglicht. Aufgrund dieser Eigenschaften ist das DCRM in der Lage, nicht nur die Frage nach der Effizienz, sondern auch nach der Effektivität einzelner Systeme zu beantworten.

Ein Vergleich zwischen existierenden Systemen (realen Benchmarking) wird in nahezu allen Benchmarkingstudien angewendet. Diese Vorgehensweise besitzt neben vielen Vorzügen auch einige Schwachstellen. Aus diesem Grund wird diese Art des Benchmarking im DCRM für die Prozesse Wareneingang, Lagern und Kommissionieren, Konsolidieren und Verpacken sowie Warenausgang durch ein theoretisches Benchmarking auf der Aufgabenebene erweitert, d.h. einen Leistungsvergleich von realen Systemen mit theoretischen Modellen eines Systems. Dadurch können jederzeit Vergleichsobjekte für bestehende Systeme mit unterschiedlichsten Anforderungen aufgezeigt und eine Bewertung von verschiedensten Szenarien zur Weiterentwicklung der Systeme durchgeführt werden.

Die Entwicklung der theoretischen Modelle für eine ganzheitliche Bewertung und damit für ein theoretisches Benchmarking des Prozesses Lagern und Kommissionieren stehen im Zentrum der vorliegenden Arbeit.

Als Voraussetzung hierfür sind aus der fast unüberschaubaren Vielzahl an existierenden Lager- und Kommissioniersystemen die wesentlichen Ausführungen ausgewählt worden, die mindestens 80% der am häufigsten genutzten Lagerbauformen der Praxis darstellen. Unter Berücksichtigung der Zielsetzung des DCRM und den daraus abgeleiteten Anforderungen, wie

- Einfachheit bzw. Transparenz,
- Genauigkeit,
- Flexibilität,
- Zeitaufwand bzw. Schnelligkeit und
- Reproduzierbarkeit bzw. Objektivität

haben sich schließlich statische Berechnungsmodelle als geeignet erwiesen.

Die auf diesen beiden Voraussetzungen basierende, ausführliche Literaturrecherche zeigt zunächst, dass bisher kein universelles Modell vorliegt, das für alle Ausführungen eine ganzheitliche Bewertung ermöglicht. Eine ganzheitliche Bewertung mittels eines Modells, d.h. eine Berechnung der Zeit sowie Fläche in gegenseitiger Abhängigkeit, mit deren Hilfe auf den Personal- sowie Investitionseinsatz und abschließend auf die Gesamtkosten geschlossen werden kann. Vielmehr konzentrieren sich die veröffentlichten Modelle auf die Entwicklung von Weg- bzw. Spielzeitmodellen für einzelne Lager- und Kommissioniersysteme. Ebenfalls sind vereinzelte Modelle zu finden, die die Berechnung der Ressourcen Fläche und Kosten thematisieren. Die Idee einer ganzheitlichen Bewertung eines Lager- und Kommissioniersystems in einem Modell wird in der Literatur bisher lediglich angedeutet, so dass diese bestehende Lücke die Motivation für die vorliegende Arbeit war.

Für die wesentlichen Lager- und Kommissioniersysteme sind statische Berechnungsmodelle entwickelt worden, die eine ganzheitliche Bewertung ermöglichen. Hierbei handelt es sich um die Modelle

- Mann zur Ware mit ein- bzw. zweidimensionaler Bewegung: Bodenblocklagerung (SP_A),
- Mann zur Ware mit ein- bzw. zweidimensionaler Bewegung: Regallagerung (SP_B),
- Mann zur Ware mit ein- bzw. zweidimensionaler Bewegung: Durchlaufregallagerung (SP_C),
- Mann zur Ware mit zwei- bzw. dreidimensionaler Bewegung: Regallagerung mit Stapler (SP_D),
- Mann zur Ware mit zwei- bzw. dreidimensionaler Bewegung: Regallagerung mit Regalbediengerät (SP_E),
- Ware zum Mann mit zwei- bzw. dreidimensionaler Bewegung: einfachtiefe Regallagerung (SP_F),
- Ware zum Mann mit zwei- bzw. dreidimensionaler Bewegung: doppeltiefe Regalla-

gerung (SP_G) und

- Ware zum Mann mit zwei- bzw. dreidimensionaler Bewegung: Karusselllager (SP_H).

Die Entwicklung der Modelle beruht dabei auf ausführlich beschriebenen Layouts sowie Material- und Informationsflüssen der ausgewählten Systeme. Diese Systeme stellen keine optimale Lösung bei jeglicher Art von Anforderungen und Aufgaben dar. Vielmehr handelt es sich hierbei um transparente, neutrale und objektive Möglichkeiten, einen guten Materialfluss bei verschiedenen Anforderungen und Aufgaben zu realisieren.

Abschließend ist überprüft worden, ob die Modelle ein genügend genaues Abbild der Realität darstellen. Hierbei sind zum ersten Mal Modelle für Lager- und Kommissioniersysteme anhand von realen Daten anstatt von Simulationsergebnissen bewertet worden. Aus diesem Grund ist eine Vorgehensweise zur Bestimmung der Standardeingabewerte und Bewertung der Modelle erarbeitet worden, die auf alle Modelle angewendet und anhand eines Beispiels aufgezeigt worden ist. Die Ergebnisse dieser Vorgehensweise verdeutlichen, dass die Modelle die Realität gut widerspiegeln und somit nichts gegen die Nutzung der Modelle spricht. Es ist jedoch anzumerken, dass die Bestimmung der Standardeingabewerte und Bewertung der Modelle auf den wenigen zur Verfügung stehenden Informationen aus der Literatur und den aktuell zur Verfügung stehenden Daten der Warehouse Excellence Studie beruhen. Aus diesem Grund sind die erarbeiteten Standardeingabewerte nur bedingt aussagekräftig. Es ist daher anzustreben, mit zunehmender Anzahl an verfügbaren Daten der Warehouse Excellence Studie und in enger Kooperation mit Herstellern sowie Betreibern der Systeme, die Güte der Modelle stetig zu verbessern. Dies würde einen wesentlichen Beitrag zur Erweiterung des Wissenstandes über Lager- und Kommissioniersysteme leisten.

Literatur

Afa-Tabelle (2000). *AfA-Tabelle für die allgemein verwendbaren Anlagegüter (AV) vom 15.12.2000 (BStBl. I S. 1532).*

Alicke, K., C. R. Lippolt und J. Wisser (2006). *Intralogistik - Potentiale, Perspektiven, Prognosen*, Kapitel Prozessorientiertes Benchmarking von Distributionszentren in Wertschöpfungsnetzwerken, S. 91–100. Berlin, Heidelberg, New York: Springer Verlag.

Appelt, G. und H. Krampe (1985). *Stückgutlagerung.* Berlin: VEB Verlag Technik.

Arnold, D. und K. Furmans (2007). *Materialfluss in Logistiksystemen* (5. Aufl.). Berlin, Heidelberg, New York: Springer Verlag.

Arnold, D., H. Isermann, A. Kuhn und H. Tempelmeier (2002). *Handbuch Logistik* (2. Aufl.). Berlin, Heidelberg, New York: Springer Verlag.

Ashayeri, J. und L. Gelders (1985). Warehouse design optimization. *European Journal of Operations Research 21*, S. 285–294.

Ashayeri, J., R. Heuts, M. Valkenburg, H. Veraart und M. Wilhelm (2001). A geometrical approach to computing expected cycle times for class-based storage layouts in AS/RS. In: *Discussion Paper 57 of the Tilburg University, Center for Economic Research.*

Ballou, R. (1974). *Business Logistics Management.* Engelwood Cliffs, New Jersey: Prentice Hall.

Banks, J. (1998). *Handbook of simulation.* Wiley.

Bassan, Y., Y. Roll und M. Rosenblatt (1980). Internal layout design of a warehouse. *AIIE Transactions 12*(4), S. 317–322.

Bito (2008, Juli 2008). Kommissionieren ... ein wenig Theorie (http://www.bito.de/bitocms/www_root/documents/Einfuehrung_in_die_Kommissioniertechnik.pdf). Forschungsbericht, Bito-Lagertechnik.

Borcherdt, U. (1994). *Spielzeitermittlung für Flurförderzeuge zur Regalbedienung mit von der Hubhöhe abhängiger Fahrgeschwindigkeit.* Dissertation, Fakultät für Maschinenbau der Universität Stuttgart, Stuttgart.

Bossel, H. (1994). *Modellbildung und Simulation: Konzepte, Verfahren und Modelle zum Verhalten dynamischer Systeme.* Braunschweig, Wiesbaden: Vieweg Verlag.

Bozer, Y. und J. White (1984). Travel-time models for automated storage/retrieval systems. *IIE Transactions 16*(4), S. 329–338.

Brockhaus-Enzyklopädie (2006). *Brockhaus-Enzyklopädie: in 30 Bänden* (21. Aufl.). Mannheim: F.A. Brockhaus GmbH.

Brosius, F. (2006). *SPSS 14.* Mitp-Verlag.

Bruns, R. (1990). Diagonalfahrteinschränkung von Schmalgangstaplern. *F+H Fördern und Heben 40*, S. 82–92.

Camp, R. (1994). *Benchmarking.* München, Wien: Carl Hanser Verlag.

Caron, F., G. Marchet und A. Perego (1998). Routing policies and COI-based storage policies in picker-to-part systems. *International Journal of Production Research 3*(3), S. 713–732.

Chang, D., U.-P. Wen und J. Lin (1995). The impact of acceleration/deceleration on travel-time models for automated storage/retrieval systems. *IIE Transactions 27*(1), S. 108–111.

Chew, E. und L. Tang (1999). Travel time analysis for general item location assignment in a rectangular warehouse. *European Journal of Operations Research 112*, S. 582–597.

Cormier, G. und E. Gunn (1996a). On coordinating warehouse sizing, leasing and inventory policy. *IIE Transactions 28*, S. 149–154.

Cormier, G. und E. Gunn (1996b). Simple Models and insights for warehouse sizing. *Journal of the operational research society 47*(5), S. 690–696.

Cormier, G. und E. A. Gunn (1992). A review of warehouse models. *European Journal of Operations Research 58*, S. 3–13.

De Koster, M. B. M. und B. M. Balk (2008). Benchmarking and monitoring international warehouse operations in Europe. *Production and operations management 17*, S. 175–183.

De Koster, R., T. Le-Duc und K. Roodbergen (2006). Design und control of warehouse order picking: a literature review. *ERIM Report Series research in Management ERS-2006-005-LIS*, S. 1–30.

DIN 15 146 Teil 2 (1970). *DIN 15 146 Teil 2: Vierwege-Flachpaletten aus Holz. 800mm mal 1200mm. Flurfördergeräte. Europäische Tauschpalette.* Beuth Verlag GmbH.

Elsaysed, E. und O. Unal (1989). Order batching algorithms and travel-time estimation for automated storage/retrieval systems. *International Journal of Production Research 27*, S. 1097–1114.

Enslow, B. und J. O'Neill (2006). The warehouse productivity benchmark report. Forschungsbericht, Aberdeen Group.

FEM 9.851 (2002). *FEM 9.851: Serienhebezeuge - Leistungsnachweis für Regalbediengeräte - Spielzeiten.* Deutsches Nationalkomitee der Fdration Europenne de la Manutention.

Figgener, O. (2006). Reengineering im Lager. *Logistik für Unternehmen 1/2*, S. 26–27.

Föller, J. (2005). Techniken zur Informationsbereitstellung in der Kommissionierung. *F+H Fördern und Heben 1-2*, S. 38–41.

Förster, A. und G. Wäscher (2005). Benchmarking von Distributionslägern. In: S. Foschiani, W. Habenicht und G. Wäscher (Hrsg.), *Strategisches Wertschöpfungsmanagement in dynamischer Umwelt - Festschrift für Erich Zahn*, S. 307–333.

Francis, R. (1967). On some problems of rectangular warehouse design and layout. *Journal of Industrial Engineering 18*(10), S. 595–604.

Furmans, K. (1992). *Ein Beitrag zur theoretischen Behandlung von Materialflusspuffern in Bediensystemnetzwerken.* Dissertation, Fakultät für Maschinenbau der Universität Karlsruhe (TH), Karlsruhe.

Furmans, K., C. Huber und J. Wisser (2008). Leistungsfähigkeit von Distributionszentren systematisch vergleichen - Distribution Center Reference Model ermöglicht Ermittlung aussagekräftiger Kennzahlen. *F+H Fördern und Heben 1/2*, S. 15–17.

Furmans, K., C. R. Lippolt und J. Wisser (2006a). Benchmark-Initiative für Distributionszentren. *Logistik für Unternehmen 11/12*, S. 40–42.

Furmans, K., C. R. Lippolt und J. Wisser (2006b). Was leisten (neue) Technologien in der Intralogistik wirklich? *F+H Fördern und Heben Report 2006/2007*, S. 7–9.

Goh, M., O. Jihong und T. Chung-Piaw (2001). Warehouse sizing to minimize inventory and storage costs. *Naval Research Logistics Quarterly 48*(4), S. 299–312.

Graves, S., W. Hausman und L. Schwarz (1977). Storage-retrieval interleaving in automatic warehousing systems. *Management Science 23*(9), S. 935–945.

Grochla, E. (1969). *Handwörterbuch der Organisation* (1. Aufl.). Stuttgart: C. E. Poeschel Verlag.

Grochla, E. (1980). *Handwörterbuch der Organisation* (2. Aufl.). Stuttgart: C. E. Poeschel Verlag.

Gudehus, T. (1972a). Analyse des Schnelläufereffektes in Hochregallagern. *F+H Fördern und Heben 2*(2), S. 65–67.

Gudehus, T. (1972b). Auswahlregeln für Geschwindigkeiten von Regalförderzeugen. *F+H Fördern und Heben 22*, S. 123–124.

Gudehus, T. (1972c). Grundlagen der Spielzeitberechnung für automatische Hochregallager. *Deutsche Hebe- und Fördertechnik 18*(Sonderheft), S. 63–68.

Gudehus, T. (1973). *Grundlagen der Kommissioniertechnik, Dynamik der Warenverteil- und Lagersysteme*. Essen: Girardet.

Gudehus, T. (2005). *Logistik - Grundlagen, Strategien, Anwendungen* (3., neu bearbeitete Aufl.). Berlin: Springer Verlag.

Ha, J. und H. Hwang (1994). Class-based storage assignment policy in carousel system. *Computer and Industrial Engineering 26*(3), S. 489–499.

Hackman, S., E. Frazelle, P. Griffion und D. Griffin, S.O. Vlasta (2001). Benchmarking warehousing and distribution operations: An input-output approach. *Journal of Productivity Analysis 16*, S. 79–100.

Hall, R. (1993). Distance approximation for routing manual pickers in a warehouse. *IIE Transactions 25*, S. 77–87.

Han, M., L. McGinnis und J. White (1988). Analysis of rotating rack operation. *Material Flow 4*, S. 283–293.

Hausman, W., L. Schwarz und S. Graves (1976). Optimal storage assignment in automatic warehousing systems. *Management Science 22*(6), S. 629–639.

Hung, M. und J. Fisk (1984). Economic sizing of warehouse - A linear programming approch. *Computers and Operations Research 11*, S. 13–18.

Hwang, H. und J. Ha (1991). Cycle time models for single/double carousel system. *International Journal of Production Economics 25*, S. 129–140.

Hwang, H., S. Kim und H. Ko (1999). Performance analysis of carousel systems. *Computer and Industrial Engineering 36*(3), S. 473–485.

Hwang, H. und S. Lee (1990). Travel-time models considering the operation characteristics of the storage and retrieval maschine. *International Journal of Production Research 28*(10), S. 1779–1789.

Hwang, H., Y. Oh und Y. Lee (2004). An evaluation of routing policies for order-picking operations in low-level picker-to-part system. *International Journal of Production Research 42*(18), S. 3873–3889.

Hwang, H., Y. Song und K. Kim (2004). The impacts of acceleration/deceleration on travel time models for carousel systems. *Computer and Industrial Engineering 46*,

S. 253–265.

Jarvis, J. und E. McDowell (1991). Optimal product layout in an order picking warehouse. *IIE Transactions 23*(1), S. 93–102.

Johnson, M. und M. Brandeau (1996). Stochastic modeling for automated material handling system design and control. *Transportation Science 30*(4), S. 330–350.

Kim, S. und A. Seidman (1990). A framework for the exact evaluation of expected cycle times in automated storage systems with full-turnover allocation and random service requests. *Computer and Industrial Engineering 18*(4), S. 601–612.

Klaus, P. (2007). Benchmarking Center Nürnberg. Forschungsbericht, Fraunhofer-Arbeitsgruppe für Technologien der Logistik- Dienstleistungswirtschaft.

Klaus, P. und W. Krieger (Hrsg.) (2004). *Gabler Lexikon Logistik - Management logistischer Netzwerke und Flüsse* (3. Aufl.). Wiesbaden: Gabler.

Klaus, P., F. von Tucher und N. Lubecki (1996). *Benchmarkingstudie Distributionslager*. Fraunhofer-Anwendungszentrum für Verkehrslogistik und Kommunikationstechnik.

Kleinrock, L. (1975). *Queueing Systems. Vol. 1: Theory.* New York, Chichester, Brisbane, Toronto: John Wiley.

Klinger, A. (1994). *Spielzeitberechnung und Lagerdimensionierung dynamischer Umlaufregalsysteme vom Typ Rotary-Rack*. Dissertation, Fakultät für Maschinenbau der Technischen Universität Graz, Graz.

Koether, R. (2001). *Technische Logistik* (3. Aufl.). München, Wien: Carl Hanser Verlag.

Kouvlis, P. und V. Papanicolaou (1995). Expected travel time and optimal boundary formulas for a two-class based automated storage/retrieval system. *International Journal of Production Research 33*(10), S. 2889–2805.

Kunder, R. und T. Gudehus (1975). Mittlere Wegzeiten beim eindimensionalen Kommissionieren. *Zeitschrift of Operations Research 19*, S. B53–B72.

Law, A. (2007). *Simulation modeling and analysis* (5. Aufl.). New York: McGraw-Hill.

Le-Duc, T. (2005). *Design and control of efficient order picking processes*. Dissertation, Erasmus Research Institute of Management (ERIM) RSM Erasmus University/ Rotterdam School of Economics Erasmus University Rotterdam, Rotterdam.

Levy, J. (1974). The optimal size of a storage facility. *Naval Research Logistics Quarterly 21*, S. 319–326.

Lippolt, C. (2003). *Spielzeiten in Hochregallagern mit doppeltiefer Lagerung*. Dissertation, Fakultät für Maschinenbau der Universität Karlsruhe (TH), Karlsruhe.

Litvak, N. und I. Adan (2001). The travel time in carousel systems under the nearest item heuristic. *Journal of Applied Probability 38*(1), S. 45–54.

Litvak, N., I. Adan, J. Wessels und W. Zijim (2001). Order picking in carousel systems under the nearest item heuristic. *Probability in the Engineering and Information Science 15*, S. 135–164.

Luczak, H., J. Webe und H.-P. Wiendahl (2003). *Logistik-Benchmarking - Prozessleitfaden mit LogiBEST*. Heidelberg: Springer Verlag.

Malton, I. (1991). Efficient order picking - The need for it and possible solutions. *Proceedings of the 11th International Conference Automation in Warehousing 11*.

Markwardt, U. (2004). *Modellierung modularer Materialfluss-Systeme mit Hilfe von künstlichen neuronalen Netzen*. Dissertation, Fakultät für Maschinenwesen der

Technischen Universität Dresden, Dresden.

Martin, H. (2002). *Transport- und Lagerlogistik: Planung, Aufbau und Steuerung von Transport und Lagersystemen* (4. Aufl.). Braunschweig, Wiesbaden: Vieweg Verlag.

McGinnis, L., D. Bodner, M. Goetschalckx, T. Govindaraj und G. Sharp (2004). Toward a comprehensive descriptive model for warehouses. In: *2004 International Material Handling Research Colloquium (IMHRC)*, S. 265–283.

McGinnis, L., A. Johnson und M. Villareal (2006). Benchmarking warehouse performance study. Forschungsbericht, Keck Virtual Factory Lab.

Meller, R. und J. Klote (2004). A throughput model for carousel/VLM pods. *IIE Transactions 36*, S. 725–741.

Miebach, J. (1971). *Die Grundlagen einer systembezogenen Planung von Stückgutlagern, dargestellt am Bespiel eines Kommissionierslagers.* Dissertation, Fakultät für Wirtschaftswissenschaften der Technische Universität Berlin, Berlin.

Mosler, K. und F. Schmid (2006). *Wahrscheinlichkeitsrechnung und schließende Statistik* (2. Aufl.). Berlin, Heidelberg, New York: Springer Verlag.

N.N. (1994). Verteilung der Lagerbauformen in Industrie und Handel. *entnommen aus der Vorlesung Materialflusslehre - Lagern und Kommissionieren des Institutes für Fördertechnik und Logistiksysteme, Universität Karlsruhe.*

O'Neill, J. (2006). The extended warehouse benchmark report. Forschungsbericht, Aberdeen Group.

Oser, J. (1991). Analysis and design of a high speed performance rotary rack. *Automation in Warehousing - Proceedings of the 11th International Confercence, Helsinki, Finnland, IFS Publications 11*, S. 391–407.

Oser, J. und P. Garlock (1998). Technology and throughput of double deep multi-shuttle AS/RS. Forschungsbericht, Proceedings of the 5th International Colloquium on Material Handling Research, Phoenix/Arizona (USA).

Park, B. (1999). Optimal dwell point policies for automated storage/retrieval systems with dedicated storage. *IIE Transactions 31*, S. 1011–1013.

Park, B., J. Park und R. Foley (2003). Carousel system performance. *Journal of Applied Probability 40*(3), S. 602–612.

Park, B. und Y. Rhee (2005). Performance of carousel systems with 'organ-pipe' storage. *International Journal of Production Research 21*, S. 4685–4695.

Pieper, R. (1982). *Auswahl und Bewertung von Kommissioniersystemen - Entwicklung von Entscheidungshilfen.* Dissertation, Rheinisch-Westfälischen Technischen Hochschule Aachen, Aachen.

Prettenhaler, S. (1979). Auswirkungen von Schnelläuferzonen auf die RFZ-Spielzeiten. *F+H Fördern und Heben 29*(7), S. 634–635.

Rao, A. und M. Rao (1998). Solution procedures for sizing of warehouses. *European Journal of Operational Research 108*, S. 16–25.

Roodbergen, K. und I. Vis (2006). A model for warehouse layout. *IIE Transactions 38*, S. 799–811.

Rother, M. und J. Shook (2001). *Sehen lernen - mit Wertstromdesign die Wertschöpfung erhöhen und Verschwendung beseitigen.* LOG X Verlag.

Rouwenhorst, B., V. Reuter, B. und Stockrahm, G. Houtum, R. Mantel und W. Zijm (2000). Warehouse design and control: framework and literature review. *European Journal of Operations Research 122*, S. 515–533.

Sarker, B. und P. Babu (1995). Travel time models in automated storage/retrieval systems: A critical review. *International Journal of Production Economics 40*, S. 173–184.

Schaab, W. (1968). *Technisch-wirtschaftliche Studie über die optimalen Abmessungen automatischer Hochregallager unter besonderer Berücksichtigung der Regalförderzeuge.* Dissertation, Technische Universität Berlin, Berlin.

Schierenbeck, H. (1999). *Grundzüge der Betriebswirtschaftslehre* (14. unwes. veränd. Aufl.). München, Wien: R. Oldenbourg Verlag.

Schmidt, T. (2005, März). Systemtechnische Ansätze zur Erfüllung neuer Anforderungen an Lagersysteme. *Logistics Journal der Wissenschaftlichen Gesellschaft für Technische Logistik (WGTL)*, S. 1–3.

Schneider, H. (2000). Leistungsberechnung der Kommissionierung. In: *Fachhandbuch Lagertechnik und Betriebseinrichtung.* Verband für Lagertechnik und Betriebseinrichtungen.

Schulte, J. (1996). *Berechnungsgrundlagen konventioneller Kommissioniersysteme.* Dissertation, Fakultät für Maschinenbau der Universität Dortmund, Dortmund.

Staiger, S. (1992). *Entwicklung eines rechnergestützten Verfahrens zur technischenwirtschaftlichen Bewertung von Lager- und Kommissioniersystemen.* Dissertation, Fakultät für Wirtschaftswissenschaften der Universität Karlsruhe (TH), Karlsruhe.

Stölzle, W. und C. Gaiser (1996). Logistik-Kennzahlensysteme. Kennzahlen als Instrument für den Leistungsvergleich von Distributionslagerhäusern. *Controlling 1*, S. 40–48.

Su, C. (1998). Performance evaluations of carousel operation. *Production Planning and Control 9*(5), S. 477–488.

Supply-Chain Council (2007). SCOR 8.0 Overview Booklet. Forschungsbericht, Supply-Chain Council.

Supply Chain Visions (2007a). Warehouse managers guide for benchmarking. Forschungsbericht, Warehouse Education and Research Council.

Supply Chain Visions (2007b). Warehousing and fulfillment - process benchmark & best practices. Forschungsbericht, Warehouse Education and Research Council.

Supply Chain Visions (2007c). Worksheets for quantitative & qualitative benchmarking. Forschungsbericht, Warehouse Education and Research Council.

Tempelmeier, H. und H. Kuhn (1993). *Flexible Fertigungssysteme: Entscheidungsunterstützung für Konfiguration und Betrieb.* Heidelberg, Berlin, New York, London, Paris, Tokyo: Springer Verlag.

ten Hompel, M., T. Schmidt und L. Nagel (2007). *Materialflusssysteme - Förder- und Lagertechnik* (3. Aufl.). Springer Verlag.

Töpper, H.-H. (1996). *Entwicklung eines Verfahrens zur Auswahl und technischen Gestaltung von Kommissioniersystemen.* Dissertation, Fakultät für Maschinenbau der Universität Dortmund, Dortmund.

Van der Berg, J. (1999). A literature survey on planning and control of warehousing systems. *IIE Transactions 31*, S. 751–762.

VDA-Empfehlung 4500 (2006). *VDA-Empfehlung 4500: Kleinladungsträger(KLT)-Systeme.* Verband der Automobilindustrie.

VDI-Richtlinie 2411 (1970). *VDI-Richtlinie 2411: Begriffe und Erläuterungen im Förderwesen.* Düsseldorf: VDI-Verlag.

VDI-Richtlinie 2516 (2003). *VDI-Richtlinie 2516: Flurförderzeuge für Regalbedienung - Spielzeitermittlung in Schmalgängen*. Beuth Verlag GmbH.

VDI-Richtlinie 2690 (1994). *VDI-Richtlinie 2690: Material- und Datenfluß im Bereich von automatisierten Hochregallagern - Grundlagen*. Düsseldorf: Beuth Verlag GmbH.

VDI-Richtlinie 3590 (1994). *VDI-Richtlinie 3590: Kommissioniersysteme, Blatt 1 - Grundlagen*. Berlin: Beuth Verlag GmbH.

VDI-Richtlinie 3590 (2002). *VDI-Richtlinie 3590: Kommissioniersysteme, Blatt 3 - Praxisbeispiele*. Berlin: Beuth Verlag GmbH.

Vössner, S. (1994). *Spielzeitberechnung von Regalförderzeugen*. Dissertation, Fakultät für Maschinenbau und Wirtschaftswissenschaften der Technische Universität Graz, Graz.

Wan, Y. und R. Wolff (2004). Picking clumpy orders on a carousel. *Probability in the engineering and information science 18*(1), S. 1–11.

Weidlich, A. (1995). *Berechnungsmethode für die mittleren Spielzeiten von Schmalgangstaplern*. Dissertation, Fakultät für Maschinenwesen der Universität Hannover, Hannover.

Wesselmann, J. (2002). *Entwicklung einer Systematik zum Benchmarking von Kommissioniersystemen mit Ähnlichkeitsgraden*. Dissertation, Fakultät für Maschinenbau der Universität Dortmund, Dortmund.

White, J. und R. Francis (1971). Normative models for some warehouse sizing porblems. *AIIE Transactions 3*, S. 185–190.

Whitestone Research (1996). Notes on M&R cost benchmarks. Forschungsbericht, Whitestone Research.

Wichmann, A. (1993). *Planungshilfsmittel für manuelle Kommissioniertätigkeiten*. Dissertation, Fakultät für Maschinenbau der Universität Dortmund, Dortmund.

Zschau, U. (1963). *Technisch-wirtschaftliche Studie über die Anwendbarkeit von Stapelkranen im Lagerbetrieb*. Dissertation, Technische Universität Berlin, Berlin.

A. Statische Berechnungsmodelle

Im Folgenden werden die entwickelten statischen Berechnungsmodelle des Prozesses Lagern und Kommissionieren detailiert beschrieben. Zunächst wird dazu der Aufbau des entsprechenden Lager- und Kommmissioniersystems durch eine Prinzipskizze erläutert. Weiterführend wird das dazugehörige Modell in Form eines Ablaufdiagrammes dargestellt. Abschließend erfolgt die spezifische Beschreibung der zugrundeliegenden Systeme, indem empfohlene Standardeingabewerte für die jeweiligen Aufgaben des DCRM bereitgestellt werden.

A.1. Mann zur Ware mit ein- bzw. zweidimensionaler Bewegung: Bodenblocklagerung (SP_A)

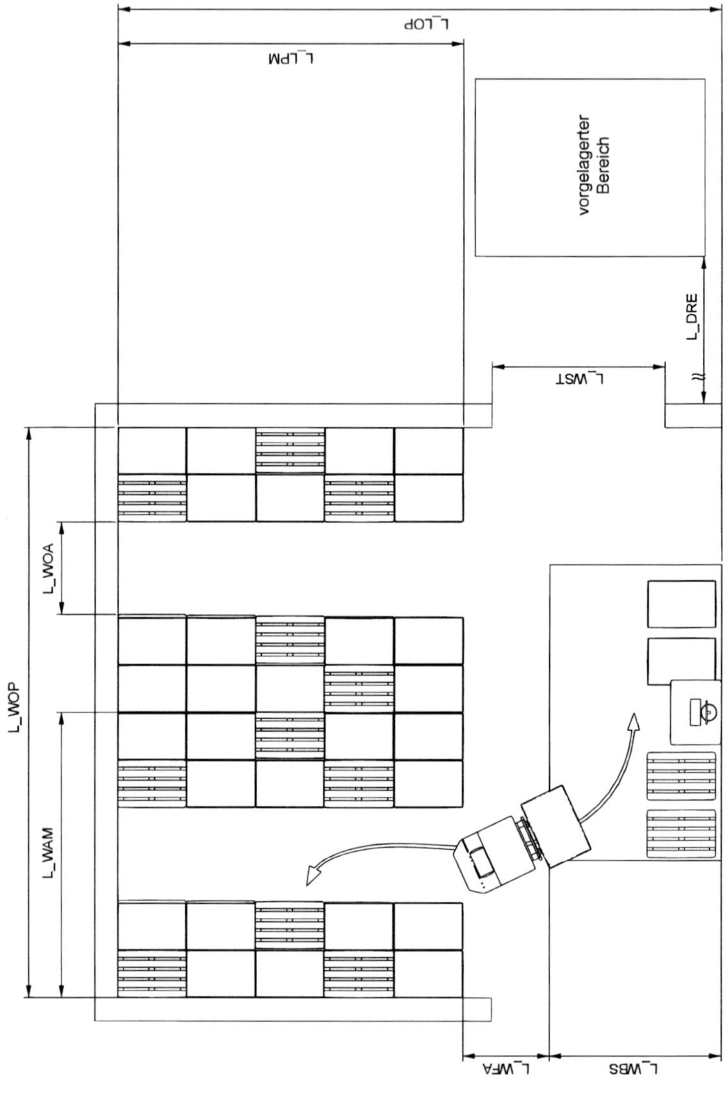

Abbildung A.1.: Prinzipskizze des Modells SP_A

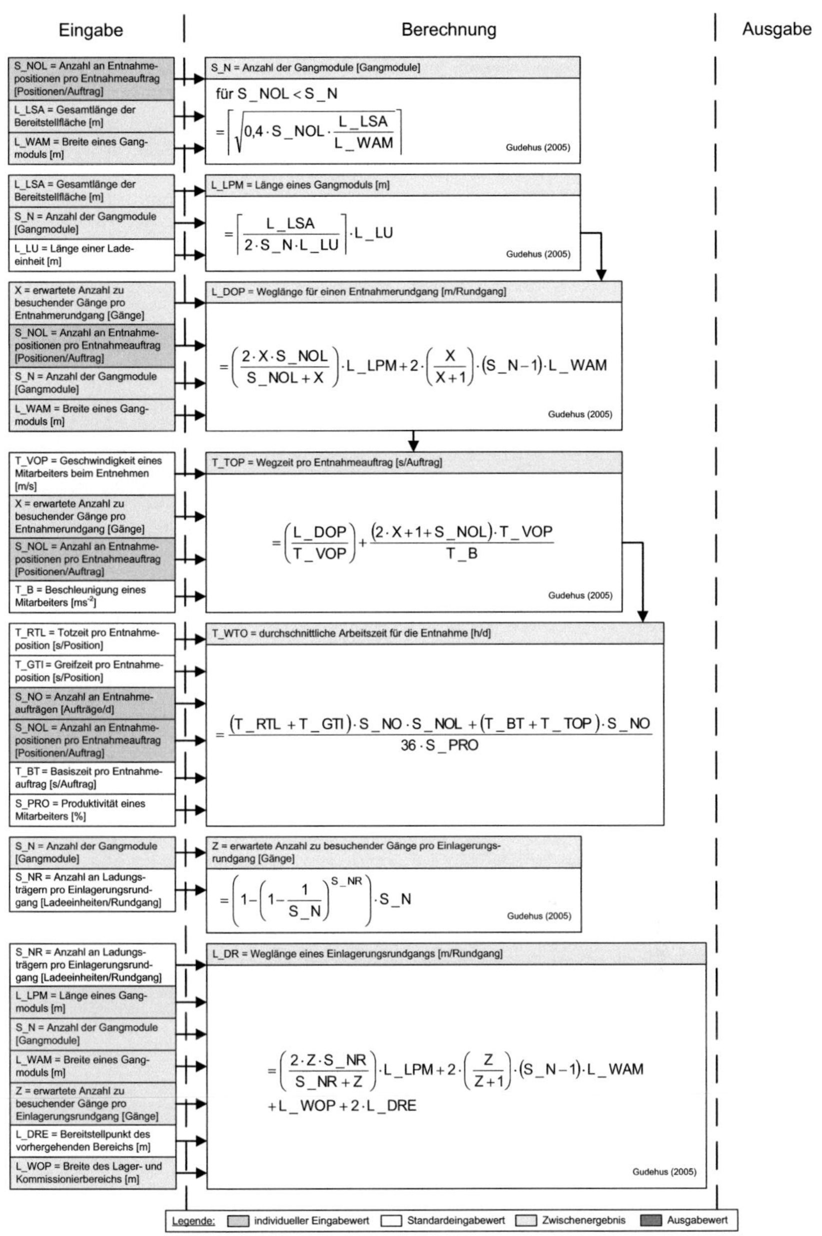

Abbildung A.2.: Statisches Berechnungsmodell SP_A (1 von 4)

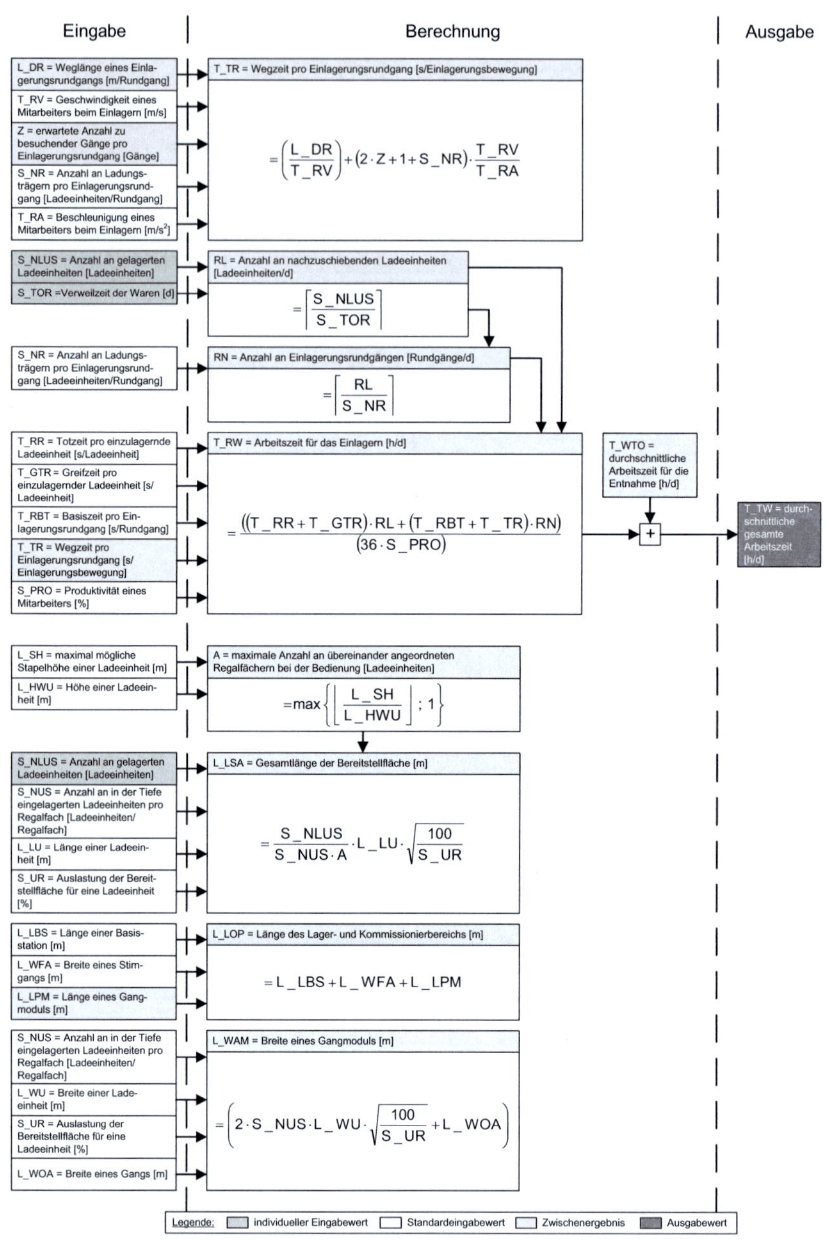

Die Formeln im Diagramm:

$$T\_TR = \left(\frac{L\_DR}{T\_RV}\right) + (2 \cdot Z + 1 + S\_NR) \cdot \frac{T\_RV}{T\_RA}$$

$$RL = \left\lceil \frac{S\_NLUS}{S\_TOR} \right\rceil$$

$$RN = \left\lceil \frac{RL}{S\_NR} \right\rceil$$

$$T\_RW = \frac{\left((T\_RR + T\_GTR) \cdot RL + (T\_RBT + T\_TR) \cdot RN\right)}{(36 \cdot S\_PRO)}$$

$$A = \max\left\{\left\lfloor \frac{L\_SH}{L\_HWU} \right\rfloor ; 1\right\}$$

$$L\_LSA = \frac{S\_NLUS}{S\_NUS \cdot A} \cdot L\_LU \cdot \sqrt{\frac{100}{S\_UR}}$$

$$L\_LOP = L\_LBS + L\_WFA + L\_LPM$$

$$L\_WAM = \left(2 \cdot S\_NUS \cdot L\_WU \cdot \sqrt{\frac{100}{S\_UR}} + L\_WOA\right)$$

Abbildung A.3.: Statisches Berechnungsmodell SP_A (2 von 4)

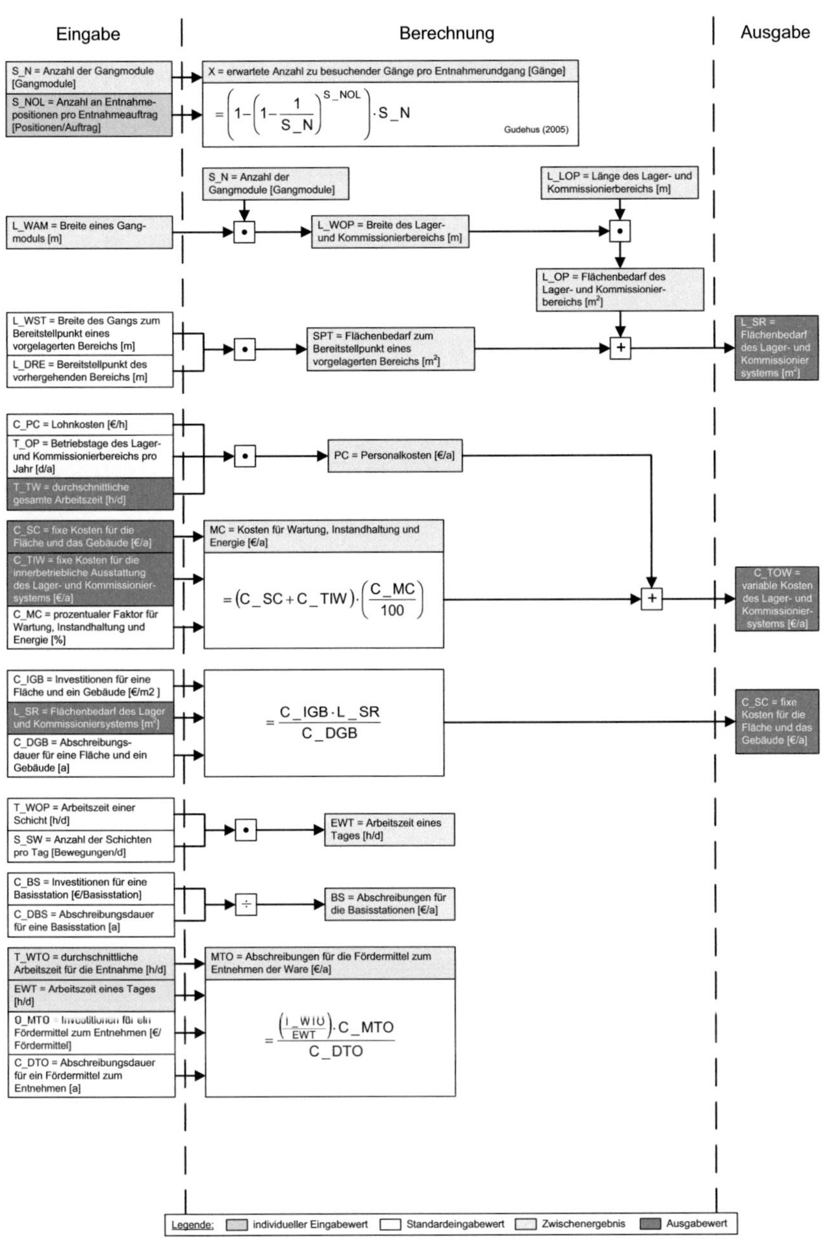

The equations shown in the figure are:

$$X = \left(1 - \left(1 - \frac{1}{S\_N}\right)^{S\_NOL}\right) \cdot S\_N$$

$$MC = (C\_SC + C\_TIW) \cdot \left(\frac{C\_MC}{100}\right)$$

$$C\_SC = \frac{C\_IGB \cdot L\_SR}{C\_DGB}$$

$$MTO = \frac{\left(\frac{T\_WTO}{EWT}\right) \cdot C\_MTO}{C\_DTO}$$

Abbildung A.4.: Statisches Berechnungsmodell SP_A (3 von 4)

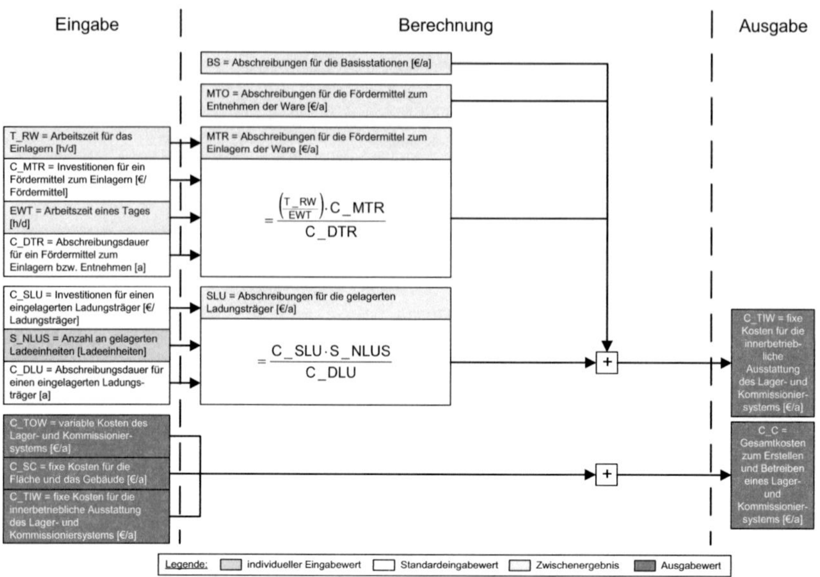

$$= \frac{\left(\frac{T\_RW}{EWT}\right) \cdot C\_MTR}{C\_DTR}$$

$$= \frac{C\_SLU \cdot S\_NLUS}{C\_DLU}$$

Abbildung A.5.: Statisches Berechnungsmodell SP_A (4 von 4)

Tabelle A.1.: Standardeingabewerte für das Modell SP_A

Code	Beschreibung	Aufgaben				Einheit	Quelle
		SP1	SP2	SP3	SP6		
C_BS	Investitionen für eine Basisstation	1000	1000	1000	1000	€/Basisstation	Herstellerangaben
C_DBS	Abschreibungsdauer für eine Basisstation	7	7	7	7	a	Afa-Tabelle (2000)
C_DGB	Abschreibungsdauer für eine Fläche und ein Gebäude	25	25	25	25	a	Afa-Tabelle (2000)
C_DLU	Abschreibungsdauer für einen eingelagerten Ladungsträger	8	8	8	8	a	Afa-Tabelle (2000)
C_DTO	Abschreibungsdauer für ein Fördermittel zum Entnehmen	8	8	8	8	a	Afa-Tabelle (2000)
C_DTR	Abschreibungsdauer für ein Fördermittel zum Einlagern bzw. Entnehmen	8	8	8	8	a	Afa-Tabelle (2000)
C_IGB	Investitionen für eine Fläche und ein Gebäude	600	600	600	600	€/m^2	Gudehus (2005)
C_MC	prozentualer Faktor für Wartung, Instandhaltung und Energie	2,5	2,5	2,5	2,5	%	Whitestone (1996)
C_MTO	Investitionen für ein Fördermittel zum Entnehmen	30000	30000	30000	30000	€/Fördermittel	Herstellerangaben
C_MTR	Investitionen für ein Fördermittel zum Einlagern	30000	30000	30000	30000	€/Fördermittel	Herstellerangaben
C_PC	Lohnkosten	30	30	30	30	€/h	Gudehus (2005)
C_SLU	Investitionen für einen eingelagerten Ladungsträger	21	21	21	-	€/Ladungs-träger	Herstellerangaben
L_DRE	Bereitstellpunkt des vorhergehenden Bereichs	5	5	5	5	m	Annahme
L_HWU	Höhe einer Ladeeinheit	1,44	1,44	1,44	1,44	m	DIN 15 146 Teil 2
L_LBS	Länge einer Basisstation	2	2	2	2	m	Annahme
L_LU	Länge einer Ladeeinheit	1,2	1,2	1,2	1,2	m	DIN 15 146 Teil 2
L_SH	maximal mögliche Stapelhöhe einer Ladeeinheit	3	3	3	3	m	Gudehus (2005)
L_WFA	Breite eines Stirngangs	3,4	3,4	3,4	3,4	m	Gudehus (2005)
L_WOA	Breite eines Gangs	3	3	3	3	m	Gudehus (2005)
L_WST	Breite des Gangs zum Bereitstellpunkt eines vorgelagerten Bereichs	3,4	3,4	3,4	3,4	m	Gudehus (2005)
L_WU	Breite einer Ladeeinheit	0,8	0,8	0,8	0,8	m	DIN 15 146 Teil 2
S_NR	Anzahl an Ladungsträgern pro Einlagerungsrundgang	1	1	1	1	Ladeeinheiten /Rundgang	Annahme
S_NUS	Anzahl an in der Tiefe eingelagerten Ladeeinheiten pro Regalfach	3	3	3	3	Ladeeinheiten /Regalfach	Annahme
S_PRO	Produktivität eines Mitarbeiters	100	100	100	100	%	Annahme
S_SW	Anzahl der Schichten pro Tag	2	2	2	2	Bewegungen /d	Annahme
S_UR	Auslastung der Bereitstellfläche für eine Ladeeinheit	80	80	80	80	%	Annahme
T_B	Beschleunigung eines Mitarbeiters	1	1	1	1	m/s^2	Gudehus (2005)
T_BT	Basiszeit pro Entnahmeauftrag	10	10	10	20	s/Auftrag	Annahme
T_GTI	Greifzeit pro Entnahmeposition	8	5	5	15	s/Position	Annahme
T_GTR	Greifzeit pro einzulagernde Ladeeinheit	10	10	10	15	s/Ladeeinheit	Annahme
T_OP	Betriebstage des Lager- und Kommissionierbereichs pro Jahr	250	250	250	250	d/a	Annahme
T_RA	Beschleunigung eines Mitarbeiters beim Einlagern	1	1	1	1	m/s^2	Gudehus (2005)
T_RBT	Basiszeit pro Einlagerungsrundgang	15	30	30	15	s/Rundgang	Annahme
T_RR	Totzeit pro einzulagernde Ladeeinheit	5	5	5	5	s/Ladeeinheit	Gudehus (2005)
T_RTL	Totzeit pro Entnahmeposition	10	5	5	10	s/Position	Gudehus (2005)
T_RV	Geschwindigkeit eines Mitarbeiters beim Einlagern	3	3	3	3	m/s	Gudehus (2005)
T_VOP	Geschwindigkeit eines Mitarbeiters beim Entnehmen	3	3	3	3	m/s	Gudehus (2005)
T_WOP	Arbeitszeit einer Schicht	8	8	8	8	h/d	Gudehus (2005)

A.2. Mann zur Ware mit ein- bzw. zweidimensionaler Bewegung: Regallagerung (SP_B)

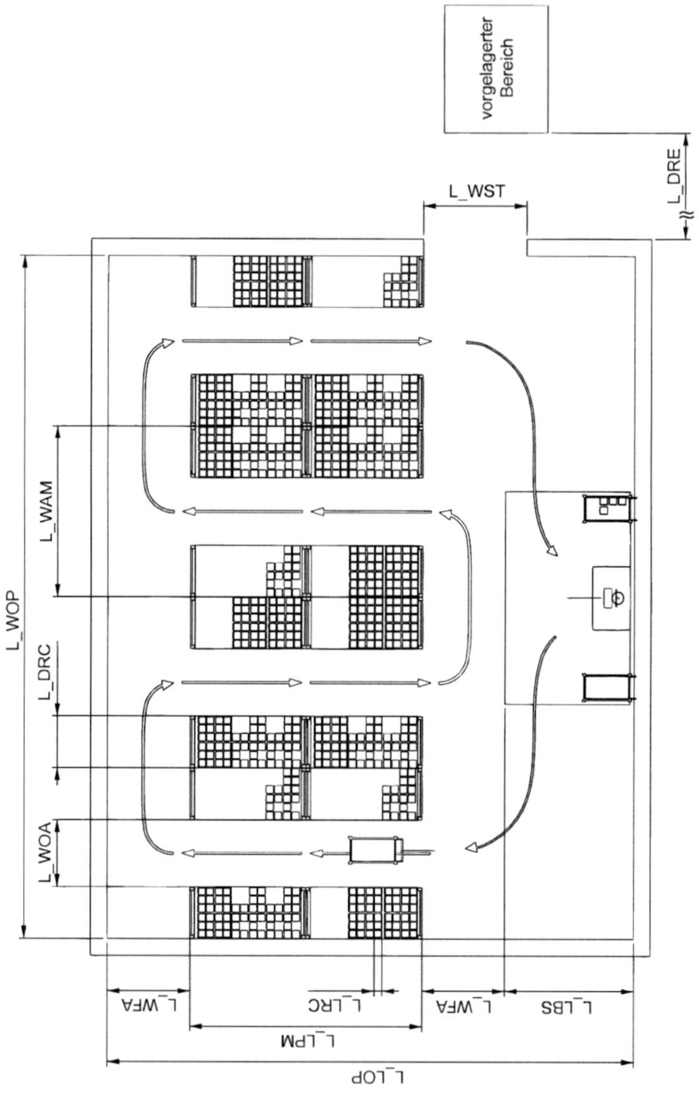

Abbildung A.6.: Prinzipskizze des Modells SP_B

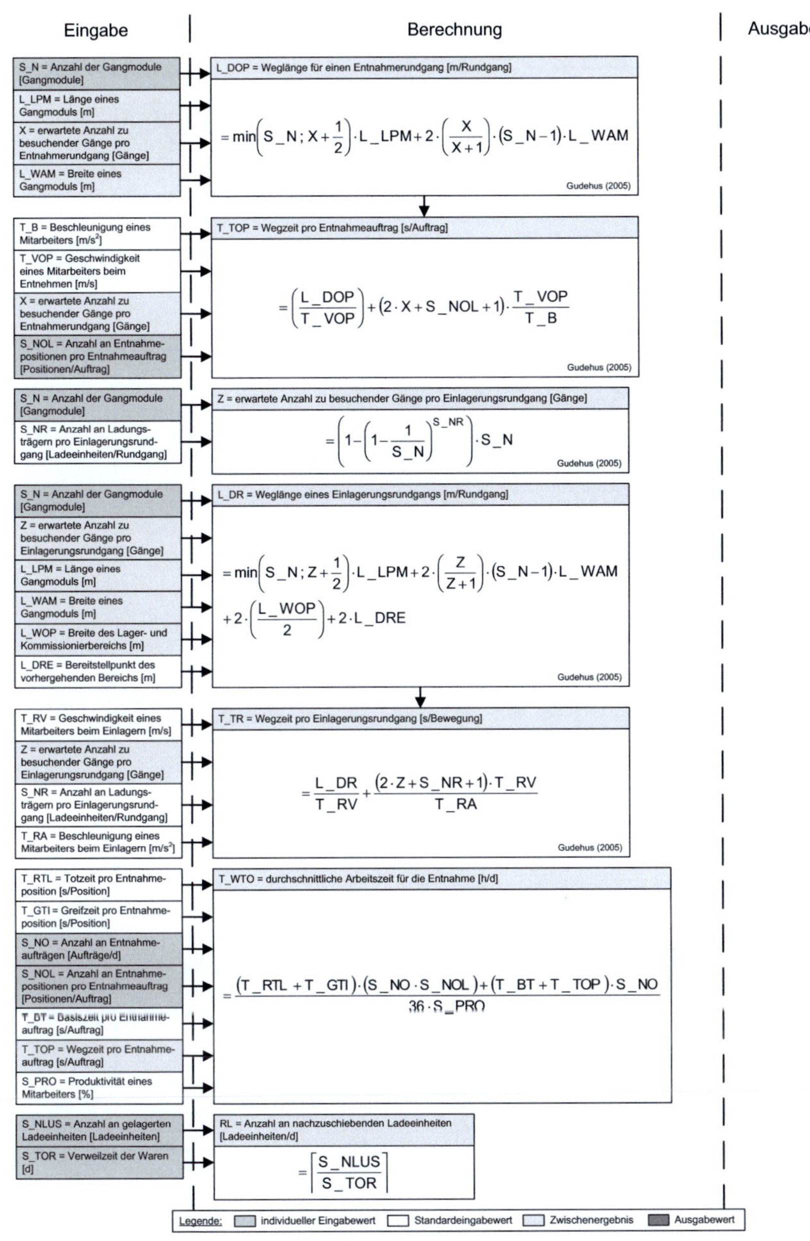

The formulas shown in the figure are:

$$L\_DOP = \min\left(S\_N; X+\frac{1}{2}\right)\cdot L\_LPM + 2\cdot\left(\frac{X}{X+1}\right)\cdot(S\_N-1)\cdot L\_WAM$$

$$T\_TOP = \left(\frac{L\_DOP}{T\_VOP}\right) + (2\cdot X + S\_NOL + 1)\cdot\frac{T\_VOP}{T\_B}$$

$$Z = \left(1-\left(1-\frac{1}{S\_N}\right)^{S\_NR}\right)\cdot S\_N$$

$$L\_DR = \min\left(S\_N; Z+\frac{1}{2}\right)\cdot L\_LPM + 2\cdot\left(\frac{Z}{Z+1}\right)\cdot(S\_N-1)\cdot L\_WAM + 2\cdot\left(\frac{L\_WOP}{2}\right) + 2\cdot L\_DRE$$

$$T\_TR = \frac{L\_DR}{T\_RV} + \frac{(2\cdot Z + S\_NR + 1)\cdot T\_RV}{T\_RA}$$

$$T\_WTO = \frac{(T\_RTL + T\_GTI)\cdot(S\_NO\cdot S\_NOL) + (T\_BT + T\_TOP)\cdot S\_NO}{36\cdot S\_PRO}$$

$$RL = \left\lceil\frac{S\_NLUS}{S\_TOR}\right\rceil$$

Abbildung A.7.: Statisches Berechnungsmodell SP_B (1 von 3)

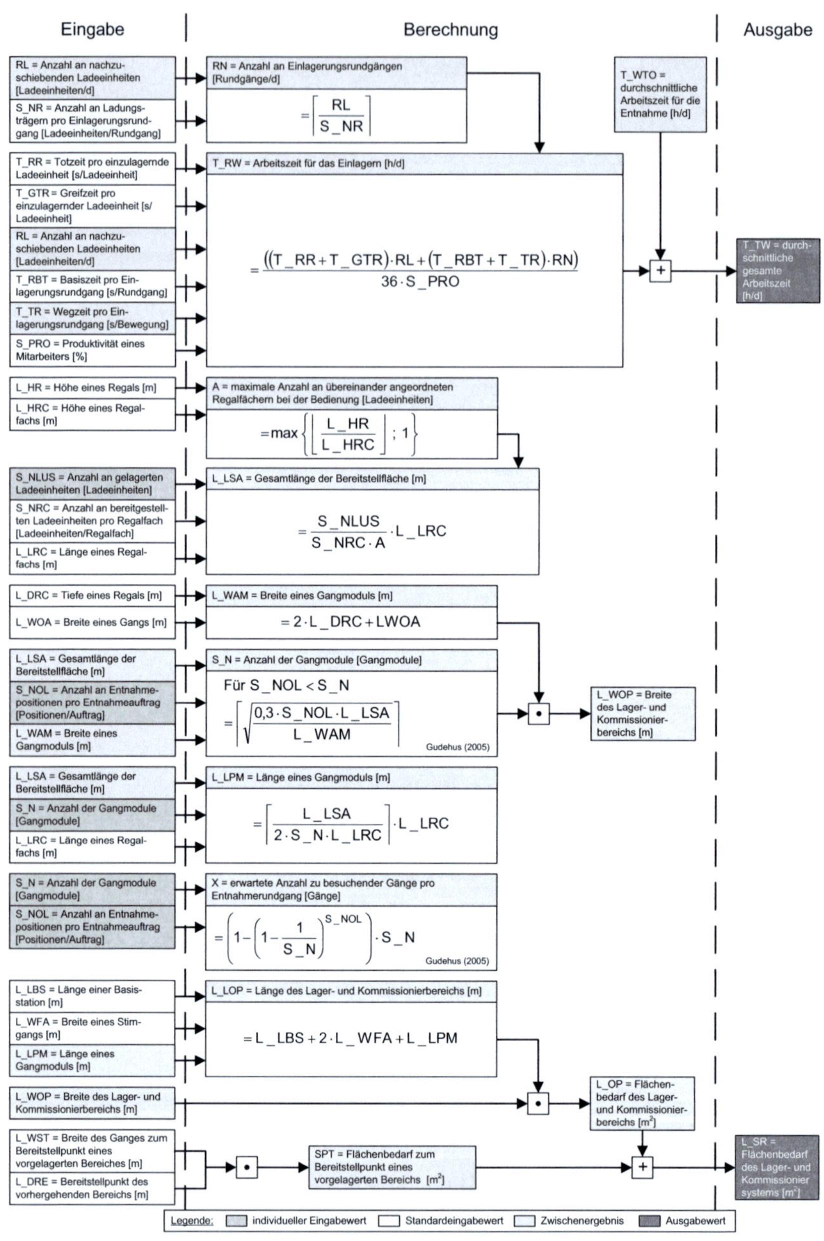

The formulas shown in the figure are:

$$RN = \left\lceil \frac{RL}{S\_NR} \right\rceil$$

$$T\_RW = \frac{\left(\left(T\_RR + T\_GTR\right)\cdot RL + \left(T\_RBT + T\_TR\right)\cdot RN\right)}{36 \cdot S\_PRO}$$

$$A = \max\left\{\left\lfloor \frac{L\_HR}{L\_HRC} \right\rfloor ; 1\right\}$$

$$L\_LSA = \frac{S\_NLUS}{S\_NRC \cdot A} \cdot L\_LRC$$

$$L\_WAM = 2\cdot L\_DRC + LWOA$$

$$S\_N = \left\lceil \sqrt{\frac{0{,}3 \cdot S\_NOL \cdot L\_LSA}{L\_WAM}} \right\rceil$$

$$L\_LPM = \left\lceil \frac{L\_LSA}{2 \cdot S\_N \cdot L\_LRC} \right\rceil \cdot L\_LRC$$

$$X = \left(1 - \left(1 - \frac{1}{S\_N}\right)^{S\_NOL}\right)\cdot S\_N$$

$$L\_LOP = L\_LBS + 2\cdot L\_WFA + L\_LPM$$

Abbildung A.8.: Statisches Berechnungsmodell SP_B (2 von 3)

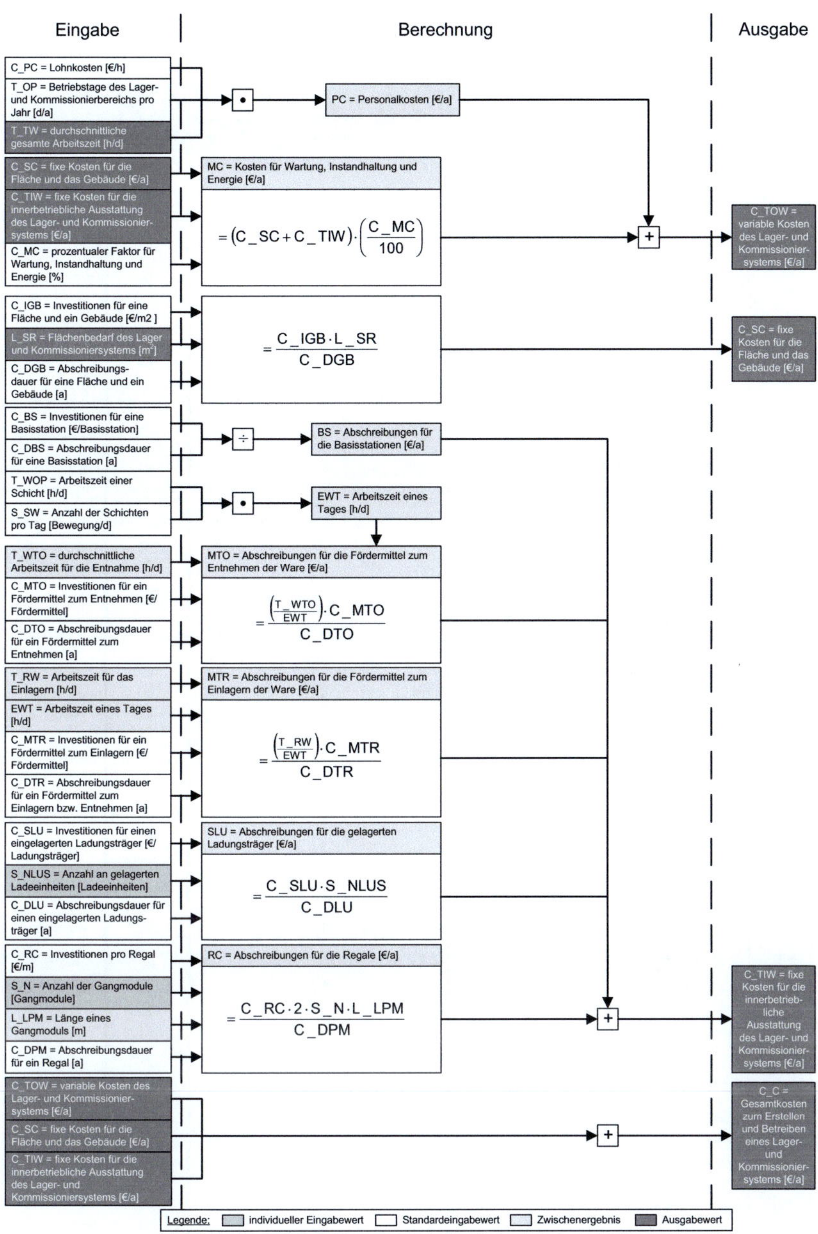

$$= \left(C\_SC + C\_TIW\right) \cdot \left(\frac{C\_MC}{100}\right)$$

$$= \frac{C\_IGB \cdot L\_SR}{C\_DGB}$$

$$= \frac{\left(\frac{T\_WTO}{EWT}\right) \cdot C\_MTO}{C\_DTO}$$

$$= \frac{\left(\frac{T\_RW}{EWT}\right) \cdot C\_MTR}{C\_DTR}$$

$$= \frac{C\_SLU \cdot S\_NLUS}{C\_DLU}$$

$$= \frac{C\_RC \cdot 2 \cdot S\_N \cdot L\_LPM}{C\_DPM}$$

Abbildung A.9.: Statisches Berechnungsmodell SP_B (3 von3)

Tabelle A.2.: Standardeingabewerte für das Modell SP_B

Code	Beschreibung	Aufgaben					Einheit	Quelle
		SP2	SP3	SP4	SP5	SP6		
C_BS	Investitionen für eine Basisstation	1000	1000	1000	1000	1000	€/Basisstation	Herstellerangaben
C_DBS	Abschreibungsdauer für eine Basisstation	7	7	7	7	7	a	Afa-Tabelle (2000)
C_DGB	Abschreibungsdauer für eine Fläche und ein Gebäude	25	25	25	25	25	a	Afa-Tabelle (2000)
C_DLU	Abschreibungsdauer für einen eingelagerten Ladungsträger	8	8	4	4	4	a	Afa-Tabelle (2000)
C_DPM	Abschreibungsdauer für ein Regal	18	18	18	18	18	a	Afa-Tabelle (2000)
C_DTO	Abschreibungsdauer für ein Fördermittel zum Entnehmen	5	5	5	5	5	a	Afa-Tabelle (2000)
C_DTR	Abschreibungsdauer für ein Fördermittel zum Einlagern bzw. Entnehmen	8	8	5	5	5	a	Afa-Tabelle (2000)
C_IGB	Investitionen für eine Fläche und ein Gebäude	600	600	600	600	600	€/m^2	Gudehus (2005)
C_MC	prozentualer Faktor für Wartung, Instandhaltung und Energie	2,5	2,5	2,5	2,5	2,5	%	Whitestone (1996)
C_MTO	Investitionen für ein Fördermittel zum Entnehmen	300	300	300	300	300	€/Fördermittel	Herstellerangaben
C_MTR	Investitionen für ein Fördermittel zum Einlagern	30000	30000	300	300	300	€/Fördermittel	Herstellerangaben
C_PC	Lohnkosten	30	30	30	30	30	€/h	Gudehus (2005)
C_RC	Investitionen pro Regal	200	200	200	200	200	€/m	Herstellerangaben
C_SLU	Investitionen für einen eingelagerten Ladungsträger	21	21	27,4	27,4	-	€/Ladungsträger	Herstellerangaben
L_DRC	Tiefe eines Regals	0,95	0,95	0,65	0,65	0,65	m	Gudehus (2005)
L_DRE	Bereitstellpunkt des vorhergehenden Bereichs	5	5	5	5	5	m	Annahme
L_HR	Höhe eines Regals	2	2	2,1	2,1	2,1	m	Gudehus (2005)
L_HRC	Höhe eines Regalfachs	1,64	1,64	0,3	0,3	0,3	m	Herstellerangaben
L_LBS	Länge einer Basisstation	2	2	2	2	2	m	Annahme
L_LRC	Länge eines Regalfachs	1,3	1,3	0,45	0,45	0,45	m	Gudehus (2005)
L_WFA	Breite eines Stirngangs	3	3	1,5	1,5	1,5	m	Gudehus (2005)
L_WOA	Breite eines Gangs	2,5	2,5	1	1	1	m	Gudehus (2005)
L_WST	Breite des Gangs zum Bereitstellpunkt eines vorgelagerten Bereichs	3	3	1,5	1,5	1,5	m	Gudehus (2005)
S_NR	Anzahl an Ladungsträger pro Einlagerungsrundgang	1	1	12	12	12	Ladeeinheiten/Rundgang	Annahme
S_NRC	Anzahl an bereitgestellten Ladeeinheiten pro Regalfach	1	1	1	1	1	Ladeeinheiten/Regalfach	Annahme
S_PRO	Produktivität eines Mitarbeiters	100	100	80	80	80	%	Annahme
S_SW	Anzahl der Schichten pro Tag	2	2	2	2	2	Bewegungen/d	Annahme
T_B	Beschleunigung eines Mitarbeiters	1	1	1	1	1	m/s^2	Gudehus (2005)
T_BT	Basiszeit pro Entnahmeauftrag	10	10	20	20	20	s/Auftrag	Annahme
T_GTI	Greifzeit pro Entnahmeposition	8	8	15	15	15	s/Position	Annahme
T_GTR	Greifzeit pro einzulagernde Ladeeinheit	15	15	12	12	15	s/Ladeeinheit	Annahme
T_OP	Betriebstage des Lager- und Kommissionierbereichs pro Jahr	250	250	250	250	250	d/a	Annahme
T_RA	Beschleunigung eines Mitarbeiters beim Einlagern	1	1	1	1	1	m/s^2	Gudehus (2005)
T_RBT	Basiszeit pro Einlagerungsrundgang	30	30	20	20	20	s/Rundgang	Annahme
T_RR	Totzeit pro einzulagernde Ladeeinheit	25	25	20	20	30	s/Ladeeinheit	Gudehus (2005)
T_RTL	Totzeit pro Entnahmeposition	10	10	15	15	15	s/Position	Gudehus (2005)
T_RV	Geschwindigkeit eines Mitarbeiters beim Einlagern	3	1,67	6	6	6	m/s	Gudehus (2005)
T_VOP	Geschwindigkeit eines Mitarbeiters beim Entnehmen	1,33	1,33	1,3	1,3	1,3	m/s	Gudehus (2005)
T_WOP	Arbeitszeit einer Schicht	8	8	8	8	8	h/d	Gudehus (2005)

A.3. Mann zur Ware mit ein- bzw. zweidimensionaler Bewegung: Durchlaufregallagerung (SP_C)

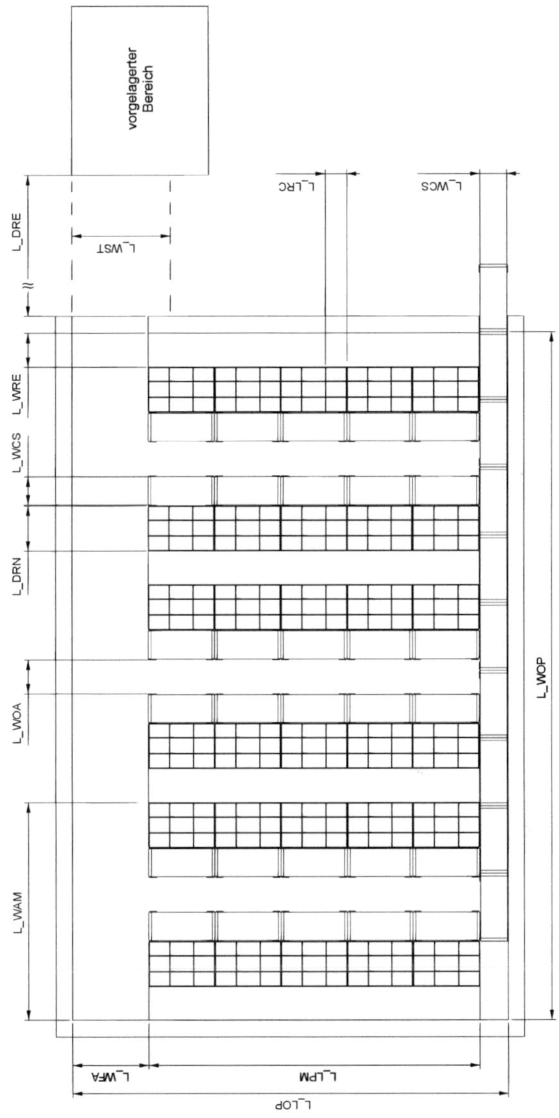

Abbildung A.10.: Prinzipskizze des Modells SP_C

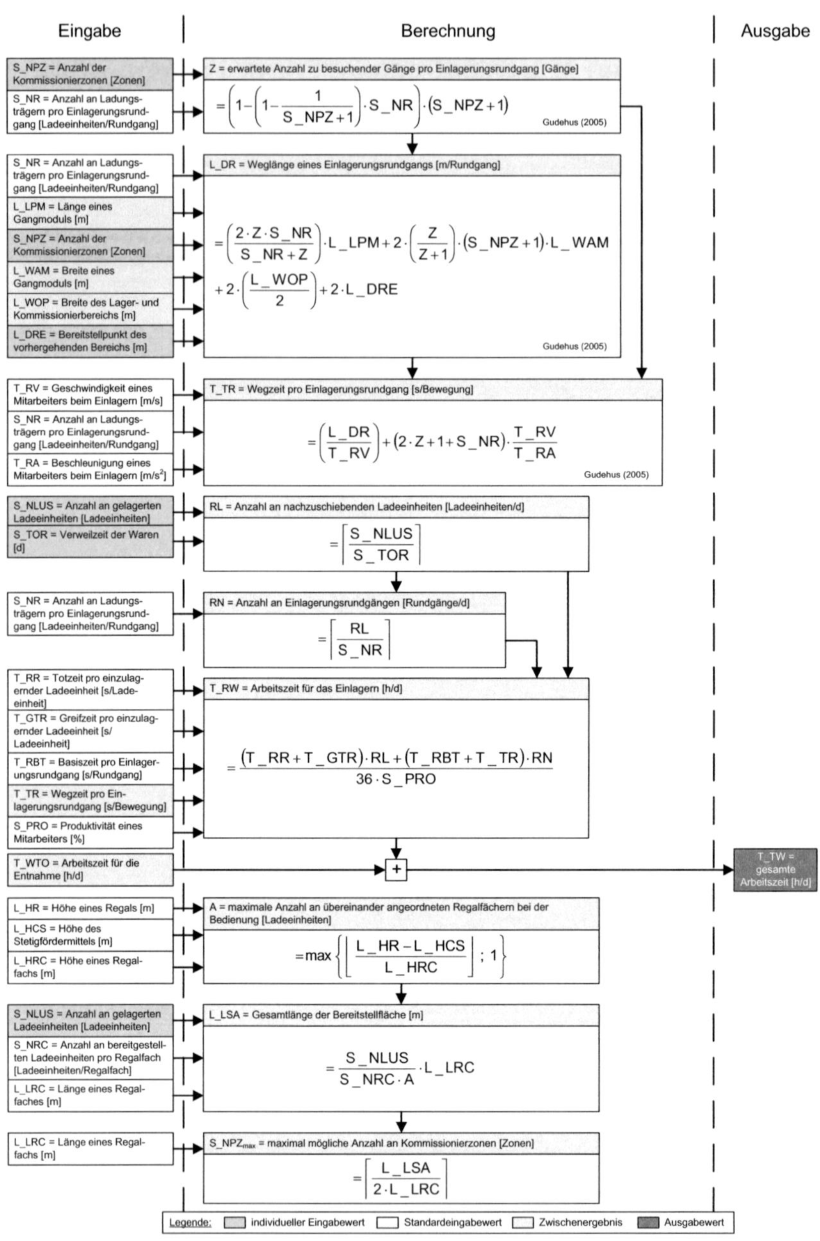

Abbildung A.11.: Statisches Berechnungsmodell SP_C (1 von 4)

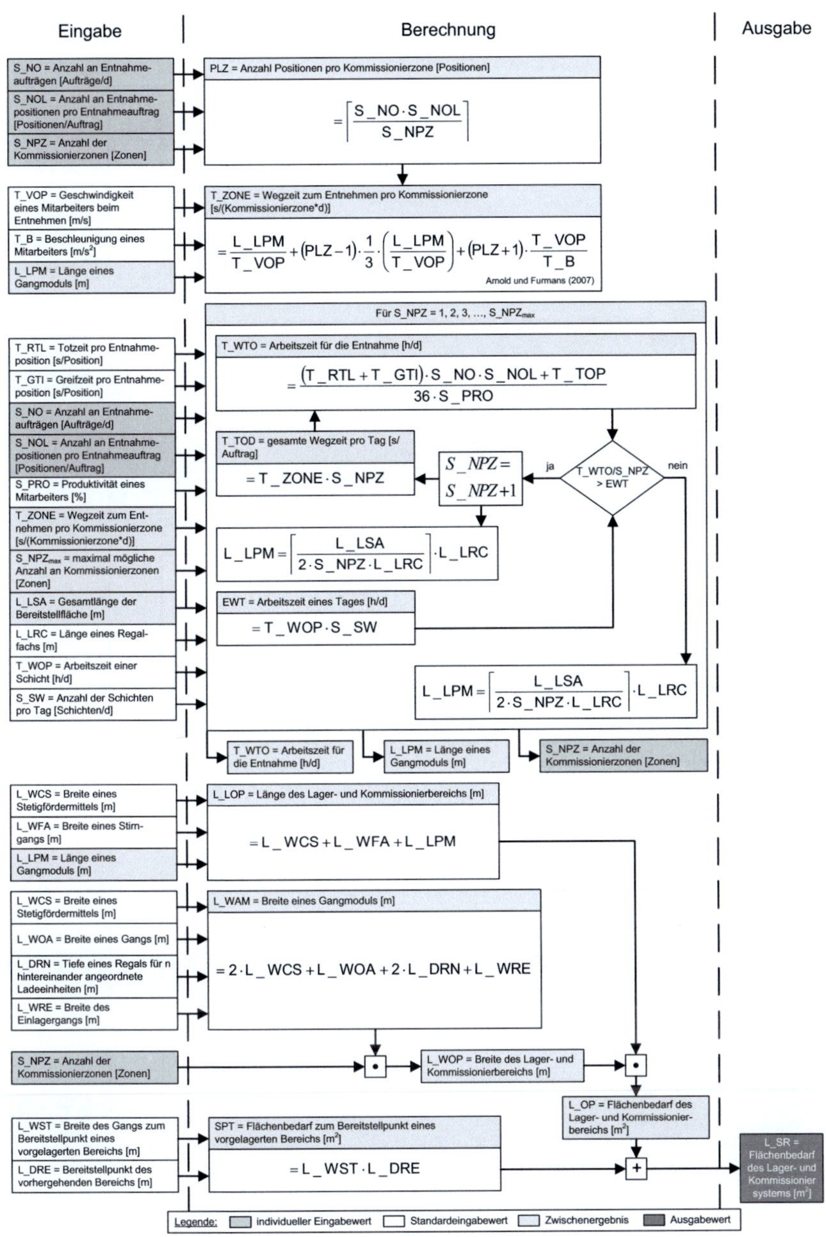

$$PLZ = \left\lceil \frac{S\_NO \cdot S\_NOL}{S\_NPZ} \right\rceil$$

$$T\_ZONE = \frac{L\_LPM}{T\_VOP} + (PLZ - 1) \cdot \frac{1}{3} \cdot \left(\frac{L\_LPM}{T\_VOP} \right) + (PLZ + 1) \cdot \frac{T\_VOP}{T\_B}$$

$$T\_WTO = \frac{(T\_RTL + T\_GTI) \cdot S\_NO \cdot S\_NOL + T\_TOP}{36 \cdot S\_PRO}$$

$$T\_TOD = T\_ZONE \cdot S\_NPZ$$

$$L\_LPM = \left\lceil \frac{L\_LSA}{2 \cdot S\_NPZ \cdot L\_LRC} \right\rceil \cdot L\_LRC$$

$$EWT = T\_WOP \cdot S\_SW$$

$$L\_LPM = \left\lceil \frac{L\_LSA}{2 \cdot S\_NPZ \cdot L\_LRC} \right\rceil \cdot L\_LRC$$

$$L\_LOP = L\_WCS + L\_WFA + L\_LPM$$

$$L\_WAM = 2 \cdot L\_WCS + L\_WOA + 2 \cdot L\_DRN + L\_WRE$$

$$SPT = L\_WST \cdot L\_DRE$$

Abbildung A.12.: Statisches Berechnungsmodell SP_C (2 von 4)

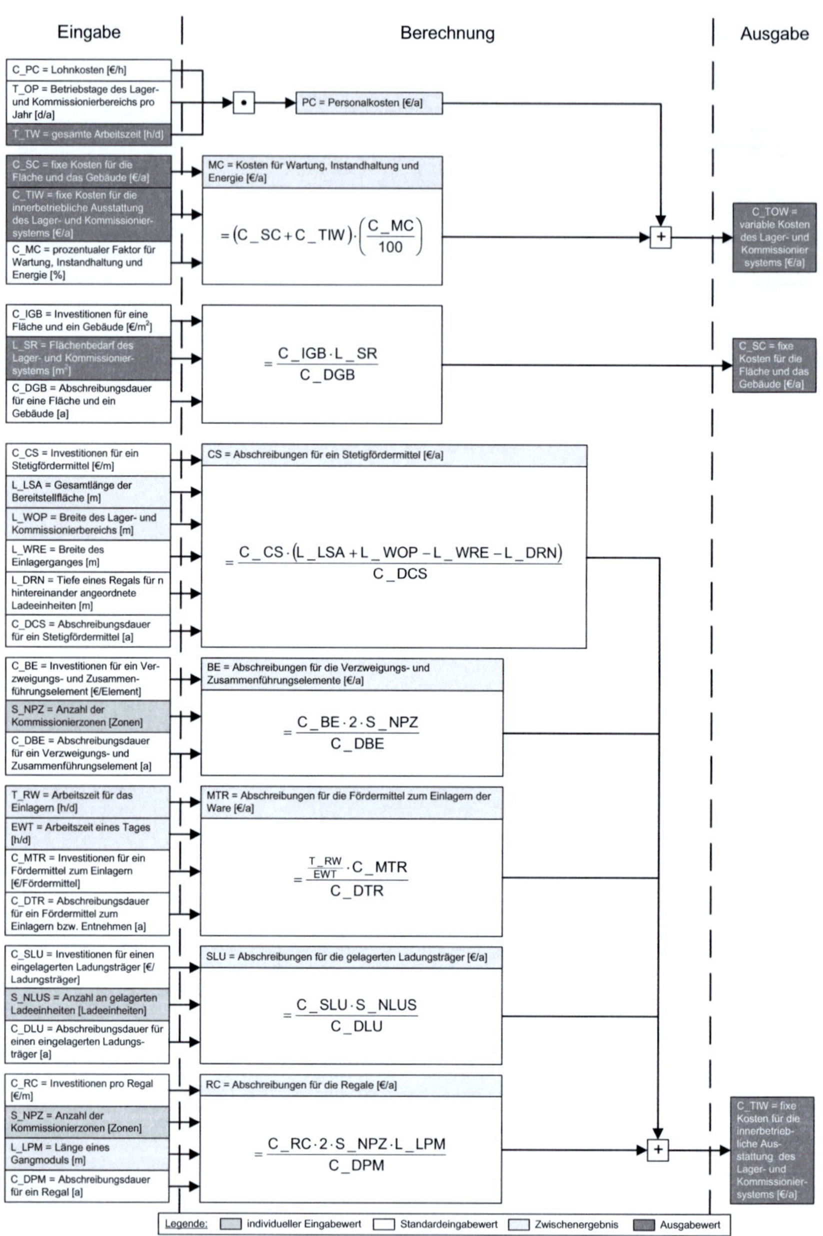

$$MC = (C\_SC + C\_TIW) \cdot \left(\frac{C\_MC}{100}\right)$$

$$= \frac{C\_IGB \cdot L\_SR}{C\_DGB}$$

$$CS = \frac{C\_CS \cdot (L\_LSA + L\_WOP - L\_WRE - L\_DRN)}{C\_DCS}$$

$$BE = \frac{C\_BE \cdot 2 \cdot S\_NPZ}{C\_DBE}$$

$$MTR = \frac{\frac{T\_RW}{EWT} \cdot C\_MTR}{C\_DTR}$$

$$SLU = \frac{C\_SLU \cdot S\_NLUS}{C\_DLU}$$

$$RC = \frac{C\_RC \cdot 2 \cdot S\_NPZ \cdot L\_LPM}{C\_DPM}$$

Abbildung A.13.: Statisches Berechnungsmodell SP_C (3 von 4)

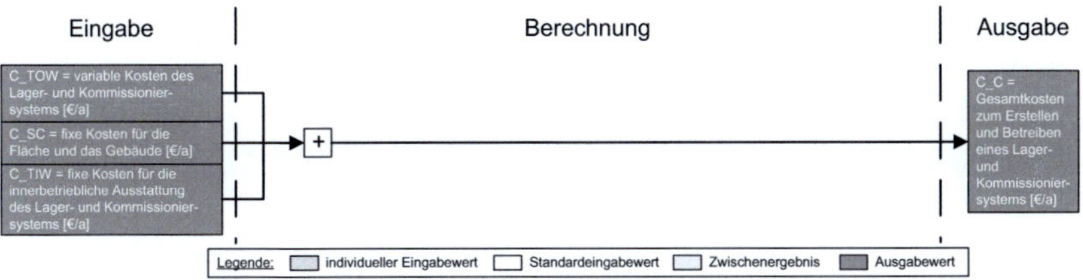

Abbildung A.14.: Statisches Berechnungsmodell SP_C (4 von 4)

Tabelle A.3.: Standardeingabewerte für das Modell SP_C

Code	Beschreibung	Aufgaben					Einheit	Quelle
		SP2	SP3	SP4	SP5	SP6		
C_BE	Investitionen für ein Verzweigungs- und Zusammenführungselement	1000	1000	1000	1000	1000	€/Element	Herstellerangaben
C_CS	Investitionen für ein Stetigfördermittel	150	150	150	150	150	€/m	Herstellerangaben
C_DBE	Abschreibungsdauer für ein Verzweigungs- und Zusammenführungselement	14	14	14	14	14	a	Afa-Tabelle (2000)
C_DCS	Abschreibungsdauer für ein Stetigfördermittels	14	14	14	14	14	a	Afa-Tabelle (2000)
C_DGB	Abschreibungsdauer für eine Fläche und ein Gebäude	25	25	25	25	25	a	Afa-Tabelle (2000)
C_DLU	Abschreibungsdauer für einen eingelagerten Ladungsträger	8	8	4	4	4	a	Afa-Tabelle (2000)
C_DPM	Abschreibungsdauer für ein Regal	18	18	18	18	18	a	Afa-Tabelle (2000)
C_DTR	Abschreibungsdauer für ein Fördermittel zum Einlagern bzw. Entnehmen	8	8	5	5	5	a	Afa-Tabelle (2000)
C_IGB	Investitionen für eine Fläche und ein Gebäude	600	500	600	500	500	€/m^2	Gudehus (2005)
C_MC	prozentualer Faktor für Wartung, Instandhaltung und Energie	2,5	2,5	2,5	2,5	2,5	%	Whitestone (1996)
C_MTR	Investitionen für ein Fördermittel zum Einlagern	30000	30000	300	300	300	€/ Fördermittel	Herstellerangaben
C_PC	Lohnkosten	30	30	30	30	30	€/h	Gudehus (2005)
C_RC	Investitionen pro Regal	450	450	600	450	450	€/m	Herstellerangaben
C_SLU	Investitionen für einen eingelagerten Ladungsträger	21	21	27,4	15	-	€/Ladungsträger	Herstellerangaben
L_DRE	Bereitstellpunkt des vorhergehenden Bereichs	20	20	20	20	20	m	Annahme
L_DRN	Tiefe eines Regals für n Ladeeinheiten in Sequenz	1,8	1,8	1,3	1,3	1,3	m	Herstellerangaben
L_HCS	Höhe eines Fördermittels	0,5	0,5	0,5	0,5	0,5	m	Herstellerangaben
L_HR	Höhe eines Regals	2	2	2	2	2	m	Gudehus (2005)
L_HRC	Höhe eines Regalfachs	1,20	1,2	0,4	0,4	0,4	m	Herstellerangaben
L_LRC	Länge eines Regalfachs	1,4	1,4	0,7	0,7	0,7	m	Gudehus (2005)
L_WCS	Breite eines stetigen Fördermittels	0,5	0,5	0,5	0,5	0,5	m	Herstellerangaben
L_WFA	Breite eines Stirngangs	3,4	3,4	1,5	1,5	1,5	m	Gudehus (2005)
L_WOA	Breite eines Gangs	0,8	0,8	1	1	1	m	Gudehus (2005)
L_WRE	Breite des Einlagergangs	3,4	3,4	1,5	1,5	1,5	m	Gudehus (2005)
L_WST	Breite des Ganges zum Bereitstellpunkt eines vorgelagerten Bereichs	3,4	3,4	1,5	1,5	1,5	m	Gudehus (2005)
S_NR	Anzahl an Ladungsträger pro Einlagerungsrundgang	1	1	12	12	12	Ladeeinheiten /Rundgang	Annahme
S_NRC	Anzahl an bereitgestellten Ladeeinheiten pro Regalfach	2	2	2	2	2	Ladeeinheiten /Regalfach	Annahme
S_PRO	Produktivität eines Mitarbeiters	100	100	100	100	100	%	Annahme
S_SW	Anzahl der Schichten pro Tag	2	2	2	2	2	Bewegungen /d	Annahme
T_B	Beschleunigung eines Mitarbeiters	1,4	1,4	1,4	1,4	1,4	m/s^2	Gudehus (2005)
T_GTI	Greifzeit pro Entnahmeposition	15	20	10	15	20	s/Position	Annahme
T_GTR	Greifzeit pro einzulagernder Ladeeinheit	12	12	12	12	12	s/Ladeeinheit	Annahme
T_OP	Betriebstage des Lager- und Kommissionierbereichs pro Jahr	250	250	250	250	250	d/a	Annahme
T_RA	Beschleunigung eines Mitarbeiters beim Einlagern	1	1	1,4	1,4	1,4	m/s^2	Gudehus (2005)
T_RBT	Basiszeit pro Einlagerungsrundgang	20	20	20	20	20	s/Rundgang	Annahme
T_RR	Totzeit pro einzulagernder Ladeeinheit	25	25	20	20	30	s/Ladeeinheit	Gudehus (2005)
T_RTL	Totzeit pro Entnahmeposition	15	15	15	15	15	s/Position	Gudehus (2005)
T_RV	Geschwindigkeit eines Mitarbeiters beim Einlagern	6	6	6	6	6	m/s	Gudehus (2005)
T_VOP	Geschwindigkeit eines Mitarbeiters beim Entnehmen	2,1	2,1	2,1	2,1	2,1	m/s	Gudehus (2005)
T_WOP	Arbeitszeit einer Schicht	8	8	8	8	8	h/d	Gudehus (2005)

A.4. Mann zur Ware mit zwei- bzw. dreidimensionaler Bewegung: Regallagerung mit Stapler (SP_D)

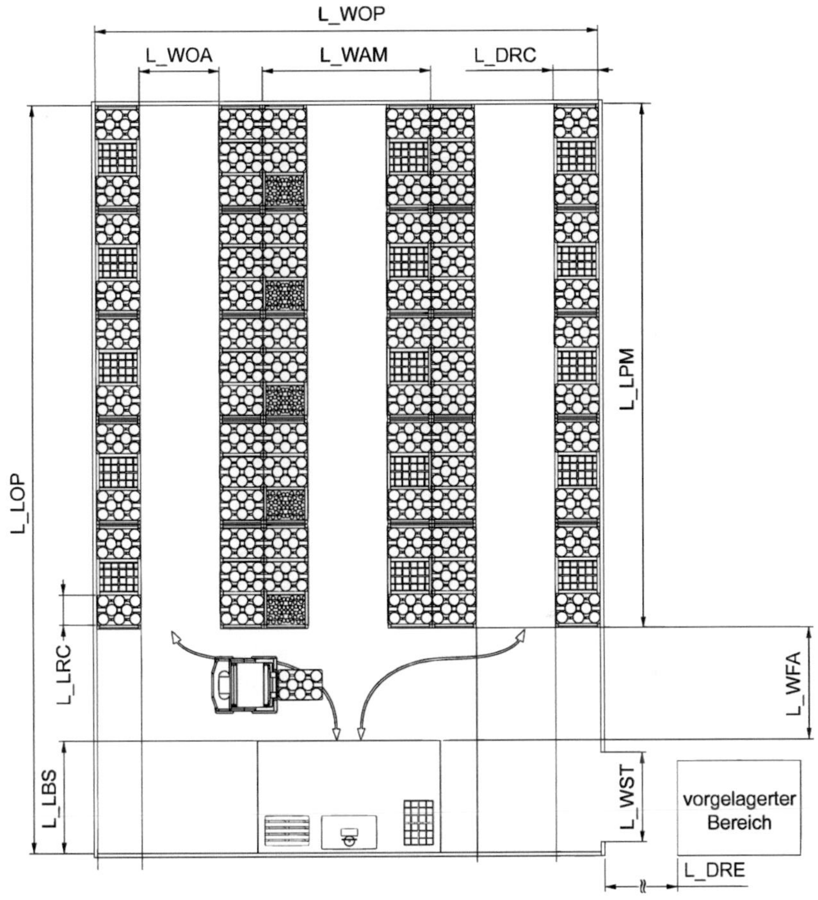

Abbildung A.15.: Prinzipskizze des Modells SP_D

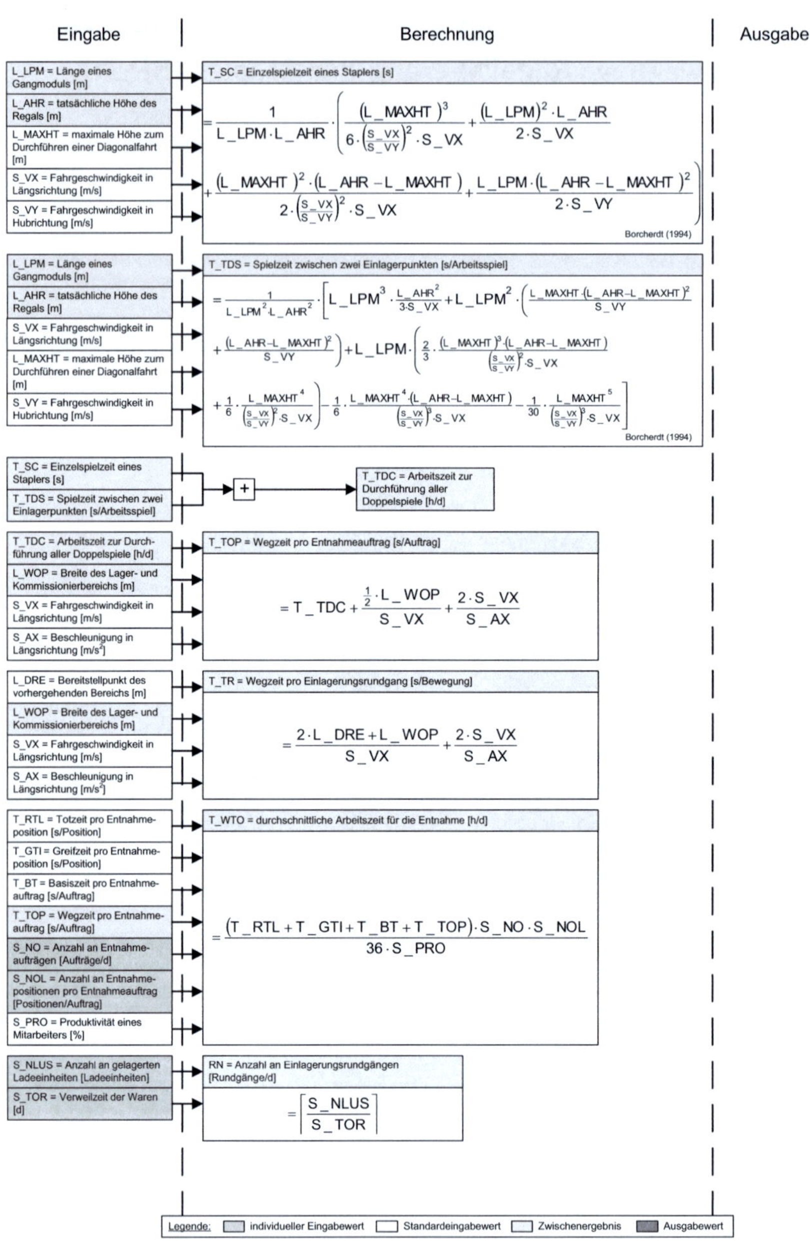

Abbildung A.16.: Statisches Berechnungsmodell SP_D (1 von 3)

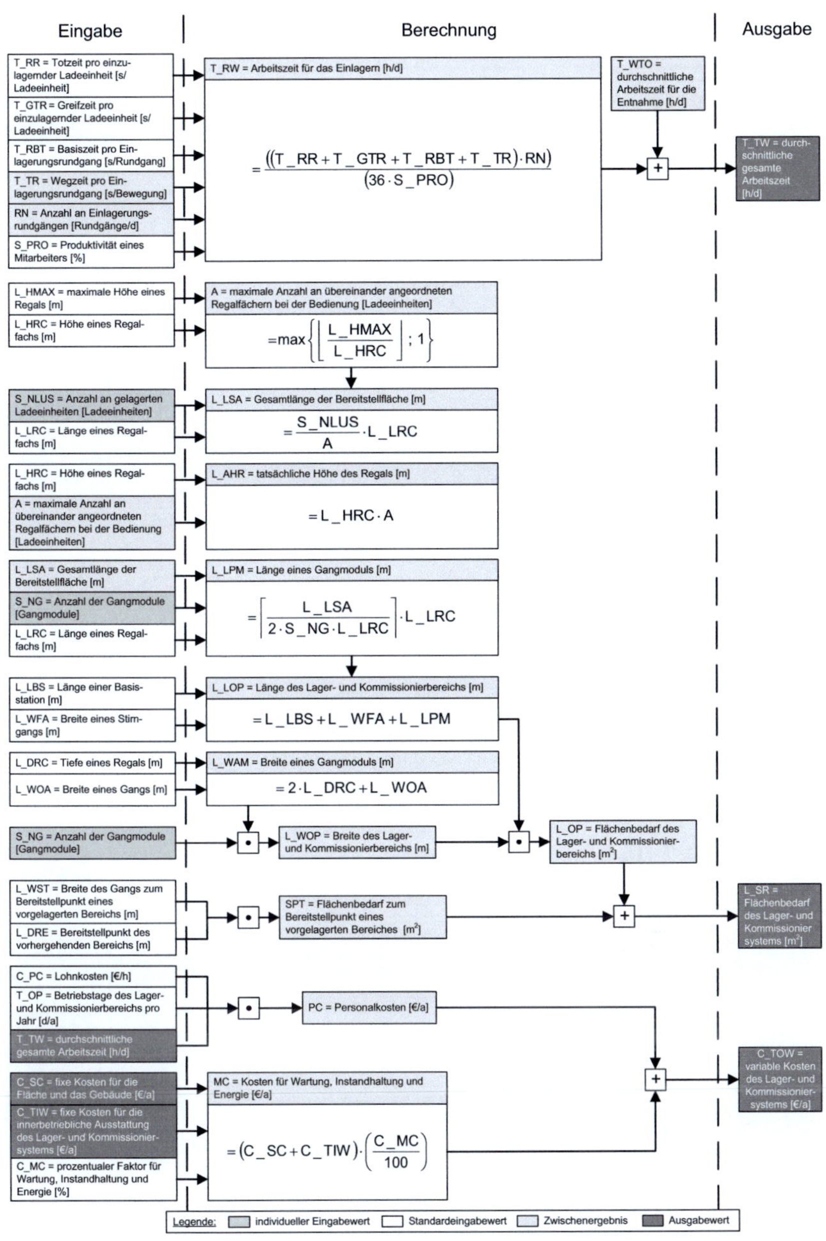

$$= \frac{((T\_RR + T\_GTR + T\_RBT + T\_TR) \cdot RN)}{(36 \cdot S\_PRO)}$$

$$= \max \left\{ \left\lfloor \frac{L\_HMAX}{L\_HRC} \right\rfloor ; 1 \right\}$$

$$= \frac{S\_NLUS}{A} \cdot L\_LRC$$

$$= L\_HRC \cdot A$$

$$= \left\lceil \frac{L\_LSA}{2 \cdot S\_NG \cdot L\_LRC} \right\rceil \cdot L\_LRC$$

$$= L\_LBS + L\_WFA + L\_LPM$$

$$= 2 \cdot L\_DRC + L\_WOA$$

$$= (C\_SC + C\_TIW) \cdot \left(\frac{C\_MC}{100} \right)$$

Abbildung A.17.: Statisches Berechnungsmodell SP_D (2 von 3)

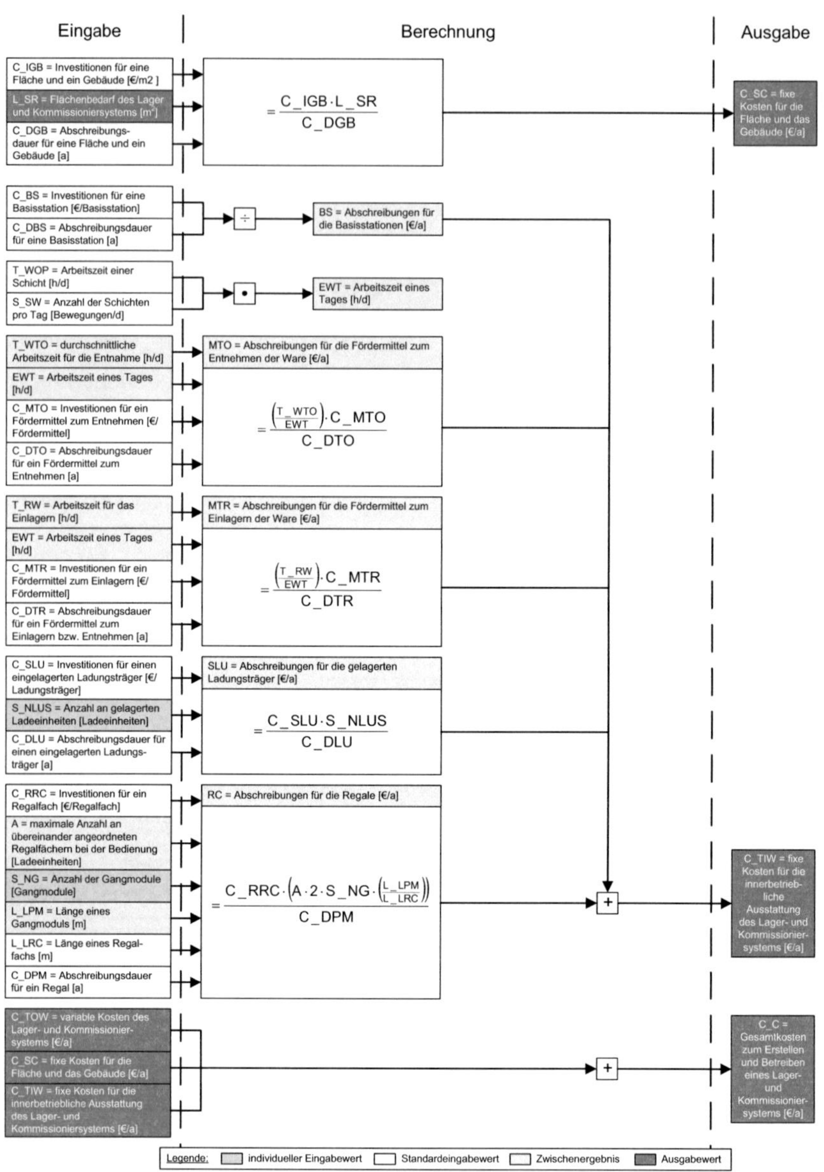

Abbildung A.18.: Statisches Berechnungsmodell SP_D (3 von 3)

Tabelle A.4.: Standardeingabewerte für das Modell SP_D

Code	Beschreibung	Aufgabe SP1	Einheit	Quelle
C_BS	Investitionen für eine Basisstation	1000	€/Basisstation	Herstellerangaben
C_DBS	Abschreibungsdauer für eine Basisstation	7	a	Afa-Tabelle (2000)
C_DGB	Abschreibungsdauer für eine Fläche und ein Gebäude	25	a	Afa-Tabelle (2000)
C_DLU	Abschreibungsdauer für einen eingelagerten Ladungsträger	8	a	Afa-Tabelle (2000)
C_DPM	Abschreibungsdauer für ein Regal	18	a	Afa-Tabelle (2000)
C_DTO	Abschreibungsdauer für ein Fördermittel zum Entnehmen	8	a	Afa-Tabelle (2000)
C_DTR	Abschreibungsdauer für ein Fördermittel zum Einlagern bzw. Entnehmen	8	a	Afa-Tabelle (2000)
C_IGB	Investitionen für eine Fläche und ein Gebäude	800	€/m^2	Gudehus (2005)
C_MC	prozentualer Faktor für Wartung, Instandhaltung und Energie	2,5	%	Whitestone (1996)
C_MTO	Investitionen für ein Fördermittel zum Entnehmen	90000	€/Fördermittel	Herstellerangaben
C_MTR	Investitionen für ein Fördermittel zum Einlagern	90000	€/Fördermittel	Herstellerangaben
C_PC	Lohnkosten	30	€/h	Gudehus (2005)
C_RRC	Investitionen für ein Regalfach	30	€/Regalfach	Gudehus (2005)
C_SLU	Investitionen für einen eingelagerten Ladungsträger	21	€/Ladungsträger	Herstellerangaben
L_DRC	Tiefe eines Regals	0,95	m	Gudehus (2005)
L_DRE	Bereitstellpunkt des vorhergehenden Bereichs	20	m	Annahme
L_HMAX	maximale Höhe eines Regals	8,4	m	Annahme
L_HRC	Höhe eines Regalfachs	1,64	m	Herstellerangaben
L_LBS	Länge einer Basisstation	2	m	Annahme
L_LRC	Länge eines Regalfachs	1,4	m	Gudehus (2005)
L_MAXHT	maximale Höhe zum Durchführen einer Diagonalfahrt	6	m	Annahme
L_WFA	Breite eines Stirngangs	3,4	m	Gudehus (2005)
L_WOA	Breite eines Gangs	1,8	m	Gudehus (2005)
L_WST	Breite des Gangs zum Bereitstellpunkt eines vorgelagerten Bereichs	3,4	m	Gudehus (2005)
S_AX	Beschleunigung in Längsrichtung	1	m/s^2	Gudehus (2005)
S_PRO	Produktivität eines Mitarbeiters	100	%	Annahme
S_SW	Anzahl der Schichten pro Tag	2	Bewegungen /d	Annahme
S_VX	Fahrgeschwindigkeit in Längsrichtung	2,5	m/s	Gudehus (2005)
S_VY	Fahrgeschwindigkeit in Hubrichtung	0,35	m/s	Gudehus (2005)
T_BT	Basiszeit pro Entnahmeauftrag	15	s/Auftrag	Annahme
T_GTI	Greifzeit pro Entnahmeposition	20	s/Position	Annahme
T_GTR	Greifzeit pro einzulagernder Ladeeinheit	20	s/Ladeeinheit	Annahme
T_OP	Betriebstage des Lager- und Kommissionierbereichs pro Jahr	250	d/a	Annahme
T_RBT	Basiszeit pro Einlagerungsrundgang	20	s/Rundgang	Annahme
T_RR	Totzeit pro einzulagernder Ladeeinheit	15	s/Ladeeinheit	Gudehus (2005)
T_RTL	Totzeit pro Entnahmeposition	15	s/Position	Gudehus (2005)
T_WOP	Arbeitszeit einer Schicht	8	h/d	Gudehus (2005)

A.5. Mann zur Ware mit zwei- bzw. dreidimensionaler Bewegung: Regallagerung mit Regalbediengerät (SP_E)

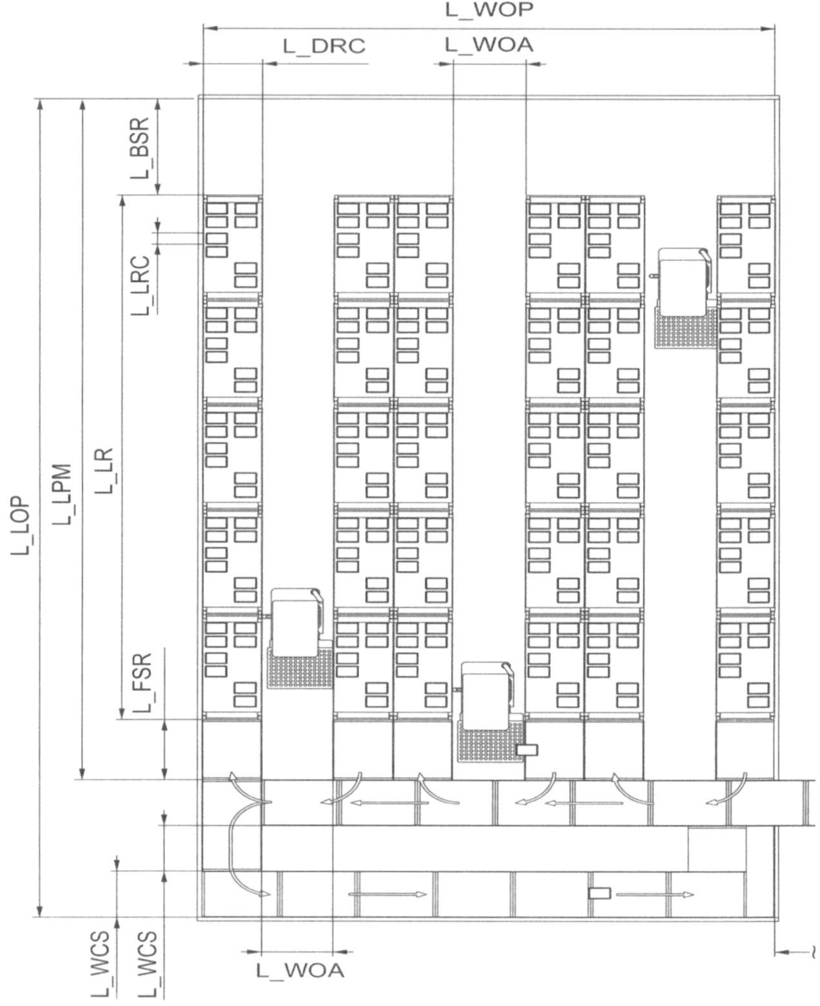

Abbildung A.19.: Prinzipskizze des Modells SP_E

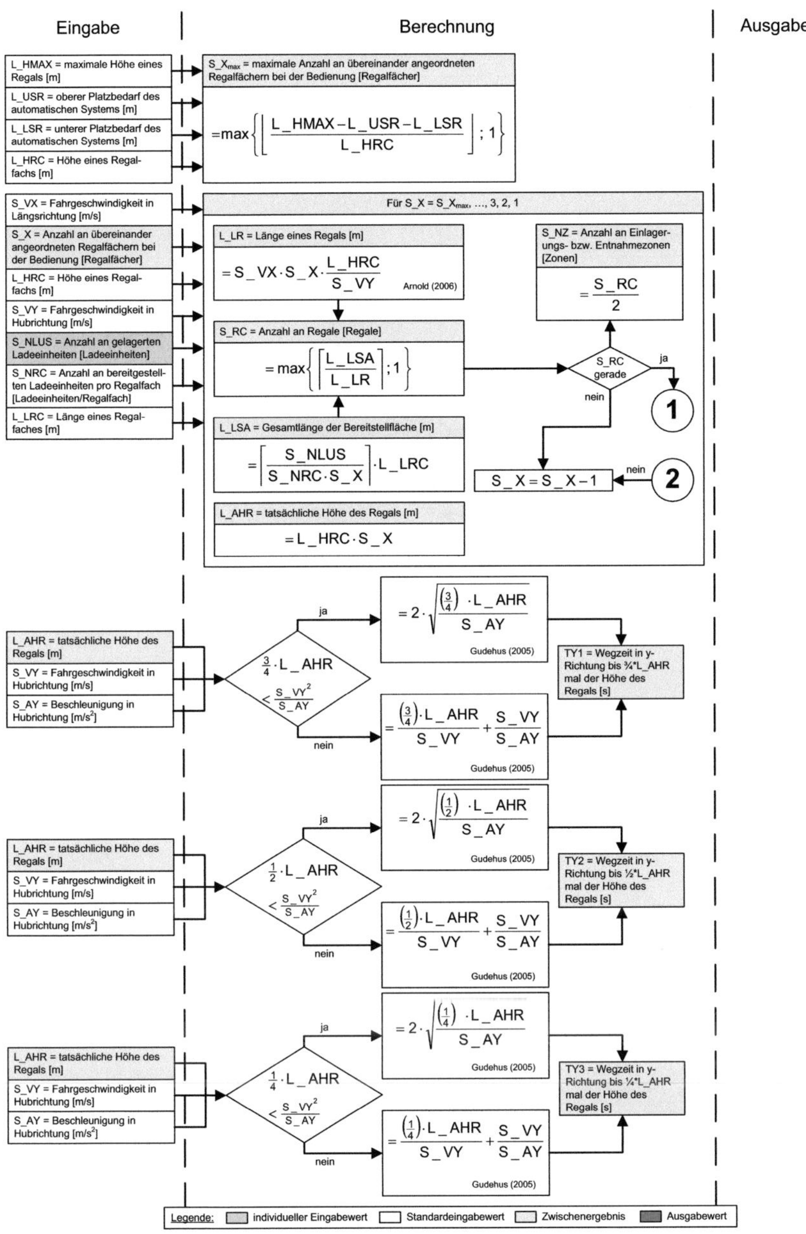

Abbildung A.20.: Statisches Berechnungsmodell SP_E (1 von 4)

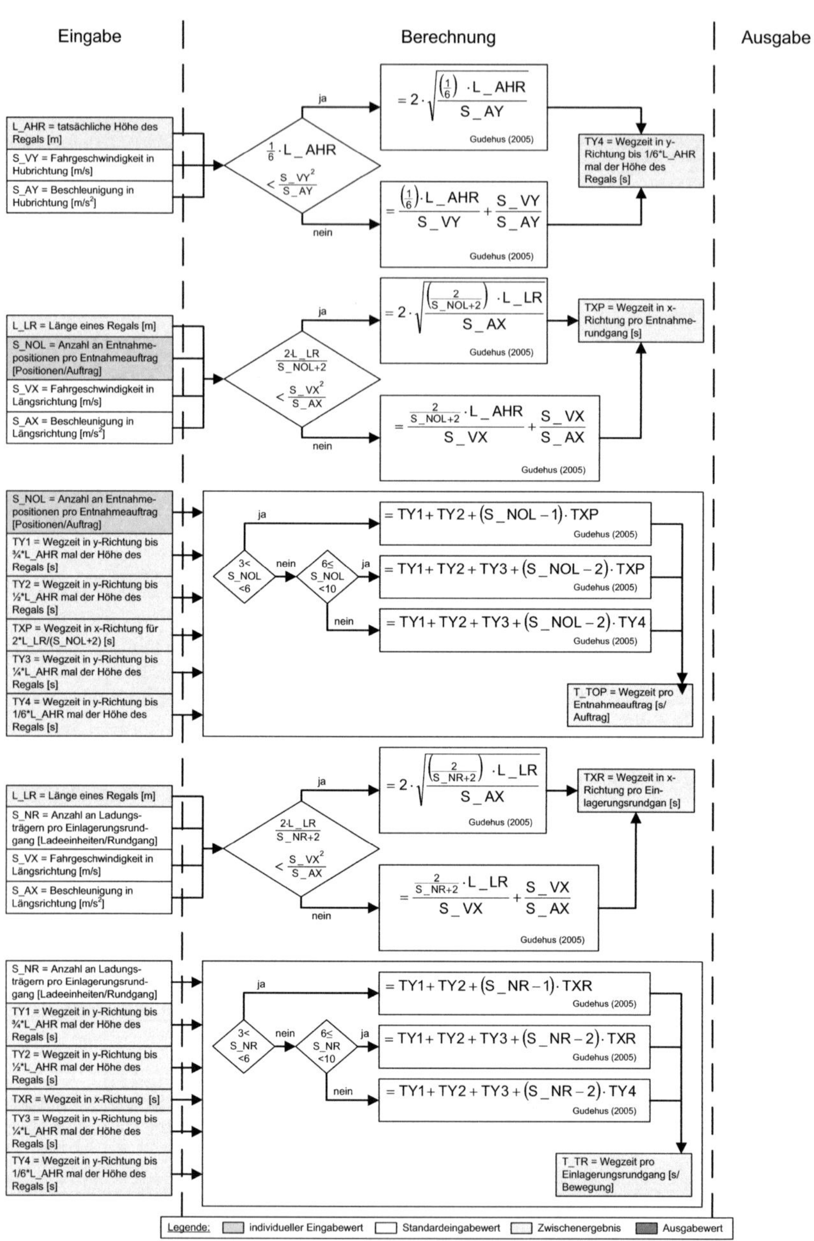

Abbildung A.21.: Statisches Berechnungsmodell SP_E (2 von 4)

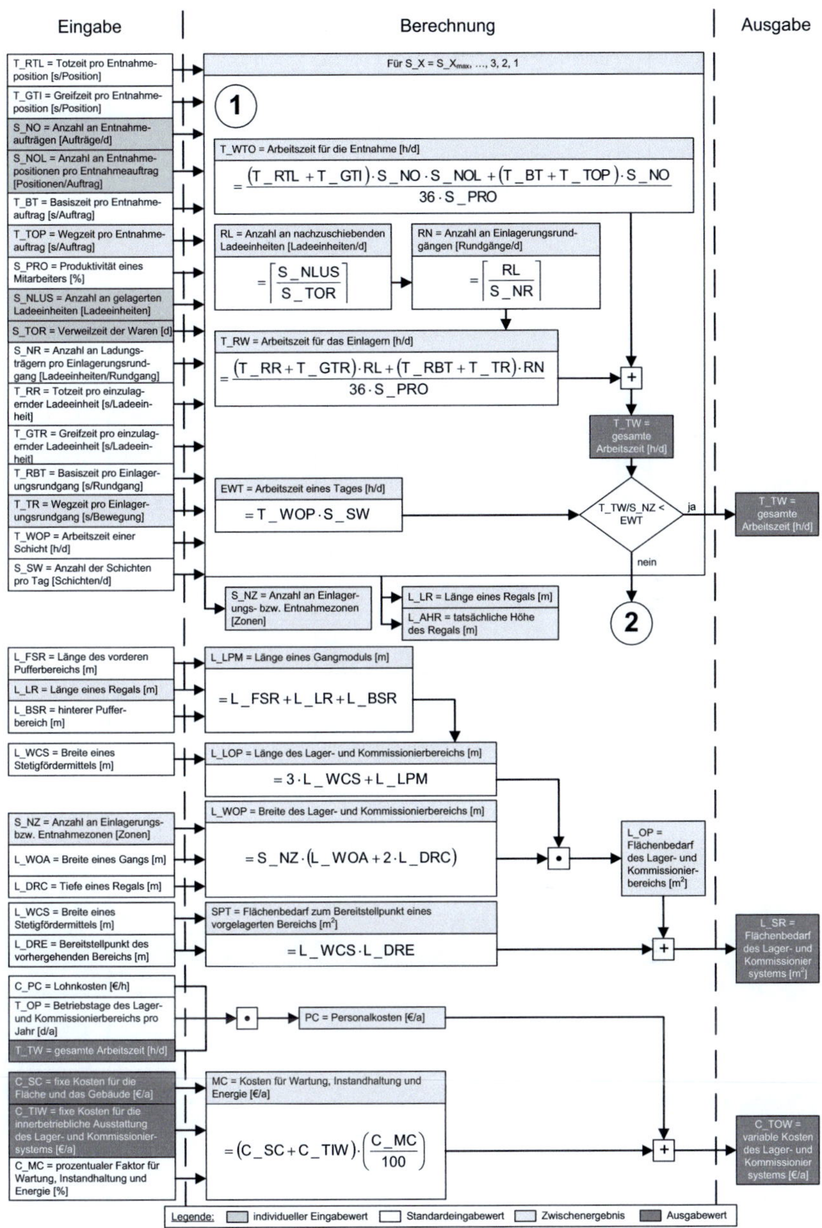

$$T\_WTO = \frac{(T\_RTL + T\_GTI) \cdot S\_NO \cdot S\_NOL + (T\_BT + T\_TOP) \cdot S\_NO}{36 \cdot S\_PRO}$$

$$RL = \left\lceil \frac{S\_NLUS}{S\_TOR} \right\rceil$$

$$RN = \left\lceil \frac{RL}{S\_NR} \right\rceil$$

$$T\_RW = \frac{(T\_RR + T\_GTR) \cdot RL + (T\_RBT + T\_TR) \cdot RN}{36 \cdot S\_PRO}$$

$$EWT = T\_WOP \cdot S\_SW$$

$$L\_LPM = L\_FSR + L\_LR + L\_BSR$$

$$L\_LOP = 3 \cdot L\_WCS + L\_LPM$$

$$L\_WOP = S\_NZ \cdot (L\_WOA + 2 \cdot L\_DRC)$$

$$SPT = L\_WCS \cdot L\_DRE$$

$$MC = (C\_SC + C\_TIW) \cdot \left(\frac{C\_MC}{100} \right)$$

Abbildung A.22.: Statisches Berechnungsmodell SP_E (3 von 4)

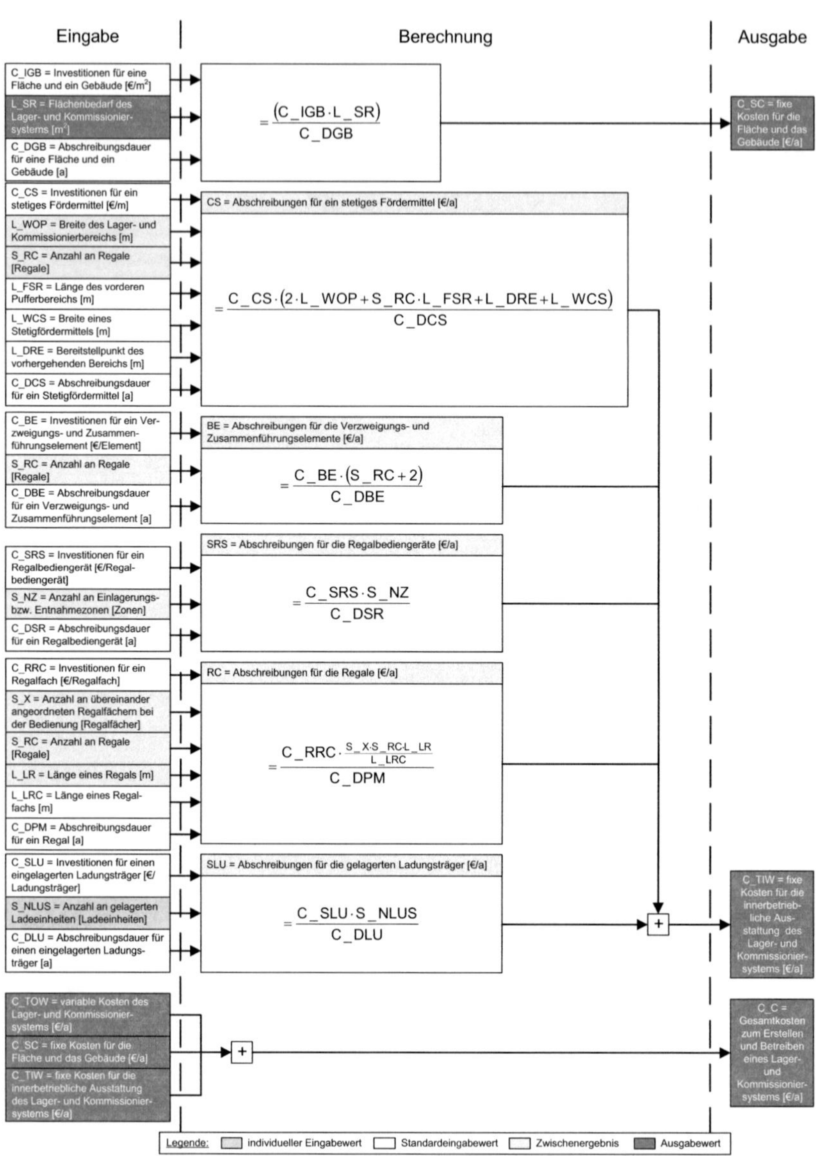

$$= \frac{(C\_IGB \cdot L\_SR)}{C\_DGB}$$

$$= \frac{C\_CS \cdot (2 \cdot L\_WOP + S\_RC \cdot L\_FSR + L\_DRE + L\_WCS)}{C\_DCS}$$

$$= \frac{C\_BE \cdot (S\_RC + 2)}{C\_DBE}$$

$$= \frac{C\_SRS \cdot S\_NZ}{C\_DSR}$$

$$= \frac{C\_RRC \cdot \frac{S\_X \cdot S\_RC \cdot L\_LR}{L\_LRC}}{C\_DPM}$$

$$= \frac{C\_SLU \cdot S\_NLUS}{C\_DLU}$$

Abbildung A.23.: Statisches Berechnungsmodell SP_E (4 von 4)

Tabelle A.5.: Standardeingabewerte für das Modell SP_E

Code	Beschreibung	Aufgaben			Einheit	Quelle
		SP4	SP5	SP6		
C_BE	Investitionen für ein Verzweigungs- und Zusammenführungselement	1000	1000	1000	€/Element	Herstellerangaben
C_CS	Investitionen für ein stetiges Fördermittel	150	150	150	€/m	Herstellerangaben
C_DBE	Abschreibungsdauer für ein Verzweigungs- und Zusammenführungselement	14	14	14	a	Afa-Tabelle (2000)
C_DCS	Abschreibungsdauer für ein Stetigfördermittel	14	14	14	a	Afa-Tabelle (2000)
C_DGB	Abschreibungsdauer für eine Fläche und ein Gebäude	25	25	25	a	Afa-Tabelle (2000)
C_DLU	Abschreibungsdauer für einen eingelagerten Ladungsträger	4	4	4	a	Afa-Tabelle (2000)
C_DPM	Abschreibungsdauer für ein Regal	18	18	18	a	Afa-Tabelle (2000)
C_DSR	Abschreibungsdauer für ein Regalbediengerät	14	14	14	a	Afa-Tabelle (2000)
C_IGB	Investitionen für eine Fläche und ein Gebäude	450	450	450	€/m^2	Gudehus (2005)
C_MC	prozentualer Faktor für Wartung, Instandhaltung und Energie	2,5	2,5	2,5	%	Whitestone (1996)
C_PC	Lohnkosten	30	30	30	€/h	Gudehus (2005)
C_RRC	Investitionen für ein Regalfach	35	35	35	€/Regalfach	Gudehus (2005)
C_SLU	Investitionen für einen eingelagerten Ladungsträger	27,4	27,4	-	€/Ladungsträger	Herstellerangaben
C_SRS	Investitionen für ein Regalbediengerät	180000	180000	200000	€/Regalbediengerät	Herstellerangaben
L_BSR	hinterer Pufferbereich	1,5	1,5	1,5	m	Herstellerangaben
L_DRC	Tiefe eines Regals	0,45	0,5	0,5	m	Gudehus (2005)
L_DRE	Bereitstellpunkt des vorhergehenden Bereichs	20	20	20	m	Annahme
L_FSR	Länge des vorderen Pufferbereichs	4	4	4	m	Herstellerangaben
L_HMAX	maximale Höhe eines Regals	20	20	20	m	Annahme
L_HRC	Höhe eines Regalfachs	0,4	0,4	0,4	m	Herstellerangaben
L_LRC	Länge eines Regalfachs	0,7	0,7	0,7	m	Gudehus (2005)
L_LSR	untere Platzbedarf des automatischen Systems	0,7	0,7	0,7	m	Herstellerangaben
L_USR	obere Platzbedarf des automatischen Systems	2,4	2,4	2,4	m	Herstellerangaben
L_WCS	Breite eines Stetigfördermittels	0,5	0,5	0,5	m	Herstellerangaben
L_WOA	Breite eines Gangs	1	1	1	m	Gudehus (2005)
S_AX	Beschleunigung in Längsrichtung	1	1	1	m/s^2	Gudehus (2005)
S_AY	Beschleunigung in Hubrichtung	1	1	1	m/s^2	Gudehus (2005)
S_NR	Anzahl an Ladungsträger pro Einlagerungsrundgang	12	12	12	Ladeeinheiten/Rundgang	Annahme
S_NRC	Anzahl an bereitgestellten Ladeeinheiten pro Regalfach	1	1	1	Ladeeinheiten/Regalfach	Annahme
S_PRO	Produktivität eines Mitarbeiters	100	100	100	%	Annahme
S_SW	Anzahl der Schichten pro Tag	2	2	2	Bewegungen/d	Annahme
S_VX	Fahrgeschwindigkeit in Längsrichtung	3	3	3	m/s	Gudehus (2005)
S_VY	Fahrgeschwindigkeit in Hubrichtung	1	1	1	m/s	Gudehus (2005)
T_BT	Basiszeit pro Entnahmeauftrag	15	15	15	s/Auftrag	Annahme
T_GTI	Greifzeit pro Entnahmeposition	20	20	20	s/Position	Annahme
T_GTR	Greifzeit pro einzulagernder Ladeeinheit	7	7	7	s/Ladeeinheit	Annahme
T_OP	Betriebstage des Lager- und Kommissionierbereichs pro Jahr	250	250	250	d/a	Annahme
T_RBT	Basiszeit pro Einlagerungsrundgang	10	10	10	s/Rundgang	Annahme
T_RR	Totzeit pro einzulagernder Ladeeinheit	10	10	10	s/Ladeeinheit	Gudehus (2005)
T_RTL	Totzeit pro Entnahmeposition	10	10	10	s/Position	Gudehus (2005)
T_WOP	Arbeitszeit einer Schicht	8	8	8	h/d	Gudehus (2005)

A.6. Ware zum Mann mit zwei- bzw. dreidimensionaler Bewegung: einfachtiefe Regallagerung (SP_F)

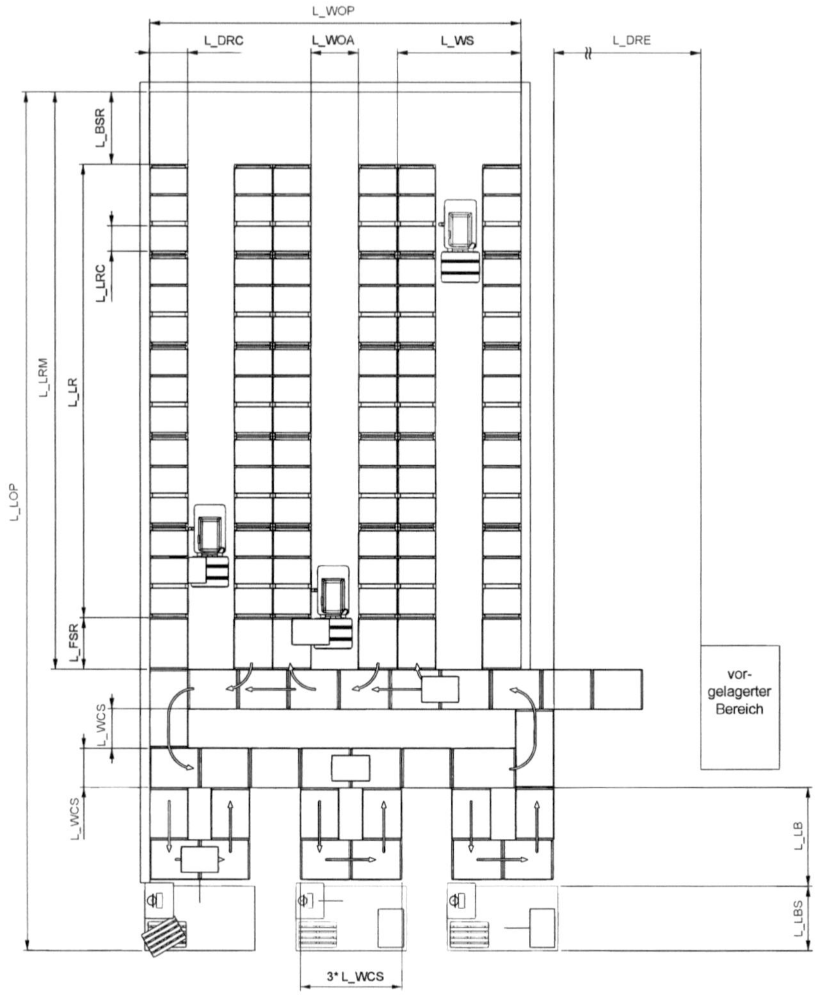

Abbildung A.24.: Prinzipskizze des Modells SP_F

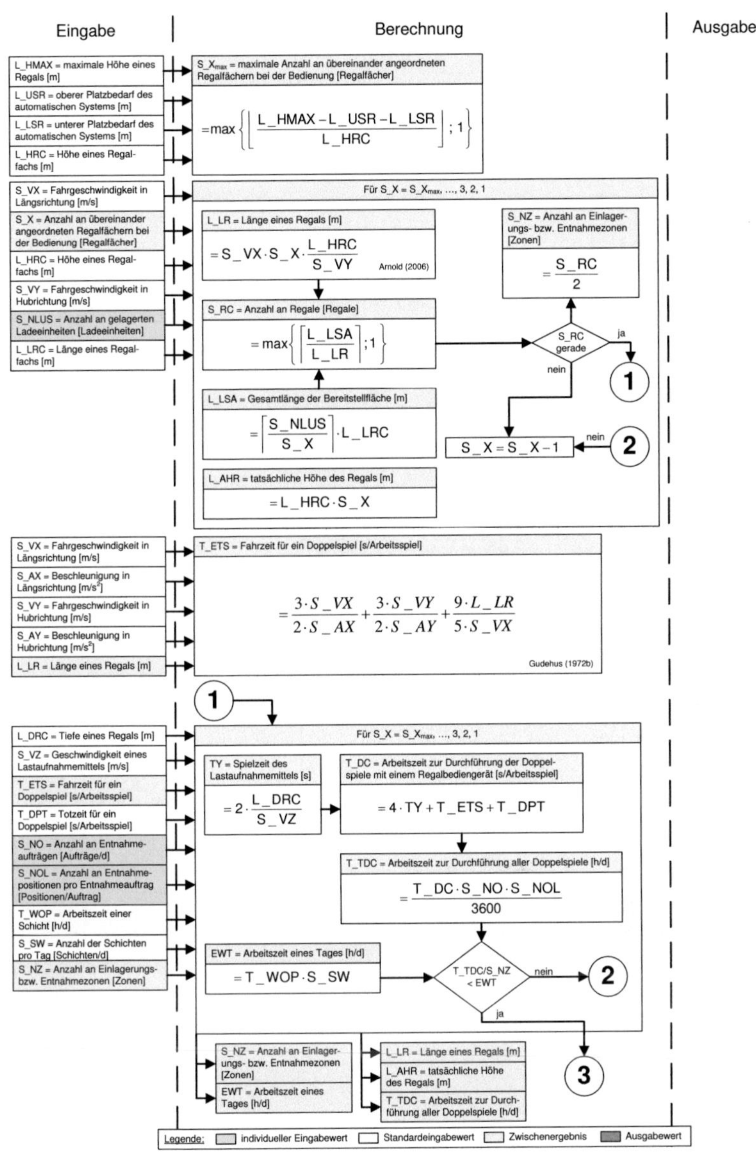

$$= \max\left\{ \left\lfloor \frac{L\_HMAX - L\_USR - L\_LSR}{L\_HRC} \right\rfloor ; 1 \right\}$$

$$= S\_VX \cdot S\_X \cdot \frac{L\_HRC}{S\_VY}$$

$$= \max\left\{ \left\lceil \frac{L\_LSA}{L\_LR} \right\rceil ; 1 \right\}$$

$$= \left\lceil \frac{S\_NLUS}{S\_X} \right\rceil \cdot L\_LRC$$

$$= L\_HRC \cdot S\_X$$

$$= \frac{S\_RC}{2}$$

$$= \frac{3 \cdot S\_VX}{2 \cdot S\_AX} + \frac{3 \cdot S\_VY}{2 \cdot S\_AY} + \frac{9 \cdot L\_LR}{5 \cdot S\_VX}$$

$$= 2 \cdot \frac{L\_DRC}{S\_VZ}$$

$$= 4 \cdot TY + T\_ETS + T\_DPT$$

$$= \frac{T\_DC \cdot S\_NO \cdot S\_NOL}{3600}$$

$$= T\_WOP \cdot S\_SW$$

Abbildung A.25.: Statisches Berechnungsmodell SP_F (1 von 3)

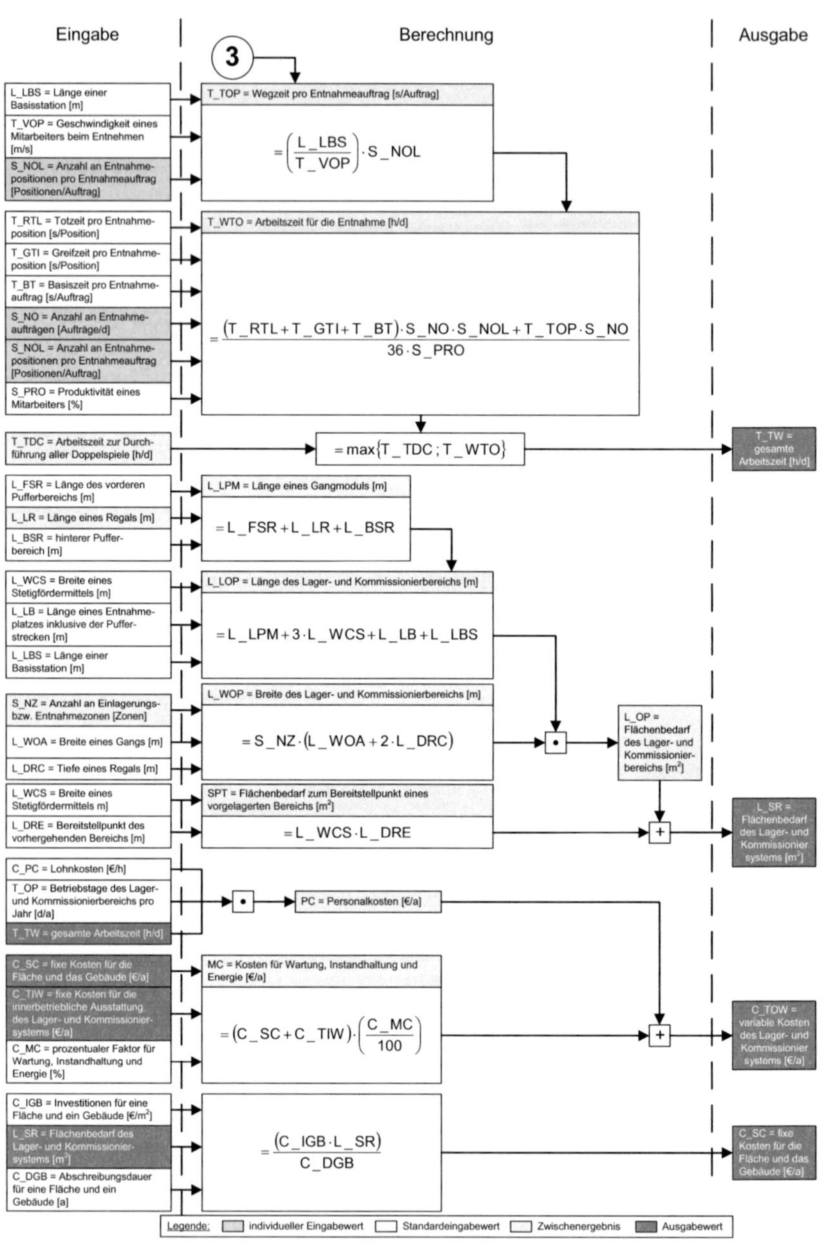

Abbildung A.26.: Statisches Berechnungsmodell SP_F (2 von 3)

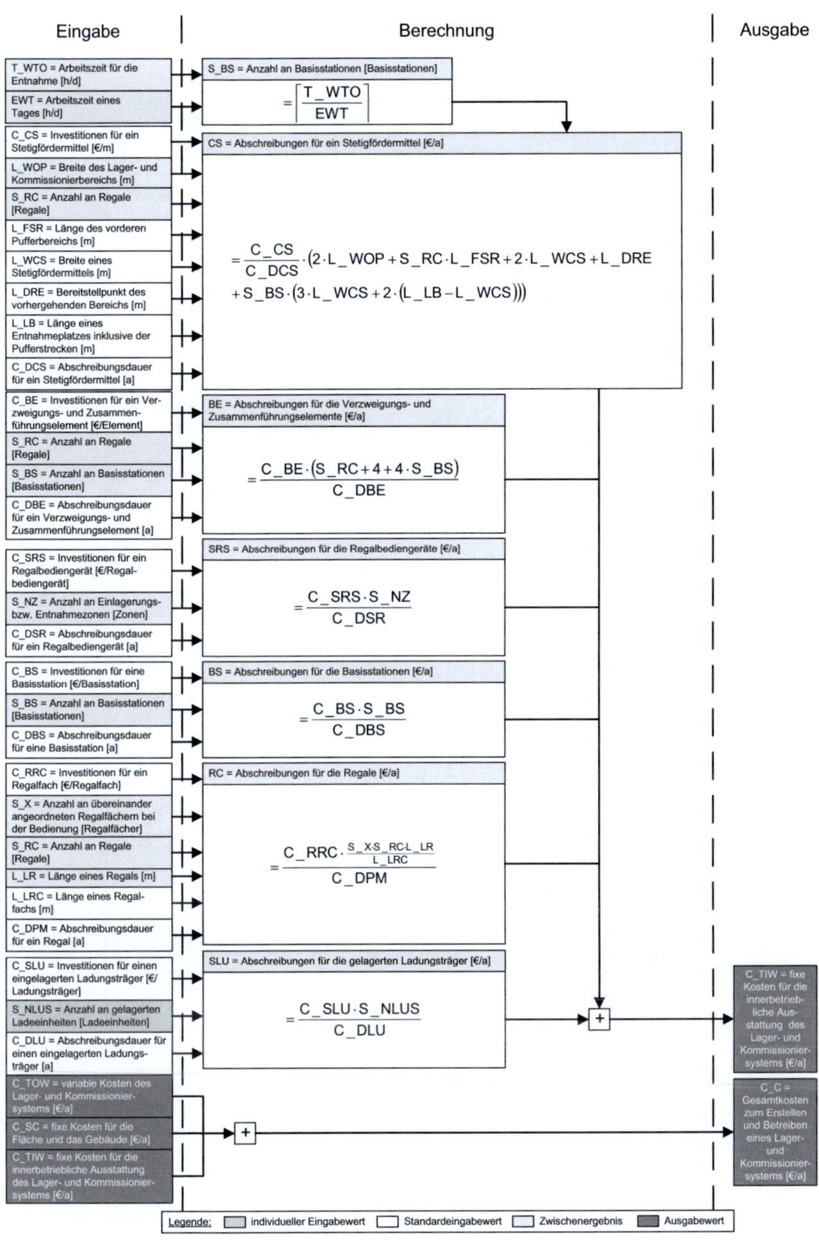

$$S\_BS = \left\lceil \frac{T\_WTO}{EWT} \right\rceil$$

$$CS = \frac{C\_CS}{C\_DCS} \cdot \big(2 \cdot L\_WOP + S\_RC \cdot L\_FSR + 2 \cdot L\_WCS + L\_DRE + S\_BS \cdot (3 \cdot L\_WCS + 2 \cdot (L\_LB - L\_WCS))\big)$$

$$BE = \frac{C\_BE \cdot (S\_RC + 4 + 4 \cdot S\_BS)}{C\_DBE}$$

$$SRS = \frac{C\_SRS \cdot S\_NZ}{C\_DSR}$$

$$BS = \frac{C\_BS \cdot S\_BS}{C\_DBS}$$

$$RC = \frac{C\_RRC \cdot \frac{S\_X \cdot S\_RC \cdot L\_LR}{L\_LRC}}{C\_DPM}$$

$$SLU = \frac{C\_SLU \cdot S\_NLUS}{C\_DLU}$$

Abbildung A.27.: Statisches Berechnungsmodell SP_F (3 von 3)

Tabelle A.6.: Standardeingabewerte für das Modell SP_F

Code	Beschreibung	Aufgaben					Einheit	Quelle
		SP1	SP2	SP3	SP4	SP5		
C_BE	Investitionen für ein Verzweigungs- und Zusammenführungselement	2000	2000	2000	1000	1000	€/Element	Herstellerangaben
C_BS	Investitionen für eine Basisstation	-	1000	1000	-	-	€/Basisstation	Herstellerangaben
C_CS	Investitionen für ein Stetigfördermittel	200	200	200	150	150	€/m	Herstellerangaben
C_DBE	Abschreibungsdauer für ein Verzweigungs- und Zusammenführungselement	14	14	14	14	14	a	Afa-Tabelle (2000)
C_DBS	Abschreibungsdauer für eine Basisstation	7	7	7	7	7	a	Afa-Tabelle (2000)
C_DCS	Abschreibungsdauer für ein Stetigfördermittel	14	14	14	14	14	a	Afa-Tabelle (2000)
C_DGB	Abschreibungsdauer für eine Fläche und ein Gebäude	25	25	25	25	25	a	Afa-Tabelle (2000)
C_DLU	Abschreibungsdauer für einen eingelagerten Ladungsträger	8	8	8	4	4	a	Afa-Tabelle (2000)
C_DPM	Abschreibungsdauer für ein Regal	18	18	18	18	18	a	Afa-Tabelle (2000)
C_DSR	Abschreibungsdauer für ein Regalbediengerät	14	14	14	14	14	a	Afa-Tabelle (2000)
C_IGB	Investitionen für eine Fläche und ein Gebäude	1200	1200	1200	1200	1200	€/m^2	Gudehus (2005)
C_MC	prozentualer Faktor für Wartung, Instandhaltung und Energie	2,5	2,5	2,5	2,5	2,5	%	Whitestone (1996)
C_PC	Lohnkosten	-	30	30	-	-	€/h	Gudehus (2005)
C_RRC	Investitionen für ein Regalfach	75	75	75	35	35	€/Regalfach	Gudehus (2005)
C_SLU	Investitionen für einen eingelagerten Ladungsträger	21	21	21	27,4	27,4	€/Ladungs-träger	Herstellerangaben
C_SRS	Investitionen für ein Regalbediengerät	250000	250000	250000	180000	180000	€/Regal-bediengerät	Herstellerangaben
L_BSR	hinterer Pufferbereich	2	2	2	1,5	1,5	m	Herstellerangaben
L_DRC	Tiefe eines Regals	0,95	0,95	0,95	0,5	0,5	m	Gudehus (2005)
L_DRE	Bereitstellpunkt des vorhergehenden Bereichs	20	20	20	20	20	m	Annahme
L_FSR	Länge des vorderen Pufferbereichs	7	7	7	4	4	m	Herstellerangaben
L_HMAX	maximale Höhe eines Regals	40	40	40	20	20	m	Annahme
L_HRC	Höhe eines Regalfachs	1,64	1,64	1,64	0,4	0,4	m	Herstellerangaben
L_LB	Länge eines Entnahmeplatzes inklusive der Pufferstrecken	4	4	4	2,5	2,5	m	Annahme
L_LBS	Länge einer Basisstation	3	3	3	3	3	m	Annahme
L_LRC	Länge eines Regalfachs	1,30	1,30	1,30	0,7	0,7	m	Gudehus (2005)
L_LSR	unterer Platzbedarf des automatischen Systems	0,9	0,9	0,9	0,7	0,7	m	Herstellerangaben
L_USR	oberer Platzbedarf des automatischen Systems	2,4	2,4	2,4	1,6	1,6	m	Herstellerangaben
L_WCS	Breite eines Stetigfördermittels	1,3	1,3	1,3	0,5	0,5	m	Herstellerangaben
L_WOA	Breite eines Gangs	1,5	1,5	1,5	1	1	m	Gudehus (2005)
S_AX	Beschleunigung in Längsrichtung	1	1	1	3	3	m/s^2	Gudehus (2005)
S_AY	Beschleunigung in Hubrichtung	1	1	1	2	2	m/s^2	Gudehus (2005)
S_PRO	Produktivität eines Mitarbeiters	80	80	80	80	80	%	Annahme
S_SW	Anzahl der Schichten pro Tag	2	2	2	2	2	Bewegungen /d	Annahme
S_VX	Fahrgeschwindigkeit in Längsrichtung	5	5	5	5	5	m/s	Gudehus (2005)
S_VY	Fahrgeschwindigkeit in Hubrichtung	2	2	2	2	2	m/s	Gudehus (2005)
S_VZ	Geschwindigkeit eines Lastaufnahmemittels	0,3	0,3	0,3	0,3	0,3	m/s	Gudehus (2005)
T_BT	Basiszeit pro Entnahmeauftrag	-	30	30	-	-	s/Auftrag	Annahme
T_DPT	Totzeit für ein Doppelspiel	0,3	0,3	0,3	0,3	0,3	s/Arbeitsspiel	Lippolt (2003)
T_GTI	Greifzeit pro Entnahmeposition	-	15	15	-	-	s/Position	Annahme
T_OP	Betriebstage des Lager- und Kommissionierbereichs pro Jahr	250	250	250	250	250	d/a	Annahme
T_RTL	Totzeit pro Entnahmeposition	-	0,3	0,3	0,3	0,3	s/Position	Gudehus (2005)
T_VOP	Geschwindigkeit eines Mitarbeiters beim Entnehmen	2,1	2,1	2,1	2,1	2,1	m/s	Gudehus (2005)
T_WOP	Arbeitszeit einer Schicht	8	8	8	8	8	h/d	Gudehus (2005)

A.7. Ware zum Mann mit zwei- bzw. dreidimensionaler Bewegung: doppeltiefe Regallagerung (SP_G)

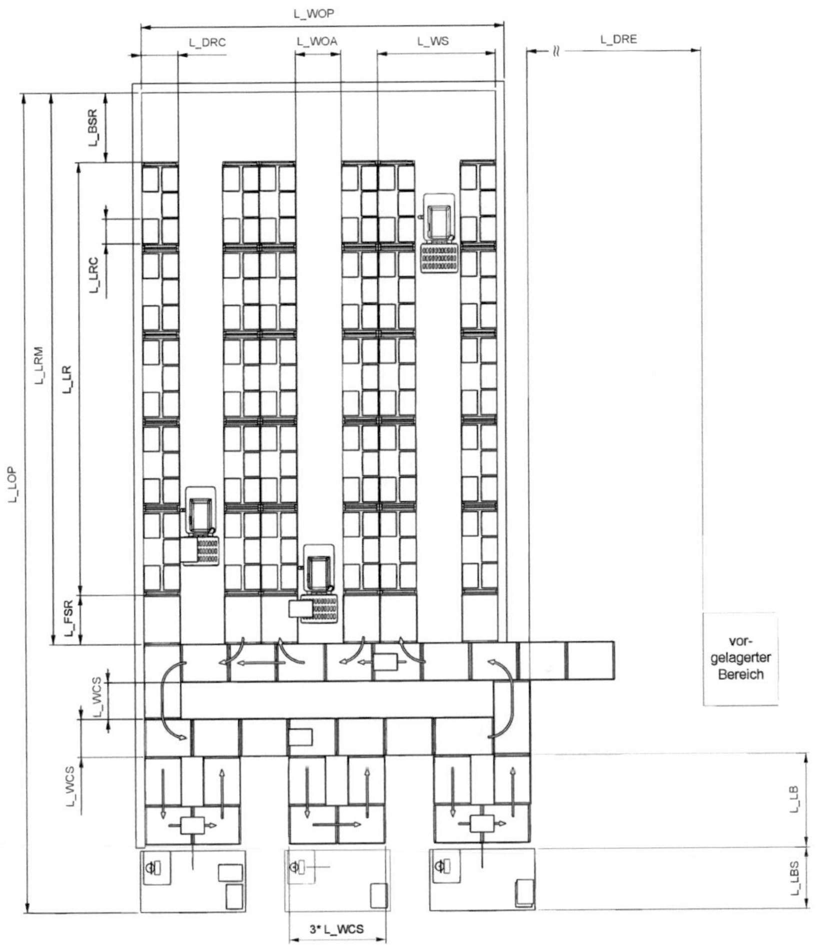

Abbildung A.28.: Prinzipskizze des Modells SP_G

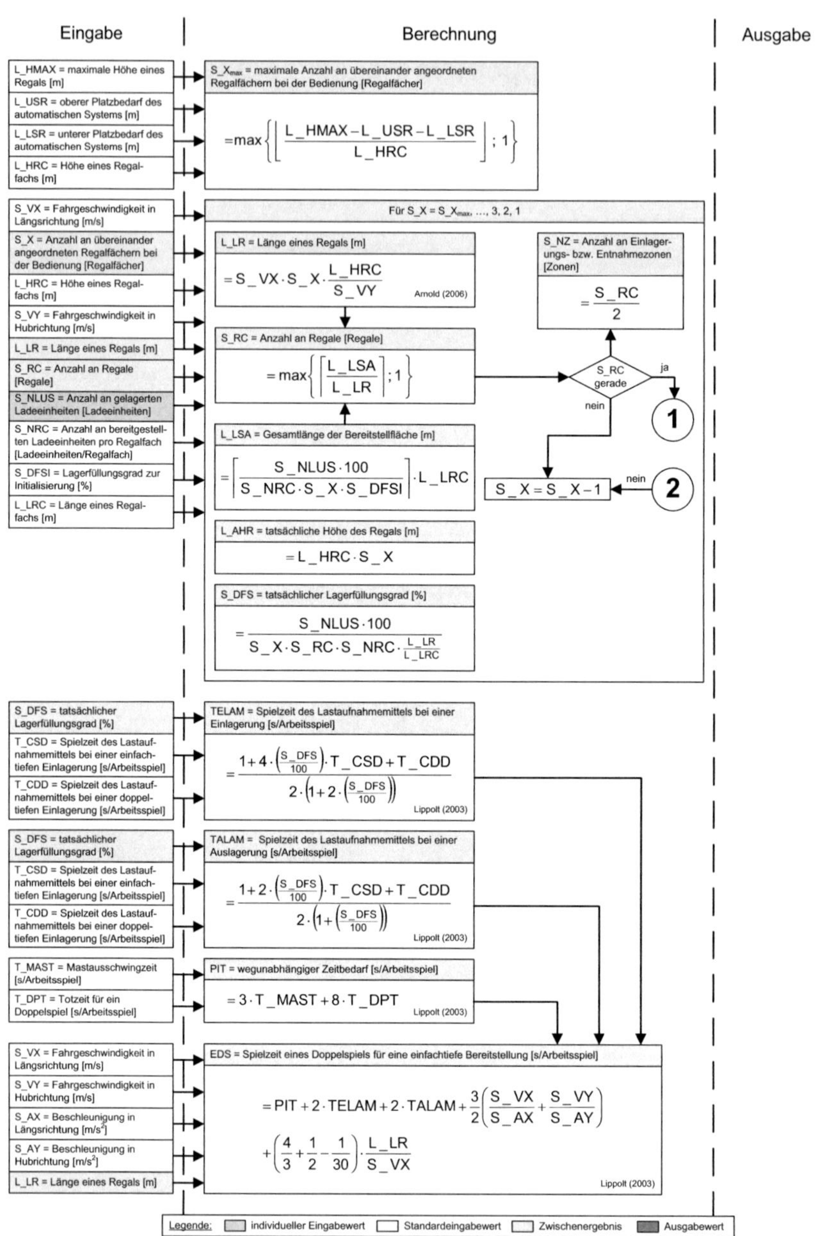

$$S\_X_{max} = \max\left\{ \left\lfloor \frac{L\_HMAX - L\_USR - L\_LSR}{L\_HRC} \right\rfloor ; 1 \right\}$$

$$L\_LR = S\_VX \cdot S\_X \cdot \frac{L\_HRC}{S\_VY}$$

$$S\_RC = \max\left\{ \left\lceil \frac{L\_LSA}{L\_LR} \right\rceil ; 1 \right\}$$

$$L\_LSA = \left\lceil \frac{S\_NLUS \cdot 100}{S\_NRC \cdot S\_X \cdot S\_DFSI} \right\rceil \cdot L\_LRC$$

$$L\_AHR = L\_HRC \cdot S\_X$$

$$S\_DFS = \frac{S\_NLUS \cdot 100}{S\_X \cdot S\_RC \cdot S\_NRC \cdot \frac{L\_LR}{L\_LRC}}$$

$$S\_NZ = \frac{S\_RC}{2}$$

$$TELAM = \frac{1 + 4 \cdot \left(\frac{S\_DFS}{100}\right) \cdot T\_CSD + T\_CDD}{2 \cdot \left(1 + 2 \cdot \left(\frac{S\_DFS}{100}\right)\right)}$$

$$TALAM = \frac{1 + 2 \cdot \left(\frac{S\_DFS}{100}\right) \cdot T\_CSD + T\_CDD}{2 \cdot \left(1 + \left(\frac{S\_DFS}{100}\right)\right)}$$

$$PIT = 3 \cdot T\_MAST + 8 \cdot T\_DPT$$

$$EDS = PIT + 2 \cdot TELAM + 2 \cdot TALAM + \frac{3}{2}\left(\frac{S\_VX}{S\_AX} + \frac{S\_VY}{S\_AY}\right) + \left(\frac{4}{3} + \frac{1}{2} - \frac{1}{30}\right) \cdot \frac{L\_LR}{S\_VX}$$

Abbildung A.29.: Statisches Berechnungsmodell SP_G (1 von 4)

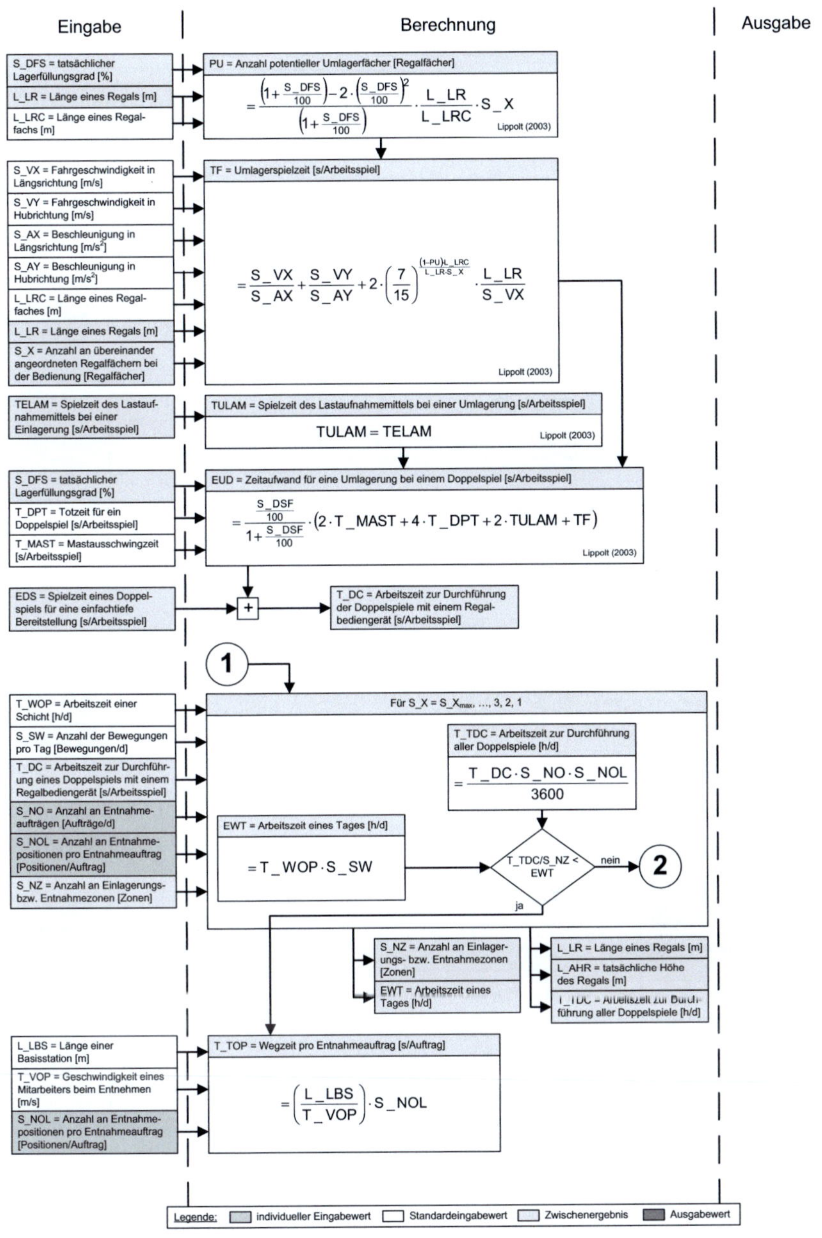

$$PU = \frac{\left(1 + \frac{S\_DFS}{100}\right) - 2 \cdot \left(\frac{S\_DFS}{100}\right)^2}{\left(1 + \frac{S\_DFS}{100}\right)} \cdot \frac{L\_LR}{L\_LRC} \cdot S\_X$$

$$TF = \frac{S\_VX}{S\_AX} + \frac{S\_VY}{S\_AY} + 2 \cdot \left(\frac{7}{15}\right)^{\frac{(1-PU)L\_LRC}{L\_LR \cdot S\_X}} \cdot \frac{L\_LR}{S\_VX}$$

$$EUD = \frac{\frac{S\_DSF}{100}}{1 + \frac{S\_DSF}{100}} \cdot \left(2 \cdot T\_MAST + 4 \cdot T\_DPT + 2 \cdot TULAM + TF\right)$$

$$T\_TDC = \frac{T\_DC \cdot S\_NO \cdot S\_NOL}{3600}$$

$$EWT = T\_WOP \cdot S\_SW$$

$$T\_TOP = \left(\frac{L\_LBS}{T\_VOP}\right) \cdot S\_NOL$$

Abbildung A.30.: Statisches Berechnungsmodell SP_G (2 von 4)

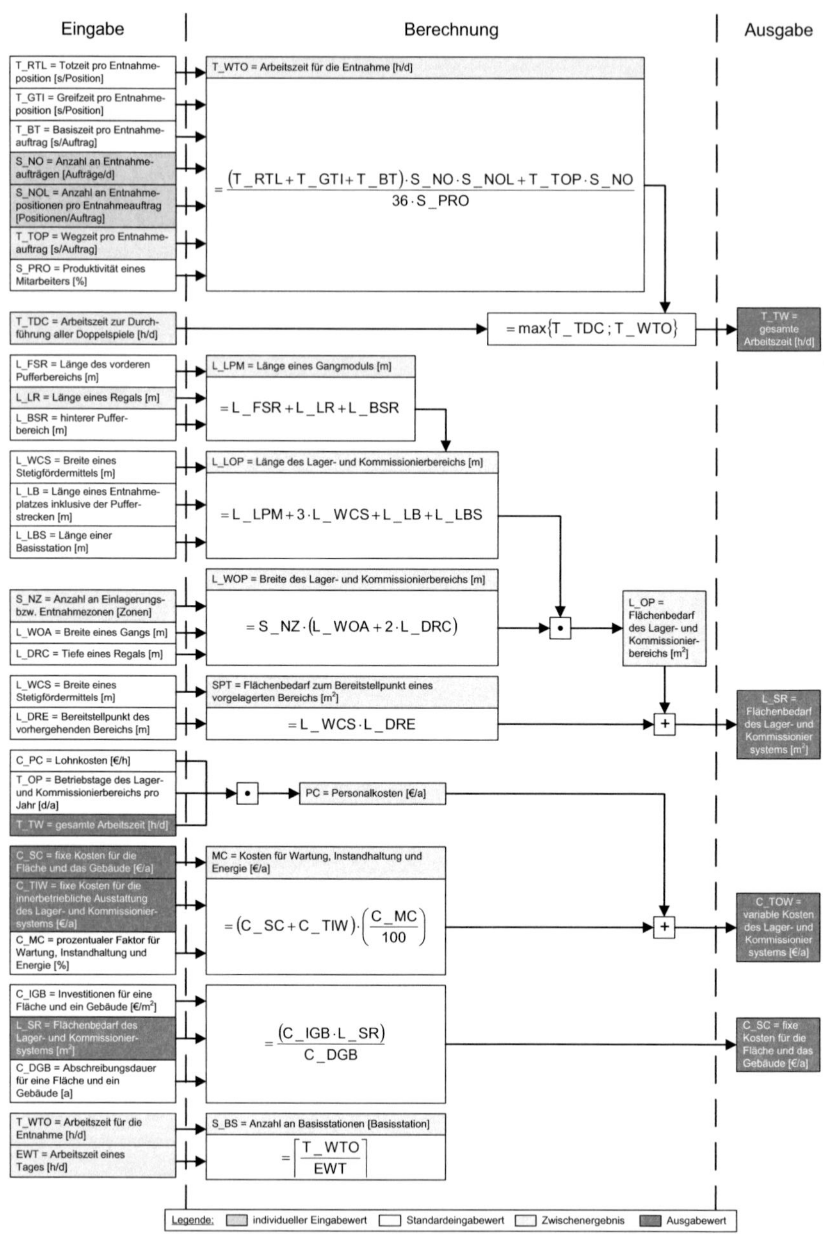

$$= \frac{(T\_RTL + T\_GTI + T\_BT) \cdot S\_NO \cdot S\_NOL + T\_TOP \cdot S\_NO}{36 \cdot S\_PRO}$$

$$= \max\{T\_TDC \,;\, T\_WTO\}$$

$$= L\_FSR + L\_LR + L\_BSR$$

$$= L\_LPM + 3 \cdot L\_WCS + L\_LB + L\_LBS$$

$$= S\_NZ \cdot (L\_WOA + 2 \cdot L\_DRC)$$

$$= L\_WCS \cdot L\_DRE$$

$$= (C\_SC + C\_TIW) \cdot \left(\frac{C\_MC}{100}\right)$$

$$= \frac{(C\_IGB \cdot L\_SR)}{C\_DGB}$$

$$= \left\lceil \frac{T\_WTO}{EWT} \right\rceil$$

Abbildung A.31.: Statisches Berechnungsmodell SP_G (3 von 4)

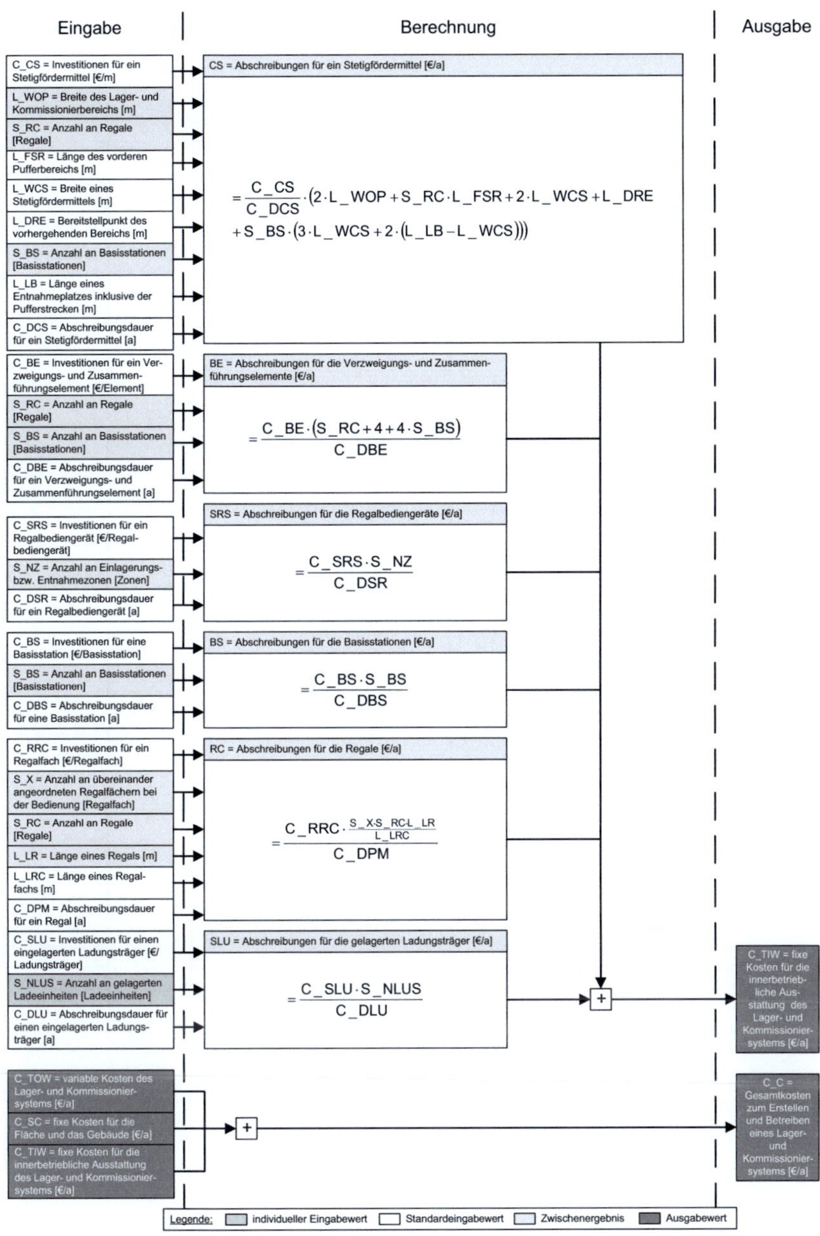

$$= \frac{C\_CS}{C\_DCS} \cdot (2 \cdot L\_WOP + S\_RC \cdot L\_FSR + 2 \cdot L\_WCS + L\_DRE + S\_BS \cdot (3 \cdot L\_WCS + 2 \cdot (L\_LB - L\_WCS)))$$

$$= \frac{C\_BE \cdot (S\_RC + 4 + 4 \cdot S\_BS)}{C\_DBE}$$

$$= \frac{C\_SRS \cdot S\_NZ}{C\_DSR}$$

$$= \frac{C\_BS \cdot S\_BS}{C\_DBS}$$

$$= \frac{C\_RRC \cdot \frac{S\_X \cdot S\_RC \cdot L\_LR}{L\_LRC}}{C\_DPM}$$

$$= \frac{C\_SLU \cdot S\_NLUS}{C\_DLU}$$

Abbildung A.32.: Statisches Berechnungsmodell SP_G (4 von 4)

Tabelle A.7.: Standardeingabewerte für das Modell SP_G

Code	Beschreibung	Aufgaben					Einheit	Quelle
		SP1	SP2	SP3	SP4	SP5		
C_BE	Investitionen für ein Verzweigungs- und Zusammenführungselement	2000	2000	2000	1000	1000	€/Element	Herstellerangaben
C_BS	Investitionen für eine Basisstation	1000	1000	1000	1000	1000	€/Basisstation	Herstellerangaben
C_CS	Investitionen für ein Stetigfördermittel	200	200	200	150	150	€/m	Herstellerangaben
C_DBE	Abschreibungsdauer für ein Verzweigungs- und Zusammenführungselement	14	14	14	14	14	a	Afa-Tabelle (2000)
C_DBS	Abschreibungsdauer für eine Basisstation	7	7	7	7	7	a	Afa-Tabelle (2000)
C_DCS	Abschreibungsdauer für ein Stetigfördermittel	14	14	14	14	14	a	Afa-Tabelle (2000)
C_DGB	Abschreibungsdauer für eine Fläche und ein Gebäude	25	25	25	25	25	a	Afa-Tabelle (2000)
C_DLU	Abschreibungsdauer für einen eingelagerten Ladungsträger	8	8	8	4	4	a	Afa-Tabelle (2000)
C_DPM	Abschreibungsdauer für ein Regal	18	18	18	18	18	a	Afa-Tabelle (2000)
C_DSR	Abschreibungsdauer für ein Regalbediengerät	14	14	14	14	14	a	Afa-Tabelle (2000)
C_IGB	Investitionen für eine Fläche und ein Gebäude	1200	1200	1200	1200	1200	€/m^2	Gudehus (2005)
C_MC	prozentualer Faktor für Wartung, Instandhaltung und Energie	2,5	2,5	2,5	2,5	2,5	%	Whitestone (1996)
C_PC	Lohnkosten	-	30	30	-	-	€/h	Gudehus (2005)
C_RRC	Investitionen für ein Regalfach	75	75	75	35	35	€/Regalfach	Gudehus (2005)
C_SLU	Investitionen für einen eingelagerten Ladungsträger	21	21	21	27,4	27,4	€/Ladungsträger	Herstellerangaben
C_SRS	Investitionen für ein Regalbediengerät	260000	260000	260000	190000	190000	€/Regalbediengerät	Herstellerangaben
L_BSR	hinterer Pufferbereich	2	2	2	1,5	1,5	m	Herstellerangaben
L_DRC	Tiefe eines Regals	1,8	1,8	1,8	0,5	0,5	m	Gudehus (2005)
L_DRE	Bereitstellpunkt des vorhergehenden Bereichs	20	20	20	20	20	m	Annahme
L_FSR	Länge des vorderen Pufferbereichs	7	7	7	4	4	m	Herstellerangaben
L_HMAX	maximale Höhe eines Regals	39	39	39	20	20	m	Annahme
L_HRC	Höhe eines Regalfachs	1,64	1,64	1,64	0,4	0,4	m	Herstellerangaben
L_LB	Länge eines Entnahmeplatzes inklusive der Pufferstrecken	4	4	4	2,5	2,5	m	Annahme
L_LBS	Länge einer Basisstation	3	3	3	3	3	m	Annahme
L_LRC	Länge eines Regalfachs	1,4	1,4	1,4	0,7	0,7	m	Gudehus (2005)
L_LSR	untere Platzbedarf des automatischen Systems	0,9	0,9	0,9	0,7	0,7	m	Herstellerangaben
L_USR	obere Platzbedarf des automatischen Systems	2,4	2,4	2,4	1,6	1,6	m	Herstellerangaben
L_WCS	Breite eines Stetigfördermittels	1,3	1,3	1,3	0,5	0,5	m	Herstellerangaben
L_WOA	Breite eines Gangs	1,5	1,5	1,5	1	1	m	Gudehus (2005)
S_AX	Beschleunigung in Längsrichtung	1	1	1	3	3	m/s^2	Gudehus (2005)
S_AY	Beschleunigung in Hubrichtung	1	1	1	2	2	m/s^2	Gudehus (2005)
S_DFSI	Lagerfüllungsgrad zur Initialisierung	85	85	85	85	85	%	Annahme
S_NRC	Anzahl an bereitgestellten Ladeeinheiten pro Regalfach	2	2	2	2	2	Ladeeinheiten /Regalfach	Annahme
S_PRO	Produktivität eines Mitarbeiters	80	80	80	80	80	%	Annahme
S_SW	Anzahl der Schichten pro Tag	2	2	2	2	2	Bewegungen /d	Annahme
S_VX	Fahrgeschwindigkeit in Längsrichtung	5	5	5	5	5	m/s	Gudehus (2005)
S_VY	Fahrgeschwindigkeit in Hubrichtung	2	2	2	2	2	m/s	Gudehus (2005)

Code	Beschreibung	Aufgaben					Einheit	Quelle
		SP1	SP2	SP3	SP4	SP5		
T_BT	Basiszeit pro Entnahmeauftrag	30	30	30	30	30	s/Auftrag	Annahme
T_CDD	Spielzeit des Lastaufnahmemittels bei einer doppeltiefen Einlagerung	15	15	15	8	8	s/Arbeitsspiel	Lippolt (2003)
T_CSD	Spielzeit des Lastaufnahmemittels bei einer einfachtiefen Einlagerung	12	12	12	6	6	s/Arbeitsspiel	Lippolt (2003)
T_DPT	Totzeit für ein Doppelspiel	0,3	0,3	0,3	0,3	0,3	s/Arbeitsspiel	Lippolt (2003)
T_GTI	Greifzeit pro Entnahmeposition	-	15	15	15	15	s/Position	Annahme
T_MAST	Mastausschwingzeit	2	2	2	2	2	s/Arbeitsspiel	Lippolt (2003)
T_OP	Betriebstage des Lager- und Kommissionierbereichs pro Jahr	250	250	250	250	250	d/a	Annahme
T_RTL	Totzeit pro Entnahmeposition	0,3	0,3	0,3	0,3	0,3	s/Position	Gudehus (2005)
T_VOP	Geschwindigkeit eines Mitarbeiters beim Entnehmen	2,1	2,1	2,1	2,1	2,1	m/s	Gudehus (2005)
T_WOP	Arbeitszeit einer Schicht	8	8	8	8	8	h/d	Gudehus (2005)

Tabelle A.8.: Standardeingabewerte für das Modell SP_G

A.8. Ware zum Mann mit zwei- bzw. dreidimensionaler Bewegung: Karusselllager (SP_H)

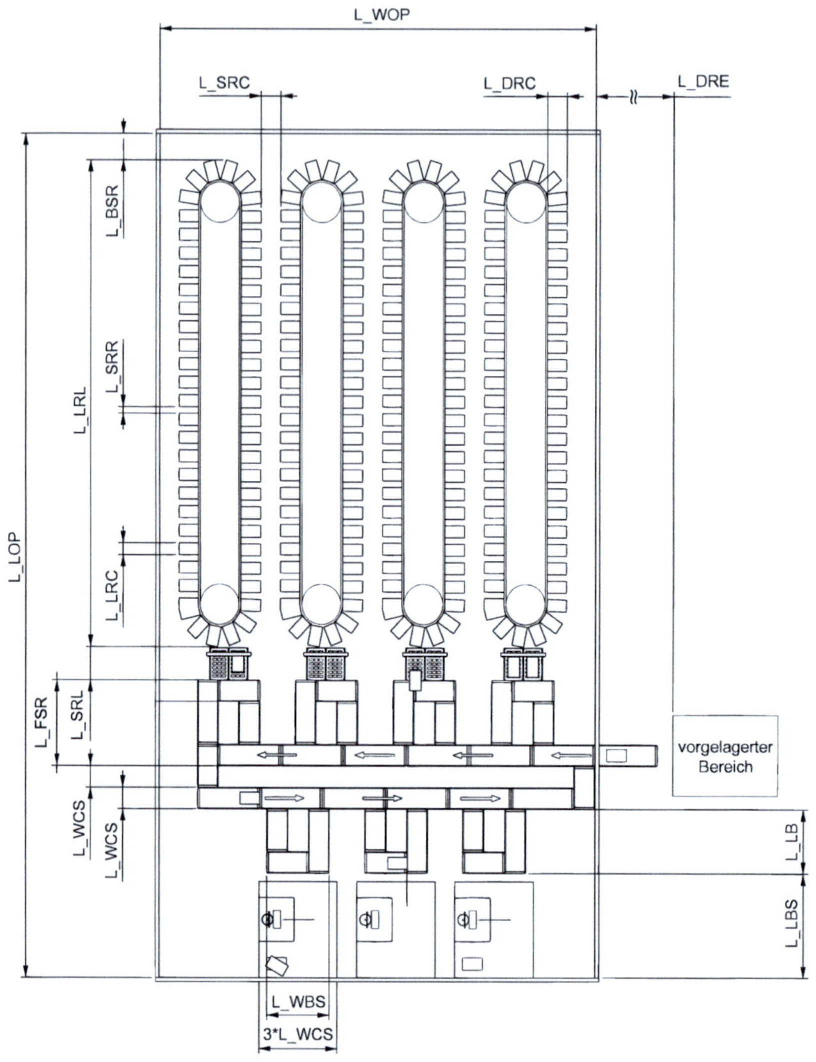

Abbildung A.33.: Prinzipskizze des Modells SP_H

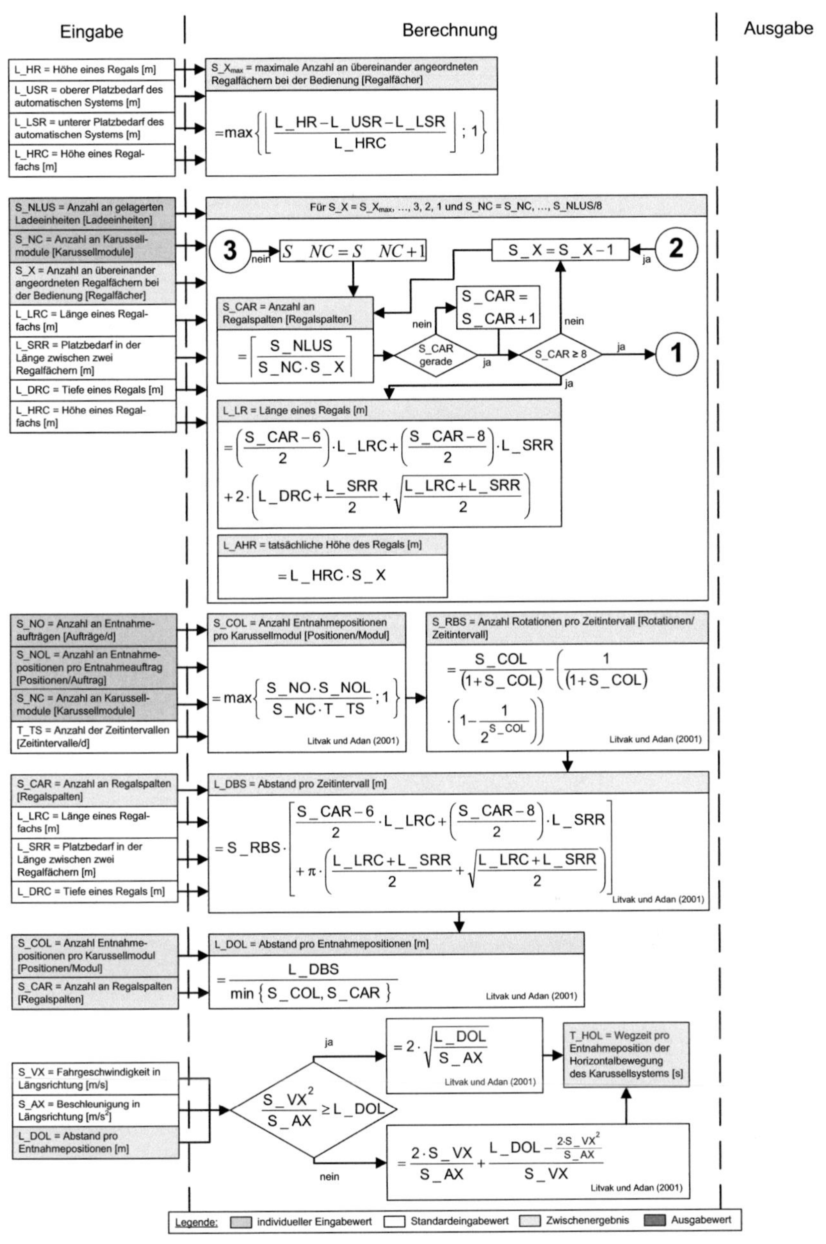

Abbildung A.34.: Statisches Berechnungsmodell SP_H (1 von 4)

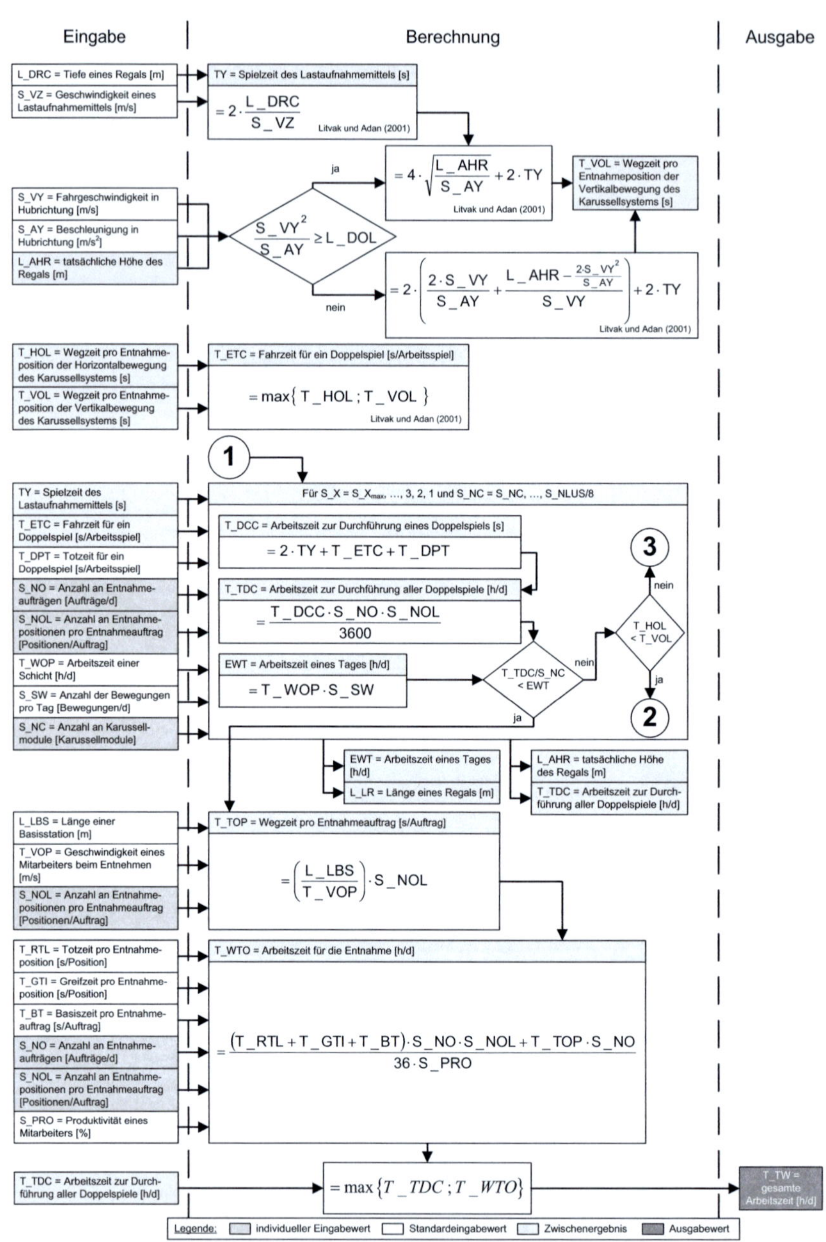

$$= 2 \cdot \frac{L\_DRC}{S\_VZ}$$

$$= 4 \cdot \sqrt{\frac{L\_AHR}{S\_AY}} + 2 \cdot TY$$

$$\frac{S\_VY^2}{S\_AY} \geq L\_DOL$$

$$= 2 \cdot \left(\frac{2 \cdot S\_VY}{S\_AY} + \frac{L\_AHR - \frac{2 \cdot S\_VY^2}{S\_AY}}{S\_VY} \right) + 2 \cdot TY$$

$$= \max\{ T\_HOL \, ; \, T\_VOL \}$$

$$= 2 \cdot TY + T\_ETC + T\_DPT$$

$$= \frac{T\_DCC \cdot S\_NO \cdot S\_NOL}{3600}$$

$$= T\_WOP \cdot S\_SW$$

$$= \left(\frac{L\_LBS}{T\_VOP} \right) \cdot S\_NOL$$

$$= \frac{(T\_RTL + T\_GTI + T\_BT) \cdot S\_NO \cdot S\_NOL + T\_TOP \cdot S\_NO}{36 \cdot S\_PRO}$$

$$= \max\{T\_TDC \, ; \, T\_WTO\}$$

Abbildung A.35.: Statisches Berechnungsmodell SP_H (2 von 4)

Eingabe | Berechnung | Ausgabe

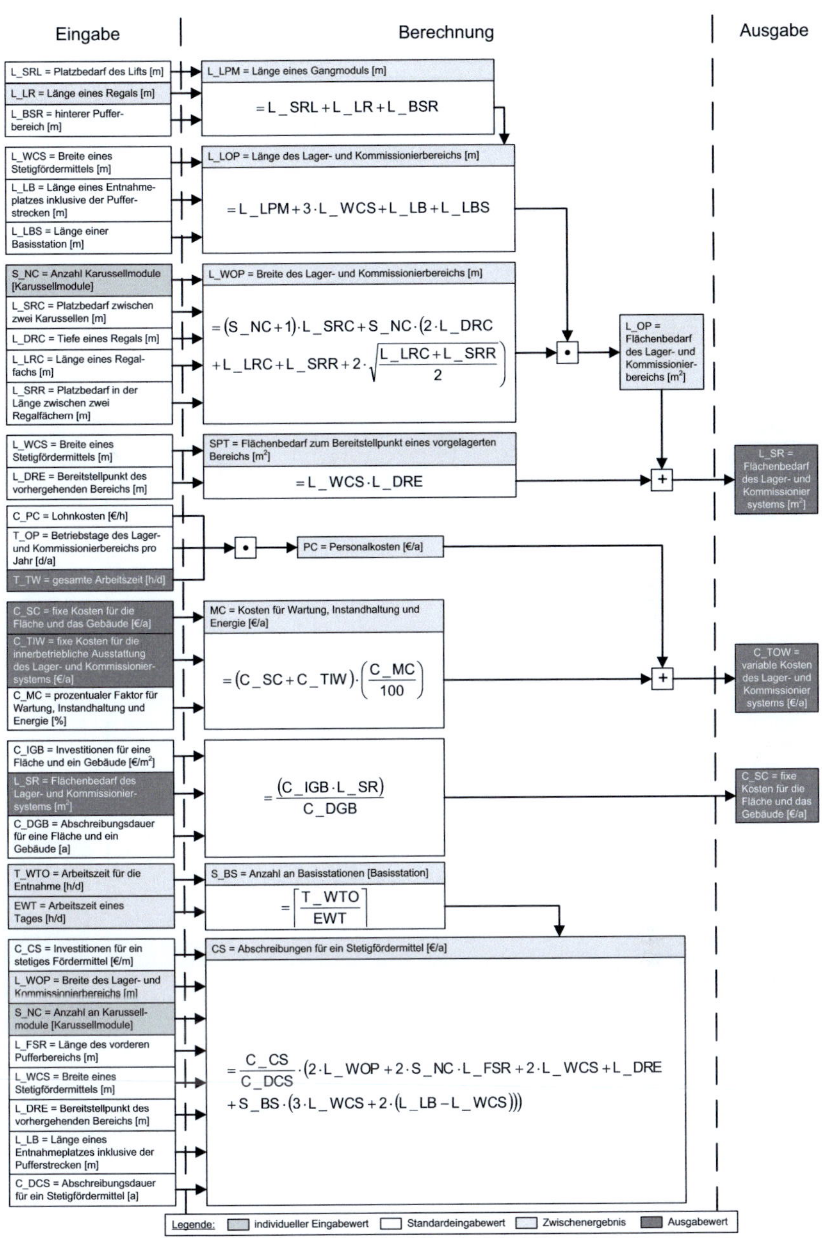

Abbildung A.36.: Statisches Berechnungsmodell SP_H (3 von 4)

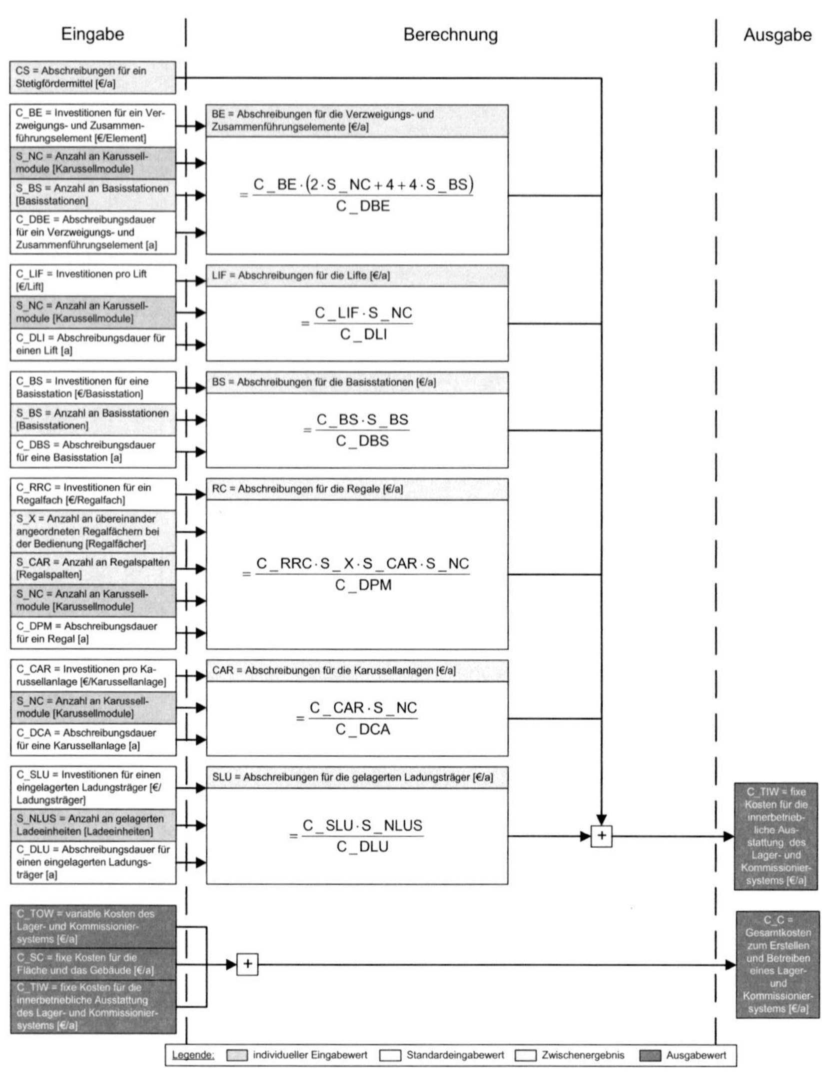

$$= \frac{C\_BE \cdot (2 \cdot S\_NC + 4 + 4 \cdot S\_BS)}{C\_DBE}$$

$$= \frac{C\_LIF \cdot S\_NC}{C\_DLI}$$

$$= \frac{C\_BS \cdot S\_BS}{C\_DBS}$$

$$= \frac{C\_RRC \cdot S\_X \cdot S\_CAR \cdot S\_NC}{C\_DPM}$$

$$= \frac{C\_CAR \cdot S\_NC}{C\_DCA}$$

$$= \frac{C\_SLU \cdot S\_NLUS}{C\_DLU}$$

Abbildung A.37.: Statisches Berechnungsmodell SP_H (4 von 4)

Tabelle A.9.: Standardeingabewerte für das Modell SP_H

| Code | Beschreibung | Aufgaben | | Einheit | Quelle |
		SP4	SP5		
C_BE	Investitionen für ein Verzweigungs- und Zusammenführungselement	1000	1000	€/Element	Herstellerangaben
C_BS	Investitionen für eine Basisstation	1000	1000	€/Basisstation	Herstellerangaben
C_CAR	Investitionen pro Karussellanlage	150000	150000	€/Basisstation	Herstellerangaben
C_CS	Investitionen für ein Stetigfördermittel	150	150	€/m	Herstellerangaben
C_DBE	Abschreibungsdauer für ein Verzweigungs- und Zusammenführungselement	14	14	a	Afa-Tabelle (2000)
C_DBS	Abschreibungsdauer für eine Basisstation	7	7	a	Afa-Tabelle (2000)
C_DCA	Abschreibungsdauer für eine Karussellanlage	15	15	a	Afa-Tabelle (2000)
C_DCS	Abschreibungsdauer für ein Stetigfördermittel	14	14	a	Afa-Tabelle (2000)
C_DGB	Abschreibungsdauer für eine Fläche und ein Gebäude	25	25	a	Afa-Tabelle (2000)
C_DLU	Abschreibungsdauer für einen eingelagerten Ladungsträger	4	4	a	Afa-Tabelle (2000)
C_DPM	Abschreibungsdauer für ein Regal	18	18	a	Afa-Tabelle (2000)
C_IGB	Investitionen für eine Fläche und ein Gebäude	800	800	€/m^2	Gudehus (2005)
C_LIF	Investitionen pro Lift	50000	5000	€/Lift	Herstellerangaben
C_DLI	Abschreibungsdauer für Lifte	15	15	a	Afa-Tabelle (2000)
C_MC	prozentualer Faktor für Wartung, Instandhaltung und Energie	2,5	2,5	%	Whitestone (1996)
C_PC	Lohnkosten	30	30	€/h	Gudehus (2005)
C_RRC	Investitionen für ein Regalfach	40	40	€/Regalfach	Gudehus (2005)
C_SLU	Investitionen für einen eingelagerten Ladungsträger	27,4	27,4	€/Ladungs-träger	Herstellerangaben
L_BSR	hinterer Pufferbereich	1	1	m	Herstellerangaben
L_DRC	Tiefe eines Regals	0,6	0,6	m	Gudehus (2005)
L_DRE	Bereitstellpunkt des vorhergehenden Bereichs	20	20	m	Annahme
L_FSR	Länge des vorderen Pufferbereichs	2	2	m	Herstellerangaben
L_HR	Höhe eines Regals	4,9	4,9	m	Herstellerangaben
L_HRC	Höhe eines Regalfachs	0,2	0,2	m	Herstellerangaben
L_LB	Länge eines Entnahmeplatzes inklusive der Pufferstrecken	2,5	2,5	m	Annahme 2
L_LBS	Länge einer Basisstation	3	2	m	Annahme
L_LRC	Länge eines Regalfachs	0,4	0,4	m	Gudehus (2005)
L_LSR	unterer Platzbedarf des automatischen Systems	0,2	0,2	m	Herstellerangaben
L_SRC	Platzbedarf zwischen zwei Karussellen	0,5	0,5	m	Herstellerangaben
L_SRL	Platzbedarf des Lifts	0,5	0,5	m	Annahme
L_SRR	Platzbedarf in der Länge zwischen zwei Regalfächern	0,07	0,07	m	Herstellerangaben
L_USR	oberer Platzbedarf des automatischen Systems	0,1	0,1	m	Herstellerangaben
L_WCS	Breite eines Stetigfördermittels	0,5	0,5	m	Herstellerangaben
L_WST	Breite des Ganges zum Bereitstellpunkt eines vorgelagerten Bereichs	1,5	1,5	m	Gudehus (2005)
S_AX	Beschleunigung in Längsrichtung	3	3	m/s^2	Gudehus (2005)
S_AY	Beschleunigung in Hubrichtung	2	2	m/s^2	Gudehus (2005)
S_PRO	Produktivität eines Mitarbeiters	80	80	%	Annahme
S_SW	Anzahl der Bewegungen pro Tag	2	2	Bewegungen/d	Annahme
S_VX	Fahrgeschwindigkeit in Längsrichtung	0,6	0,6	m/s	Gudehus (2005)
S_VY	Fahrgeschwindigkeit in Hubrichtung	2	2	m/s	Gudehus (2005)
S_VZ	Geschwindigkeit eines Lastaufnahmemittels	0,3	0,3	m/s	Gudehus (2005)
T_BT	Basiszeit pro Entnahmeauftrag	30	30	s/Auftrag	Annahme
T_DPT	Totzeit für ein Doppelspiel	0,3	0,3	s/Arbeitsspiel	Lippolt (2003)
T_GTI	Greifzeit pro Entnahmeposition	15	15	s/Position	Annahme
T_OP	Betriebstage des Lager- und Kommissionierbereichs pro Jahr	250	250	d/a	Annahme
T_RTL	Totzeit pro Entnahmeposition	0,3	0,3	s/Position	Gudehus (2005)
T_TS	Anzahl Zeitscheiben	16	16	Zeitscheiben/d	Annahme
T_VOP	Geschwindigkeit eines Mitarbeiters beim Entnehmen	2,1	2,1	m/s	Gudehus (2005)
T_WOP	Arbeitszeit einer Schicht	8	8	h/d	Gudehus (2005)

B. Alphabetische Auflistung der Modellvariablen

Tabelle B.1.: Alphabetische Auflistung der Modellvariablen (A bis DWTR)

Code	Beschreibung	Einheit
A	maximale Anzahl an übereinander angeordneten Regalfächern bei der Bedienung	Ladeeinheiten
B	relativer Unterschied der mittleren Bremsbeschleunigungszeiten in x- und y-Richtung	keine
BE	Abschreibungen für die Verzweigungs- und Zusammenführungselemente	€/a
BS	Abschreibungen für die Basisstationen	€/a
C_BE	Investitionen für ein Verzweigungs- und Zusammenführungselement	€/Element
C_BS	Investitionen für eine Basisstation	€/Basisstation
C_C	Gesamtkosten zum Erstellen und Betreiben eines Lager- und Kommissioniersystems	€/a
C_CAR	Investitionen pro Karussellanlage	€/Karussellanlage
C_CS	Investitionen für ein Stetigfördermittel	€/m
C_DBE	Abschreibungsdauer für ein Verzweigungs- und Zusammenführungselement	a
C_DBS	Abschreibungsdauer für eine Basisstation	a
C_DCA	Abschreibungsdauer für eine Karussellanlage	a
C_DCS	Abschreibungsdauer für ein Stetigfördermittel	a
C_DGB	Abschreibungsdauer für eine Fläche und ein Gebäude	a
C_DLI	Abschreibungsdauer für einen Lift	a
C_DLU	Abschreibungsdauer für einen eingelagerten Ladungsträger	a
C_DPM	Abschreibungsdauer für ein Regal	a
C_DSR	Abschreibungsdauer für ein Regalbediengerät	a
C_DTO	Abschreibungsdauer für ein Fördermittel zum Entnehmen	a
C_DTR	Abschreibungsdauer für ein Fördermittel zum Einlagern bzw. Entnehmen	a
C_IGB	Investitionen für eine Fläche und ein Gebäude	€/m^2
C_LIF	Investitionen pro Lift	€/Lift
C_MC	prozentualer Faktor für Wartung, Instandhaltung und Energie	%
C_MTO	Investitionen für ein Fördermittel zum Entnehmen	€/Fördermittel
C_MTR	Investitionen für ein Fördermittel zum Einlagern	€/Fördermittel
C_PC	Lohnkosten	€/h
C_RC	Investitionen pro Regal	€/m
C_RRC	Investitionen für ein Regalfach	€/Regalfach
C_SC	fixe Kosten für die Fläche und das Gebäude	€/a
C_SLU	Investitionen für einen eingelagerten Ladungsträger	€/Ladungsträger
C_SRS	Investitionen für ein Regalbediengerät	€/Regalbediengerät
C_TIW	fixe Kosten für die innerbetriebliche Ausstattung des Lager- und Kommissioniersystems	€/a
C_TOW	variable Kosten des Lager- und Kommissioniersystems	€/a
CAR	Abschreibungen für die Karussellanlagen	€/a
CS	Abschreibungen für ein Stetigfördermittel	€/a
DAD	Weglänge zwischen einem Entnahmegang j und dem weitesten entfernten Entnahmegang pro Entnahmeauftrag k	m
DAR	Weglänge von der Basisstation bis zum am weitesten entfernten Entnahmegang pro Entnahmeauftrag	m
DAT	Weglänge innerhalb des Stirngangs pro Entnahmeauftrag	m/Auftrag
DATR	Weglänge innerhalb des Stirngangs pro Einlagerauftrag	m/Auftrag
DWT	Weglänge innerhalb der Gangmodule pro Entnahmeauftrag	m/Auftrag
DWTR	Weglänge innerhalb der Gangmodule pro Einlagerauftrag	m/Auftrag

Tabelle B.2.: Alphabetische Auflistung der Modellvariablen (EDS bis RL)

Code	Beschreibung	Einheit
EDS	Spielzeit eines Doppelspiels für eine einfachtiefe Bereitstellung	s/Arbeitsspiel
EUD	Zeitaufwand für eine Umlagerung bei einem Doppelspiel	s/Arbeitsspiel
EWT	Arbeitszeit eines Tages	h/d
L_AHR	tatsächliche Höhe des Regals	m
L_BSR	hinterer Pufferbereich	m
L_DBS	Abstand pro Zeitintervall	m
L_DOL	Abstand pro Entnahmepositionen	m
L_DOP	Weglänge für einen Entnahmerundgang	m/Rundgang
L_DR	Weglänge eines Einlagerungsrundgangs	m/Rundgang
L_DRC	Tiefe eines Regals	m
L_DRE	Bereitstellpunkt des vorhergehenden Bereichs	m
L_DRN	Tiefe eines Regals für n hintereinander angeordnete Ladeeinheiten	m
L_FSR	Länge des vorderen Pufferbereichs	m
L_HCS	Höhe des Stetigfördermittels	m
L_HMAX	maximale Höhe eines Regals	m
L_HR	Höhe eines Regals	m
L_HRC	Höhe eines Regalfachs	m
L_HWU	Höhe einer Ladeeinheit	m
L_LB	Länge eines Entnahmeplatzes inklusive der Pufferstrecken	m
L_LBS	Länge einer Basisstation	m
L_LOP	Länge des Lager- und Kommissionierbereichs	m
L_LPM	Länge eines Gangmoduls	m
L_LR	Länge eines Regals	m
L_LRC	Länge eines Regalfachs	m
L_LSA	Gesamtlänge der Bereitstellfläche	m
L_LSR	unterer Platzbedarf des automatischen Systems	m
L_LU	Länge einer Ladeeinheit	m
L_MAXHT	maximale Höhe zum Durchführen einer Diagonalfahrt	m
L_OP	Flächenbedarf des Lager- und Kommissionierbereichs	m^2
L_SH	maximal mögliche Stapelhöhe einer Ladeeinheit	m
L_SR	Flächenbedarf des Lager- und Kommissioniersystems	m^2
L_SRC	Platzbedarf zwischen zwei Karussellen	m
L_SRL	Platzbedarf des Lifts	m
L_SRR	Platzbedarf in der Länge zwischen zwei Regalfächern	m
L_USR	oberer Platzbedarf des automatischen Systems	m
L_WAM	Breite eines Gangmoduls	m
L_WBS	Breite einer Basisstation	m
L_WCS	Breite eines stetigen Fördermittels	m
L_WFA	Breite eines Stirngangs	m
L_WOA	Breite eines Gangs	m
L_WOP	Breite des Lager- und Kommissionierbereichs	m
L_WRE	Breite des Einlagergangs	m
L_WST	Breite des Ganges zum Bereitstellpunkt eines vorgelagerten Bereichs	m
L_WU	Breite einer Ladeeinheit	m
LIF	Abschreibungen für die Lifte	€/a
MC	Kosten für Wartung, Instandhaltung und Energie	€/a
MTO	Abschreibungen für die Fördermittel zum Entnehmen der Ware	€/a
MTR	Abschreibungen für die Fördermittel zum Einlagern der Ware	€/a
PC	Personalkosten	€/a
PIT	wegunabhängiger Zeitbedarf	s/Arbeitsspiel
PLZ	Anzahl Positionen pro Kommissionierzone	Positionen
PU	Anzahl potentieller Umlagerfächer	Regalfächer
RC	Abschreibungen für die Regale	€/a
RL	Anzahl an nachzuschiebenden Ladeeinheiten	Ladeeinheiten/d

Tabelle B.3.: Alphabetische Auflistung der Modellvariablen (RN bis T_ETS)

Code	Beschreibung	Einheit
RN	Anzahl an Einlagerungsrundgängen	Rundgänge/d
RSP	Länge aller Streifen eines Regals	m
RTP	Wandparameter eines Streifens	keine
S_AX	Beschleunigung in Längsrichtung	m/s^2
S_AY	Beschleunigung in Hubrichtung	m/s^2
S_BS	Anzahl an Basisstationen	Basisstationen
S_CAR	Anzahl an Regalspalten	Regalspalten
S_COL	Anzahl Entnahmepositionen pro Karussellmodul	Positionen/Modul
S_DFS	tatsächlicher Lagerfüllungsgrad	%
S_DFSI	Lagerfüllungsgrad zur Initialisierung	%
S_N	Anzahl der Gangmodule	Gangmodule
S_NB	gerade Anzahl an Streifen	Streifen
S_NC	Anzahl der Karussellmodule	Karussellmodule
S_NG	Anzahl der Gangmodule	Gangmodule
S_NLUS	Anzahl an gelagerten Ladeeinheiten	Ladeeinheiten
S_N_{max}	maximale Anzahl an Gangmodulen	Gangmodule
S_NO	Anzahl an Entnahmeaufträgen	Aufträge/d
S_NOL	Anzahl an Entnahmepositionen pro Entnahmeauftrag	Positionen/Auftrag
S_NPZ	Anzahl der Kommissionierzonen	Zonen
S_NPZ_{max}	maximal mögliche Anzahl an Kommissionierzonen	Zonen
S_NR	Anzahl an Ladungsträger pro Einlagerungsrundgang	Ladeeinheiten/Rundgang
S_NRC	Anzahl an bereitgestellten Ladeeinheiten pro Regalfach	Ladeeinheiten/Regalfach
S_NUS	Anzahl an in der Tiefe eingelagerten Ladeeinheiten pro Regalfach	Ladeeinheiten/Regalfach
S_NZ	Anzahl an Einlagerungs- bzw. Entnahmezonen	Zonen
S_PRO	Produktivität eines Mitarbeiters	%
S_RBS	Anzahl Rotationen pro Zeitintervall	Rotationen/Zeitintervall
S_RC	Anzahl an Regale	Regale
S_SW	Anzahl der Bewegungen pro Tag	Bewegungen/d
S_TOR	Lagerumschlagsrate	d
S_UR	Auslastung der Bereitstellfläche für eine Ladeeinheit	%
S_VX	Fahrgeschwindigkeit in Längsrichtung	m/s
S_VY	Fahrgeschwindigkeit in Hubrichtung	m/s
S_VZ	Geschwindigkeit eines Lastaufnahmemittels	m/s
S_X	Anzahl an übereinander angeordneten Regalfächern bei der Bedienung	Regalfächer
S_X_{max}	maximale Anzahl an übereinander angeordneten Regalfächern bei der Bedienung	Regalfächer
SLU	Abschreibungen für die gelagerten Ladungsträger	€/a
SPT	Flächenbedarf zum Bereitstellpunkt eines vorgelagerten Bereiches	m^2
SRS	Abschreibungen für die Regalbediengeräte	€/a
SSP	Sprungfunktion für den Wandparamter zwischen E-/A-Punkt und der ersten Entnahme	keine
STP	Sprungfunktion für den Wandparameter zwischen zwei Entnahmen	keine
T_ASP	Beschleunigungszeit zwischen dem E/A-Punkt und der ersten Entnahme	s
T_ASPR	Beschleunigungszeit zwischen dem E/A-Punkt und der ersten Einlagerung	s
T_ATP	Beschleunigungszeit zwischen zwei Entnahmen	s
T_ATRR	Beschleunigungszeit zwischen zwei Einlagerungen	s
T_B	Beschleunigung eines Mitarbeiters	m/s^2
T_BT	Basiszeit pro Entnahmeauftrag	s/Auftrag
T_CDD	Spielzeit des Lastaufnahmemittels bei einer doppeltiefen Einlagerung	s/Arbeitsspiel
T_CSD	Spielzeit des Lastaufnahmemittels bei einer einfachtiefen Einlagerung	s/Arbeitsspiel
T_DC	Arbeitszeit zur Durchführung eines Doppelspiels mit einem Regalbediengerät	s/Arbeitsspiel
T_DCC	Arbeitszeit zur Durchführung eines Doppelspiels	s
T_DPT	Totzeit für ein Doppelspiel	s/Arbeitsspiel
T_ETC	Fahrzeit für ein Doppelspiel	s/Arbeitsspiel
T_ETS	Fahrzeit für ein Doppelspiel	s/Arbeitsspiel

Tabelle B.4.: Alphabetische Auflistung der Modellvariablen (T_GTI bis Z)

Code	Beschreibung	Einheit
T_GTI	Greifzeit pro Entnahmeposition	s/Position
T_GTR	Greifzeit pro einzulagernder Ladeeinheit	s/Ladeeinheit
T_HOL	Wegzeit pro Entnahmeposition der Horizontalbewegung des Karussellsystems	s
T_MAST	Mastausschwingzeit	s/Arbeitsspiel
T_OP	Betriebstage des Lager- und Kommissionierbereichs pro Jahr	d/a
T_RA	Beschleunigung eines Mitarbeiters beim Einlagern	m/s^2
T_RBT	Basiszeit pro Einlagerungsrundgang	s/Rundgang
T_RR	Totzeit pro einzulagernder Ladeeinheit	s/Ladeeinheit
T_RTL	Totzeit pro Entnahmeposition	s/Position
T_RV	Geschwindigkeit eines Mitarbeiters beim Einlagern	m/s
T_RW	Arbeitszeit für das Einlagern	h/d
T_SC	Einzelspielzeit eines Staplers	s
T_TDC	Arbeitszeit zur Durchführung aller Doppelspiele	h/d
T_TDS	Spielzeit zwischen zwei Einlagerpunkten	s/Arbeitsspiel
T_TOP	Wegzeit pro Entnahmeauftrag	s/Auftrag
T_TR	Wegzeit pro Einlagerungsrundgang	s/Bewegung
T_TS	Anzahl der Zeitintervallen	Zeitintervalle/d
T_TSP	Wegzeit zwischen dem E/A-Punkt und der ersten Entnahme	s
T_TSPR	Wegzeit zwischen dem E/A-Punkt und der ersten Einlagerung	s
T_TTP	Wegzeit zwischen zwei Entnahmen	s
T_TTRR	Wegzeit zwischen zwei Einlagerungen	s
T_TW	gesamte Arbeitszeit	h/d
T_VOL	Wegzeit pro Entnahmeposition der Vertikalbewegung des Karussellsystems	s
T_VOP	Geschwindigkeit eines Mitarbeiters beim Entnehmen	m/s
T_WOP	Arbeitszeit einer Schicht	h/d
T_WTO	Arbeitszeit für die Entnahme	h/d
T_ZONE	Wegzeit zum Entnehmen pro Kommissionierzone	s/(Kommissionierzone*d)
TALAM	Spielzeit des Lastaufnahmemittels bei einer Auslagerung	s/Arbeitsspiel
TELAM	Spielzeit des Lastaufnahmemittels bei einer Einlagerung	s/Arbeitsspiel
TF	Umlagerspielzeit	s/Arbeitsspiel
TULAM	Spielzeit des Lastaufnahmemittels bei einer Umlagerung	s/Arbeitsspiel
TXP	Wegzeit in x-Richtung pro Entnahmerundgang	s
TXR	Wegzeit in x-Richtung pro Einlagerungsrundgang	s
TY	Spielzeit des Lastaufnahmemittels	s
TYm	Wegzeit in y-Richtung bis n mal der Höhe des Regals	s
X	erwartete Anzahl zu besuchender Gänge pro Entnahmerundgang	Gänge
Z	erwartete Anzahl zu besuchender Gänge pro Einlagerungsrundgang	Gänge